Digitale Veränderungen meistern

Marcus Reinke, Thomas Fischer, Sandra Lengler

Digitale Veränderungen meistern

Vorsprung durch Changekompetenz

1. Auflage

Haufe Group
Freiburg · München · Stuttgart

Bibliografische Information der Deutschen Nationalbibliothek

Die Deutsche Nationalbibliothek verzeichnet diese Publikation in der Deutschen Nationalbibliografie; detaillierte bibliografische Daten sind im Internet über http://dnb.dnb.de/ abrufbar.

Print:	ISBN 978-3-648-13759-8	Bestell-Nr. 10516-0001
ePub:	ISBN 978-3-648-13761-1	Bestell-Nr. 10516-0100
ePDF:	ISBN 978-3-648-13762-8	Bestell-Nr. 10516-0150

Marcus Reinke, Thomas Fischer, Sandra Lengler
Digitale Veränderungen meistern
1. Auflage, Oktober 2020

www.haufe.de
info@haufe.de

Bildnachweis (Cover): © Julien Eichinger, Adobe Stock

Produktmanagement: Anne Rathgeber
Lektorat: Maria Ronniger, Text+Design Jutta Cram, Augsburg

Inhaltsverzeichnis

Vorwort

»Du kannst die Wellen nicht stoppen, aber Du kannst lernen zu surfen.«
Jon Kabat Zinn

Im März 2020 waren wir mitten in der Erstellung dieses Fachbuches über Veränderungen und die Digitalisierung, als sich plötzlich »alles« änderte: Die weltweite Corona-Pandemie war und ist ein unglaublicher Beschleuniger der Digitalisierung und hat vielen Organisationen sehr hart und deutlich gezeigt, wo sie sich digitalisieren können und müssen. Die Digitalisierung ist eine Welle, die niemand stoppen kann.

Darum passt dieses Buch gerade jetzt: voll mit Hintergründen zu Verhaltensweisen im Change und mit erfolgreichen Methoden und Tools aus unseren Praxiserfahrungen als internationale Organisationsberater und Leadership-Trainer im Change-Management. Es wird Ihnen helfen, mit und in Ihrer Organisation die Wellen der Veränderung zu surfen und dabei »auf dem Brett zu bleiben«.

Wir wünschen Ihnen viel Spaß beim Lesen und mit den vielen digitalen Tools, die Sie über die smARt-Haufe-App abrufen können.

Scannen Sie das Bild mit der smARt-Haufe-App.

Marcus Reinke, Sandra Lengler, Thomas Fischer

München und Rostock, im September 2020

1 Wie die Digitalisierung unsere Welt verändert

Sandra Lengler

Kapitelintro: Scannen Sie das Bild mit der smARt-Haufe-App.

2020, das Jahr der Digitalisierungswelle in Deutschland? Immer mehr Unternehmen nutzen Digitalisierungsprodukte, um ihren Alltag zu erleichtern. Durch die COVID-19-Krise ist die Anzahl der *Microsoft-Teams*-Anwender auf 44 Millionen gestiegen (Sokolow, 2020). Unternehmen, die schon jetzt digitale Tools nutzen – seien es *MS Teams*, *Google Hangouts* oder andere digitale Lösungen der Zusammenarbeit –, haben definitiv einen Vorsprung gegenüber anderen Organisationen und können die Auswirkungen der aktuellen Corona-Krise besser meistern. Auch unsere Bundeskanzlerin arbeitet mit Videobotschaften, *Skype* und anderen digitalen Formaten aus dem Homeoffice (Kewes, 2020). Bei deutschen Unternehmen führen die Auswirkungen von COVID-19 zu einem Digitalisierungsboost. Es gilt in diesen Zeiten, die Leistungsfähigkeit durch digitale Zusammenarbeit aus der Ferne zu sichern und damit neue digitale Wege der kollaborativen Arbeit zu gehen.

Die Digitalisierung hilft uns Menschen, Arbeitsschritte zu optimieren. Die E-Akte in öffentlichen Behörden ist zurzeit ein wichtiges Thema. Keine Kopie der Kopie mehr – jeder Mitarbeiter einer Institution hat Zugriff über eine cloudbasierte Sicherung der

E-Akte (Klein, 2018). Hier sprechen wir von einer Zeitersparnis von ein bis zwei Stunden für den betroffenen Mitarbeiter pro Fall.

Auch die Art der Zusammenarbeit ändert sich durch digitale Produkte. Teams, die an einem Projekt arbeiten, optimieren ihre Zusammenarbeit durch die Anwendung agiler Methoden. Hier nutzen Unternehmen derzeit *Jira* und andere Kanban-Tools. Sogar Studenten arbeiten heute schon in ihren projektübergreifenden Aufgaben mit *Trello* und *Slack*. Die digitale transparente Kommunikation untereinander erleichtert die Koordination von Aufgaben und Absprachen. Unsere Millennials gehen sogar noch einen Schritt weiter und sagen: Wozu brauche ich überhaupt einen Ansprechpartner, wenn ich alles mit meiner Handy-App klären kann? Diese Einstellung trifft insbesondere den Banken- und Versicherungssektor in Deutschland hart. Apps wie *N26*, *Tomorrow* oder *Clark* nehmen den traditionell geführten Unternehmen die Kunden weg (Schneider/Kapalschinski, 2019). Ist keine »echte« Kommunikation mehr gewünscht, brauche ich keine Mitarbeiter mehr einzustellen. Chatbots und KI reichen vollkommen aus.

Kommunikation also nur noch rein digital? Auch das hat sich im Bereich der Rechtsberatung mit der Plattform www.advodaco.de seit 2014 erfolgreich etabliert. Hier gibt der Kunde einfach sein Rechtsanliegen auf der Website ein und bekommt daraufhin telefonisch bzw. webbasiert eine erste kostenfreie Rechtsberatung durch einen Fachanwalt. Kein Zeitverlust für ein persönliches Treffen. Der Kunde kann sich von mehreren Spezialisten des Fachbereichs den Ansprechpartner aussuchen, der zu ihm passt. Das bedeutet messbare Kostenkontrolle von Anfang an. Wird es in der Zukunft Fachanwälte mit einer ortsansässigen Kanzlei noch geben? Will der Kunde überhaupt noch Face-to-Face-Beratung? Der Trend zeigt, dass diese neuen Start-ups enormen Zulauf haben und stetig wachsen. Digitalisierung erleichtert den Zugang zu Wissen. Damit wird die Nachfrage nach bezahlter Rechtsberatung insbesondere für höchst individuelle Fragestellungen stärker und für allgemeine Fragen kostenfrei.

Digitalisierung trifft jedes Unternehmen, nur in unterschiedlicher Form. Denn die Kundenbedürfnisse ändern sich. Der Kunde ist bequem und bucht über Plattformen wie booking.com seine Übernachtungen, anstatt direkt beim Hotel. Der Kunde löst seinen Vertrag über www.check24.de auf, anstatt direkt bei seinem bisherigen Anbieter zu kündigen. Der Kunde kann bei *Amazon* fast alles einfach und ohne Umstände mit bis zu »one hour delivery« bestellen, anstatt in die Stadt zu gehen und dort in einem Fachgeschäft sein Produkt zu suchen. *Amazon* ist hier absoluter Vorreiter, mit Showrooms in Berlin, wo der Kunde vorher das Produkt anfassen und anprobieren kann. Bestellt wird dann über die Plattform. Die Einzelhändler haben reagiert und bieten ihre Produkte über einen eigenen Online-Shop an oder nutzen sogar *Amazon* oder *Instagram*, um ihre Produkte darüber zusätzlich zu vermarkten. Wird es in der Zukunft nur noch Plattformgiganten geben? Eine spannende Fragestellung, die uns alle betrifft.

Digitalisierung ermöglicht es, Kundenbedürfnisse schneller und passgenauer zu bedienen. Unternehmen wie *Free Now* sind ein Paradebeispiel dafür. Sie bedienen sich ausschließlich digitaler Kompetenz. Über die App des Mobilitätsanbieters kann der Kunde nach einem Taxi suchen. Ein Taxifahrer, der gerade in der Nähe ist, sieht die Kundenanfrage und den eingegebenen Zielort und kann die Anfrage via App annehmen. Die Bezahlung ist dann bargeldlos mit EC-Karte, Kreditkarte, Google Pay oder Apple Pay möglich. Man muss nicht mehr auf die Quittung im Taxi warten. Diese wird direkt an die hinterlegte E-Mail-Adresse versendet. So wird das Kundenbedürfnis, schnell und bequem von A nach B zu kommen, zu hundertprozentiger Zufriedenheit gelöst.

Digitalisierung schafft Transparenz. Kundenfeedback wird sofort für alle anderen sichtbar – ob bei *Free Now* oder Plattformen wie *Kununu*, *Google-Bewertungen* bzw. trustedshops.de. Kunden lesen Kundenbewertungen. Das beeinflusst unsere Entscheidung für oder gegen ein angebotenes Produkt oder eine Dienstleistung.

Keiner kommt um Digitalisierung herum. Digitalisierung trifft jeden von uns. Nur die Arbeitnehmer, die sowohl die digitale Kompetenz als auch die weiteren notwendigen Anpassungsfähigkeiten mitbringen, werden an Bord bleiben. Dann allerdings mit veränderten digitalen Arbeitsweisen. Das sorgt bei den betroffenen Mitarbeitern erst einmal für Sorge und Angst. Angst ist der größte Hemmschuh für Innovation und kreatives Denken im Zeitalter der Digitalisierung. Angst sorgt für Unsicherheit. Unsicherheit ist die Bremse für digitale Veränderungen. Deshalb ist es ein absolutes »Must«, die Veränderungskompetenz unternehmensübergreifend bei jedem einzelnen Mitarbeiter zu aktivieren. Der aktuelle Reifegrad dieser Veränderungskompetenz trägt maßgeblich dazu bei, ob das Unternehmen morgen noch am Markt sein wird oder nicht.

Diese Veränderungskompetenz setzt sich aus drei Säulen zusammen: der Veränderungsfähigkeit, der Veränderungsbereitschaft und der Veränderungsnotwendigkeit. Mithilfe von Abbildung 1 können Sie einen Schnelltest für sich selbst, für Ihr Team oder für Ihre Organisation durchführen.

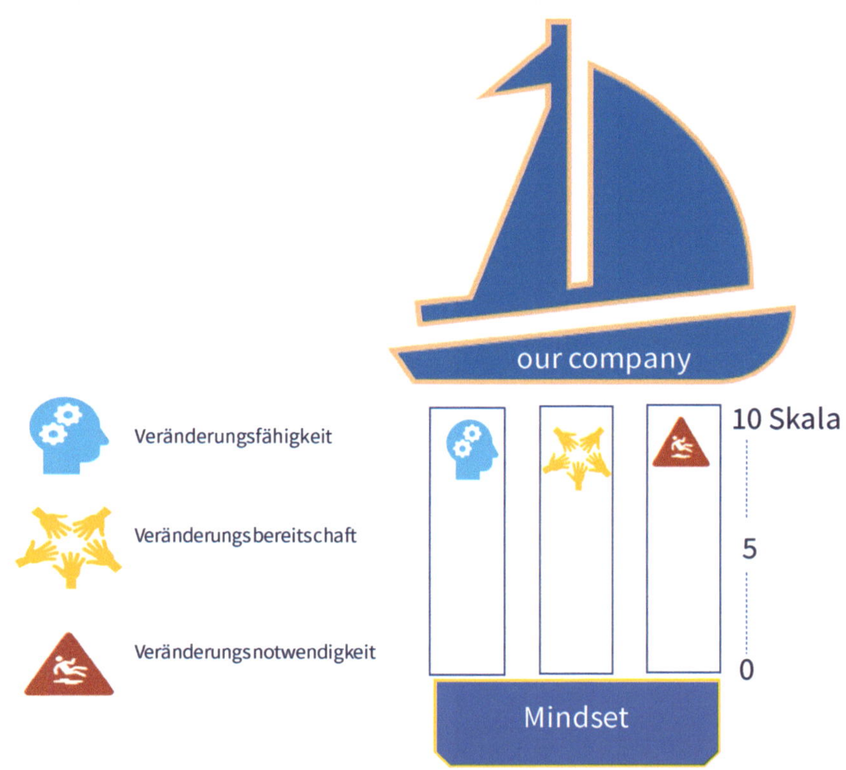

Abb. 1: Das Veränderungskompetenzschiff (© Sandra Lengler 2019)

Wie fit sind Sie für die digitalen Veränderungen? Prüfen Sie Ihre aktuelle Veränderungskompetenz und notieren Sie sich zu den folgenden Fragen eine Zahl zwischen 0 und 10:

1. Wie zufrieden bin ich mit meiner eigenen bzw. mit der Veränderungsfähigkeit meines Teams oder meiner Organisation? (10 = sehr zufrieden, 0 = gar nicht)
2. Wie bereit bin ich, ist mein Team, ist die Organisation für digitale Veränderungen? (10 = absolut bereit, 0 = gar nicht)
3. Wie klar ist mir, meinem Team oder meiner Organisation die Notwendigkeit der bevorstehenden Veränderungen? (10 = absolut klar, 0 = gar nicht)

Im nächsten Schritt multiplizieren Sie die drei Zahlen, zum Beispiel 5 × 7 × 5 = 175. Das bedeutet, Sie haben im Moment 175 PS für Ihre Veränderung. 1.000 PS sind maximal erreichbar. Hier erkennen Sie auf einen Blick, wo Sie zeitnah bei sich, Ihrem Team bzw. in ihrer Organisation ansetzen müssen.

Die Veränderungsbereitschaft, die Veränderungsfähigkeit und die Veränderungsnotwendigkeit bestimmen den Reifegrad Ihrer Veränderungskompetenz. Die Fähigkeit, mit den digitalen Veränderungen umzugehen, hängt von den Menschen ab, die mit

Ihnen im Team bzw. in Ihrem Unternehmen arbeiten. Wenn es also darum geht, die digitalen Veränderungen zu meistern, sprechen viele Unternehmen auch von der kulturellen Transformation.

»Culture eats strategy for breakfast«, sagt Peter F. Drucker (einer der einflussreichsten Wirtschaftswissenschaftler und Management-Querdenker aller Zeiten). Eine Organisation, die sich den digitalen Veränderungen stellt, wird nicht darum herumkommen, die DNA des Unternehmens, gelebt von jedem einzelnen Mitarbeiter, bei ihren digitalen Veränderungen zu beherzigen: 80 % Mensch und 20 % IT.

Abhängig vom Businessumfeld, von der Branche, in der Ihr Unternehmensschiff gerade den Kurs hält, gibt es unterschiedlich viele Mitbewerber, unterschiedliche gesellschaftliche, technologische und wirtschaftliche Einflussfaktoren. Gerade jetzt in Zeiten der Corona-Krise, werden die Marktpositionen neu gemischt. Sie haben jetzt die Chance, die Wellen der Corona-Krise für sich zu nutzen und Ihren Mitarbeitern die Vorteile und den Nutzen von Digitalisierung zu kommunizieren.

Einige Unternehmen entscheiden sich für den Weg der Ambidextrie. Was heißt das? Das Unternehmensschiff bleibt weiterhin auf dem bestehenden Kurs. Zusätzlich werden jedoch kleine Speedboote aktiviert. Mit anderen Worten: Es werden Pilotprojekte gestartet, z. B. Apps programmiert oder andere digitale Lösungen entwickelt, die den Kundennutzen im Fokus haben. Damit wird kurz- und mittelfristig der Unternehmenserfolg gestärkt.

Andere Unternehmen, die nicht die Zeit und Liquidität haben, »Speedboote« zu aktivieren, verschlanken sich. Business Units stehen zum Outsourcing-Verkauf bereit. Ganze Abteilungen werden durch digitale Dienstleistungen ersetzt. Ein aktueller Trend sind zentralisierte digitale Einkaufsplattformen. Hier können interne Anspruchsgruppen wie Mitarbeiter oder Lieferanten anbieten und bestellen – quasi *Amazon* für die eigene Firma. Diese Organisationen wollen durch die Verschlankung ihre Kosten reduzieren und die Prozesse vereinfachen.

Andere Organisationen haben erst jetzt, im Jahr 2020, Digitalisierung als Strategie-Handlungsfeld identifiziert. Die Einführung der E-Akte in den öffentlichen Institutionen ist ein Beispiel dafür, wie sehr öffentliche Institutionen noch am Anfang der Digitalisierung stehen. Hier ist die Unternehmenskultur maßgebend für die Geschwindigkeit von digitalen Veränderungen (Nadia, 2018). Besteht aus Sicht der Mitarbeiter keine Veränderungsnotwendigkeit für digitale Veränderungen, wird es zeit- und kostenintensiver, Digitalisierungsprojekte anzugehen. Durch die COVID-19-Krise spüren diese Institutionen deutlich, dass sie bisher im Bereich der Digitalisierung zu wenig getan haben. Die Digitalisierungspotenziale in vielen betroffenen Unternehmen werden sichtbar. Laut der Studie »Culture First! Von den Vorreitern des digitalen Wandels lernen« (Capgemini Consulting, 2017) scheitern 70 % der digitalen Erneuerungen, weil die Notwendigkeit unsauber, nicht nachvollziehbar und nicht verständlich genug an den einzelnen Mitarbeiter, an die Teams bzw. die Organisation kommuniziert wurde. Hier setzt die digitale Veränderungskompetenz an: Klare Botschaften so zeitnah wie möglich. Im Idealfall sollte sich jede einzelne betroffene Zielgruppe im Unternehmen abgeholt fühlen.

Unser Fazit:

- Digitalisierung ist längst da.
- Sie trifft jeden.
- Man muss die digitale Welle surfen, bevor sie bricht.
- Digitalisierung ist eine Chance.
- Corona gibt der Digitalisierung in Deutschland Schubkraft nach vorne.

Wie sich jeder einzelne Mitarbeiter in Zeiten der digitalen Veränderungen fühlt und welche Auswirkungen das auf die Leistungsfähigkeit der Organisation hat, darauf gehen wir im folgenden Kapitel 2 ein.

2 Wie sich digitale Veränderungen auf die Betroffenen auswirken

Thomas Fischer

Kapitelintro: Scannen Sie das Bild mit der smARt-Haufe-App.

Der digitale Wandel ist schon lange da. Er hat sich geschmeidig eingeschlichen und lautlos in alle Lebensbereiche ausgeweitet. Inzwischen ist er alles durchdringend und umfassend. Und mit der COVID-19-Pandemie hat er zudem noch mal einen Turbo-Boost bekommen. Man schreibt keine Briefe mehr, sondern E-Mails, man fährt nicht mehr mit der Mitfahrzentrale, sondern mit *BlaBlaCar*, man verabredet sich nicht mehr mit Freunden, sondern nimmt über *Spontacts* an Aktivitäten mit anderen Menschen teil.

Je jünger jemand heute ist, desto vertrauter ist ihm naturgemäß die digitale Technik. Heutzutage können aber auch fast alle älteren Menschen gut mit Computern und dem Internet umgehen. Es geht gar nicht mehr anders! Nur wenige wollen oder können nicht.

Diese neuen digitalen Technologien tauchen in immer schneller werdenden Zyklen auf. Die damit einhergehenden Veränderungen sind so rasant und grundlegend, dass sich ganze Geschäftsmodelle durch Digitalisierung ändern: Früher hat man Präsenzseminare durchgeführt – mit der COVID-19-Pandemie haben Online-Seminare ihren Siegeszug angetreten. Früher hat man ein Taxi gebucht – heute könnte es auch ein *Uber*-Fahrer sein. Früher hat man in einem Hotel übernachtet – heute ist *Airbnb* auch eine Option. In diesen beiden Fällen wird privates Eigentum über eine digitale Plattform »verallgemeinert«, Privatpersonen stellen ihr Auto oder ihre Wohnung zur Verfügung, um damit Geld zu verdienen. Wer anfangs noch dachte, das sei sicher nur eine wirtschaftliche Nische, der wird heute eines Besseren belehrt. Laut Statista (Statista, o. J.) hatte *Uber* 2019 einen Umsatz von 14,1 Milliarden Dollar. *Airbnb* wurde für 2017 auf 2,6 Milliarden Dollar geschätzt und schreibt seit 2018 schwarze Zahlen.

! **Fundamentale Veränderungen sind Freud und Leid zugleich**

Solche fundamentalen Veränderungen müssen Auswirkungen auf die Gesellschaft und den Einzelnen haben. Gesellschaft, Wirtschaft, Kultur und Bildung sind von der fortschreitenden Digitalisierung gleichermaßen betroffen. Die Digitalisierung hat uns fest im Griff und ist Fluch und Segen zugleich: Als Endverbraucher sind wir oft Nutznießer, während wir als Arbeitnehmer häufig auch die Nachteile der Digitalisierung sehen. Sehr viele Menschen haben zu Hause einen Computer, mit dem sie im Internet recherchieren oder arbeiten. Wir nutzen die Vorzüge des Online-Bankings und -Shoppings, wir tracken Postsendungen und sparen uns Behördengänge. Gleichzeitig sind wir aber auch wegen der Sicherheit unserer persönlichen Daten, wegen Identitätsdiebstahls oder der 5G-Strahlung besorgt. Als Endnutzer freuen wir uns darüber, dass wir uns über das Internet ein Wunschkennzeichen für unser Auto reservieren oder eine Geburtsurkunde online beantragen können. Als Mitarbeiter einer Behörde sehen wir die Risiken solcher Dienste und machen uns Sorgen um unsere zukünftige Arbeit.

2.1 Die Vor- und Nachteile der Digitalisierung

Thomas Fischer

Die Digitalisierung bringt sowohl im Arbeits- als auch im Privatleben Vor- und Nachteile mit sich. Allein darüber ließe sich ein ganzes Buch schreiben – wir möchten hier nur die wichtigsten Vor- und Nachteile aufzählen.

Vorteile der Digitalisierung:

- **Prozesse werden einfacher und schneller.** So können Sie heute Behördengänge genauso wie den Kauf von Kinokarten kurzfristig und spontan von zu Hause aus erledigen. Für Flug- und Reisebuchungen müssen Sie nicht mehr in ein Reisebüro gehen, sondern können sie bequem vom Sofa aus tätigen. Damit geht eine zum Teil erhebliche Erleichterung des (Arbeits-)Alltags einher. Genauso sind heutzutage betriebliche Supply-Chain-Prozesse hochgradig digitalisiert. Bestellungen sowie Auftragsbestätigungen erfolgen digital. Auf diese Weise bringt uns die Digitalisierung **Zeitersparnisse**.
- Gleichzeitig bringt die Digitalisierung sowohl im privaten als auch im beruflichen Bereich **Kostenersparnisse**. Voice over IP hat die Kosten für Telefonie deutlich reduziert. Elektronische Akten, papierlose Aufbewahrung von Dokumenten und

die digitale Automatisierung von Produktionsprozessen sparen vielen Unternehmen enorme Kosten.

- Die Digitalisierung ermöglicht zusätzliche **Gewinne durch neue Geschäftsmodelle**. Als Beispiele seien *Airbnb*, *Uber*, den Robo Advisor im Banking oder zum Beispiel *Parship* genannt.
- Digitalisierung schafft **zusätzliche Arbeitsplätze**. Zu diesem Thema gibt es inzwischen unzählige Studien, die größtenteils behaupten, dass bei einer Aufrechnung von Arbeitsplatzverlusten und -gewinnen letztendlich mehr Arbeitsplätze entstehen als verloren gehen, zum Beispiel die IAB-Prognose von Gerd Zika (Zika, 2019) oder der OECD-Beschäftigungsausblick 2019 (OECD, 2019).
  Die Entstehung neuer Arbeitsplätze führt dazu, dass die Verluste mehr als kompensiert werden. Diese Studien zeigen allerdings auch, dass es in den verschiedenen Arbeitsbereichen und Branchen Gewinner und Verlierer geben wird. Beschäftigungszuwächse werden vermutlich in Branchen wie der Energie- und Wasserversorgung, Elektronik, IT (Software, IT-Dienstleistungen, Infrastruktur), Telekommunikation und Fahrzeugbau entstehen. Als Faustregel gilt: Je höher das aktuelle Gehalt und je mehr Ausbildung ein Beruf benötigt, desto geringer ist die Wahrscheinlichkeit einer schnellen Automatisierung des jeweiligen Jobs.
- Es entstehen **neue Arbeitsbilder und Berufe**, die wir uns vor 20 Jahren vielleicht noch gar nicht vorstellen konnten. So gibt es inzwischen Data Scientists, Drohnenpiloten, Search Engine Optimizer, 3D-Druck-Experten oder E-Sports-Manager. Zukünftig wird es vielleicht Berufsbilder geben, die wir uns heute noch gar nicht vorstellen können.
- Die Digitalisierung ermöglicht eine **hohe Flexibilität**, zum Beispiel durch neue Arbeitsmodelle wie Homeoffice oder Arbeitszeitmodelle, in denen man eine Lebensarbeitszeit ansparen und nach eigenem Gusto verwenden und gestalten kann.
- Dank digitaler Technologien ist heute eine **einfache Vernetzung über große Distanzen** möglich. Mit einem immer schnelleren Internet, der Nutzung von Computern und Smartphones kann der Mensch heute von nahezu überall aus mit anderen Personen in Verbindung treten, Meetings halten, Informationen austauschen und vieles mehr. Man kann heute problemlos aus Tokio ein mehrstündiges Coaching mit jemandem in Düsseldorf durchführen. Die Distanzen schwinden und die Welt wächst zusammen.
- Während der COVID-19-Pandemie hat die Digitalisierung zudem auch einen gewissen gesundheitlichen Schutz ermöglicht. Durch den Einsatz von Videomeetings war es möglich, geschäftliche Vorgänge und unternehmerische Aktivitäten fortzuführen, ohne sich der Gefahr eines direkten Treffens und damit einer Ansteckung auszusetzen.
- Die Digitalisierung produziert eine Art »**Jedermann-/Jedefrau-Effekt**«. Jeder kann heutzutage Songs und Videos produzieren, seine Fotos wie ein Profi bearbeiten oder irgendwelche Geschäftsmodelle erfinden und umsetzen. Eine fleißige Künstlerin und/oder Geschäftsfrau kann quasi im Alleingang Musik oder Videos

komponieren, produzieren, vermarkten und verkaufen oder sonstige Erzeugnisse vertreiben, ohne sich fremden Interessen unterzuordnen.

- Die Digitalisierung kann zum **Aufbau und zur Stärkung von sozialen Kontakten** beitragen. Mobiltelefone oder *Skype* dienen zum Beispiel der Aufrechterhaltung und Bestärkung bestehender Kontakte. Gerade während der COVID-19-Pandemie ist das sehr deutlich geworden. Unzählige Menschen haben in Zeiten des Lockdowns von Videomeetings profitiert und über *Zoom*, *Jitsi*, *Blizz*, *MS Teams* oder *WebEx* Kontakte mit Freunden und Kollegen aufrechterhalten.

Nachteile der Digitalisierung:

- Der **Datenschutz** wird mit zunehmender Digitalisierung immer **schwieriger**. Man spricht vom **gläsernen Menschen**, dessen persönliche Daten wie in einem offenen Buch von allen gesehen werden können. Filme, wie zum Beispiel »Minority Report«, zeichnen eine digitale Zukunft, in der Menschen über einen Retinascan identifiziert werden und man ihnen individualisierte Werbung vorspielt, während sie über eine Straße gehen. Kritiker befürchten hier einen erheblichen Verlust der Privatsphäre. Der Verkauf privater Daten ist inzwischen ein eigenes Geschäftsmodell geworden.
- Mit der Digitalisierung geht auch das **Risiko von Cyberattacken und Datenmissbrauch** einher. Gerade in Deutschland sind die Sorgen in Bezug auf einen Datenmissbrauch sehr ausgeprägt. Vor allem Kontaktdaten, Bankdaten, Usernamen und Passwörter werden inzwischen auch millionenfach gestohlen. Sogar der Enkeltrick hat inzwischen seinen Weg ins Digitale gefunden. Hier geben sich Trickbetrüger auf Partner- und Kontaktbörsen im Internet – meist gegenüber älteren Personen – als Liebhaber aus, um unter Vorspiegelung falscher Tatsachen an deren Bargeld zu gelangen. Nach einer *Bitkom*-Studie aus dem Jahr 2019 (Bartsch, 2019) waren 50 % der Internetnutzer im Jahr 2018 Opfer von Cyberkriminalität. Durch Sabotage, Datendiebstahl oder Spionage entsteht der deutschen Wirtschaft jährlich ein Gesamtschaden von 102,9 Milliarden Euro. Hierbei sind allerdings analoge und digitale Angriffe zusammengerechnet. Im Bundeslagebericht Cybercrime des BKA werden die Schäden durch Cyberkriminalität in Deutschland auf ca. 2,2 Milliarden Euro geschätzt (BKA, 2018).
- Obwohl die Digitalisierung insgesamt mehr **Arbeitsplätze** schafft als zerstört, wird es voraussichtlich trotzdem **Verlierer und Gewinner** geben. Durch die Zunahme von Online-Bestellungen reduziert sich die Anzahl an Fachgeschäften. Reisebüros werden obsolet und den Buchläden brechen die Umsätze weg, bis auch diese ihre Türen für immer schließen müssen. Insgesamt werden wahrscheinlich hauptsächlich Arbeitsplätze mit Routinetätigkeiten und immer wieder gleichen Arbeitsabläufen wegfallen. Im Internet kann man sich inzwischen auch schon anschauen, wie hoch dieses Wegfallrisiko für den eigenen Job ist: https://job-futuromat.iab.de. Dagegen weisen neu geschaffene Stellen deutlich höhere und komplexere Anforderungen an die Mitarbeiter auf. Vor allem »analytische und interaktive Berufe« sind auf dem Vormarsch. Diese können jedoch nicht von einfachen Arbeitern erledigt werden, sondern erfordern ein höheres

Bildungsniveau. Die Anzahl der Arbeitsplätze im Niedriglohnbereich wird nicht oder nur wenig wachsen. Die Digitalisierung ist letztendlich kein Jobkiller, wird aber unweigerlich zu einer **Umgestaltung der Arbeitswelt** führen.

- Die Digitalisierung führt zu einer **deutlichen Verdichtung der Arbeitsprozesse**. Während Prozesse in den Achtzigern noch durch die Laufzeit postalischer Kommunikation bestimmt wurden, erhält man heute im »ungünstigen Fall« schon nach Minuten eine Antwort auf seine Mail. Früher hat man Unterstützung bei der Organisation seiner Reisen erhalten, heute bucht man Flüge, Züge, Mietwagen und Unterkünfte selbst. Bei einer namhaften Beratungsfirma gab es früher eine eigene Abteilung, die Folien für die Berater erstellt hat. Heutzutage ist es selbstverständlich, dass die Berater ihre Folien selbst erstellen. Manche Leiter komplexer Projekte erhalten ca. 200 Mails am Tag. Solche Mengen und solche Geschwindigkeiten können zum Teil gar nicht mehr bewältigt werden. Allein in Deutschland hat sich die Zahl der Krankschreibungen bzw. die Zahl der Arbeitsunfähigkeitstage wegen psychischer Probleme zwischen 2007 und 2017 mehr als verdoppelt (Meyer et. al., 2018). Die Digitalisierung führt dazu, dass Belastung und Stress im Arbeitsleben steigen.
  Scannen Sie Abbildung 2 mit der smARt-Haufe-App für ein kurzes Video zur Verdeutlichung des Themas »Verdichtung der Arbeitsprozesse«:

Abb. 2: Verdichtung der Arbeitsprozesse

- Die Digitalisierung produziert **Folgekosten**. Technologien und Softwareprogramme haben gerade heute die Eigenschaft, sehr schnell zu veralten, weshalb kostenintensive Updates oder sogar Neuanschaffungen notwendig sind. Die Wartungskosten von Systemen steigen an. Zum Beispiel kann man bei LED-Leuchten heute nicht mehr wie früher ein Leuchtmittel austauschen, sondern muss die Lampe zur Reparatur an den Hersteller schicken.

- **Riesige Datenmengen** müssen gemanagt werden. Das kostet Zeit, Energie und Geld. Interessanterweise hat übrigens auch eine E-Mail einen CO_2-Abdruck. Nach einem Bericht des ZDF haben Forscher des Borderstep-Instituts für Innovation und Nachhaltigkeit in Berlin errechnet, dass die Internetnutzung in Deutschland jedes Jahr so viel CO_2 wie unser gesamter Flugverkehr produziert (Schmidt, 2019). Nach einer Studie des französischen Think-Tanks The Shift Project (The Shift Project, 2019) sind digitale Technologien mittlerweile für 4 % der globalen Treibhausgasemissionen verantwortlich. Ihr Energieverbrauch wächst zudem pro Jahr um ca. 9 %. Die Datenmengen, die beim Video-Streaming über Plattformen wie *Netflix*, *Amazon Prime*, *YouTube* & Co. anfallen, machen bereits 58 % und damit mehr als die Hälfte des Datenvolumens im Internet aus. Der Energiebedarf des Internet-Streamings ist damit bereits so hoch wie die komplette deutsche Ökostromerzeugung im Jahr 2018. Auf diese Weise trägt die Digitalisierung auch zum Klimawandel bei.
- Die Digitalisierung ist auch Chance und Verpflichtung zugleich. Sie bringt Vorteile, kostet aber auch Geld. Eine Sonderbefragung zum KfW-Mittelstandspanel im Jahr 2018 ergab, dass 28 % der befragten Unternehmen mit **erhöhten Kosten** rechnen, die auf die Digitalisierung zurückzuführen sind (Leifels, 2019). Diese Unternehmen rechnen übrigens gleichzeitig mit erhöhten Umsätzen.
- Der »Jedermann-/Jedefrau-Effekt« produziert **mehr Masse als Klasse**, Neben Profis erzeugen und verbreiten im digitalen Zeitalter zunehmend Laien und Anfänger Inhalte. Dadurch gibt es zwar mehr Auswahl, aber auch eine wesentliche Zunahme von qualitativ schlechten Inhalten. Man braucht sich als Beleg dafür im Internet nur einige *YouTube*-Videos anzuschauen.
- Zudem scheint in manchen Bereichen **die Form wichtiger** zu werden **als der Inhalt**. Hauptsache es ist digital. Ob es Substanz hat, scheint dann manchmal zweitrangig. Mitarbeiterbefragungen werden gehypt, weil sie digital sind. Dass dabei manchmal hauptsächlich blödsinnige Fragen gestellt wurden, interessiert niemanden mehr. Computerbased Trainings sind »in«. Dass in diesen Trainings teilweise minderwertige Inhalte vermittelt werden, steht hinter der Nutzung des digitalen Mediums zurück.
- Der Mensch verbringt mehr und mehr Zeit im Internet. Die Zeit für sportliche und soziale Aktivitäten wird dadurch reduziert. Wir ersetzen Begegnungen in der realen Welt durch virtuelle Kontakte. Das hat gefährliche Folgen – nicht nur in der Freizeit, sondern auch und gerade im Berufsalltag. Wir verlieren unsere Kompetenz, erfolgreich mit Kollegen, Kunden und Führungskräften zu kommunizieren. Es droht eine **Einschränkung und Verarmung von Kommunikation und sozialen Beziehungen**. Interessanterweise schicken z. B. viele Manager der Internetkonzerne aus dem Silicon Valley ihre Kinder bevorzugt in Waldorfschulen, an denen die Nutzung digitaler Geräte bis zum zehnten Lebensjahr verboten ist. Das Ablenkungs- und Zerstreuungspotenzial dieser Geräte stört wichtige Lernprozesse, in denen es um die Entwicklung von Fantasie, Kreativität und sozialer Beziehungen geht.

Die Digitalisierung wird in allen Bereichen unaufhaltsam fortschreiten !

Alle Vor- und Nachteile werden nichts daran ändern, dass die Digitalisierung in allen Bereichen fortschreiten wird. Durch die COVID-19-Pandemie hat die Digitalisierung zudem einen erzwungenen Quantensprung erfahren. Viele Menschen mussten sich mit digitaler Kommunikation auseinandersetzen und sie nutzen, um Geschäftsprozesse aufrechtzuerhalten. Insgesamt wird die Frage allerdings sein, wie sich dieser Fortschritt der Digitalisierung weiterhin vollziehen wird. Dorothee Bär, Staatsministerin für Digitalisierung im Bundeskanzleramt, beklagt in der etventure-Studie »Digitale Transformation 2019« zum Beispiel, dass sie Waschkörbe voller Zuschriften gegen 5G bekommt und dass für Deutsche das Hauptaugenmerk bei vielen technischen Neuerungen auf deren Gefährlichkeit zu liegen scheint (Depiereux, 2019). Alle wollen den Fortschritt, aber keiner die Veränderung. Wir sind allerdings davon überzeugt, dass die Lust auf Neues bei den meisten Menschen letztendlich die Angst vor der Digitalisierung besiegen wird. Aber es wird sehr darauf ankommen, wie wir die Einführung neuer Technologien und den Übergang in eine weitere Digitalisierung gestalten werden.

2.2 Wie Menschen auf die Einführung digitaler Veränderungen reagieren

Thomas Fischer

Je nach Persönlichkeit und Erfahrung mit digitaler Technik reagieren Menschen unterschiedlich auf digitale Veränderungen. Zudem kommt es sehr darauf an, ob wir die Einführung einer Digitalisierung selbst wollen, sie mitbeeinflussen oder sogar kontrollieren können und darin einen Nutzen oder Vorteile für uns sehen. Grundsätzlich lässt sich feststellen, dass Menschen digitalen Veränderungen umso negativer gegenüberstehen,

- je weniger positive Erfahrung sie bereits mit Digitalisierung gemacht haben,
- je weniger sie diese Veränderung gewollt haben,
- je weniger sie die Einführung beeinflussen oder kontrollieren können und
- je weniger Vorteile oder Nutzen sie darin sehen.

In der Tat kommt hier auch noch ein Persönlichkeitsfaktor hinzu. Grundsätzlich lassen sich nach Riemann (2013) und Thomann (1988) vier gegensätzliche Grundausrichtungen des Menschen beobachten. Alle vier Grundausrichtungen kommen bei jedem Menschen in unterschiedlicher Ausprägung vor. Diese Ausrichtungen sind Nähe und Distanz sowie Stabilität und Wechsel. Die beiden letzten Faktoren beeinflussen auch unsere Haltung gegenüber Wandel im Allgemeinen und der Einführung von digitalen Veränderungen im Speziellen. In Abbildung 3 werden die Merkmale der beiden Ausrichtungen bzw. Typen aufgezeigt.

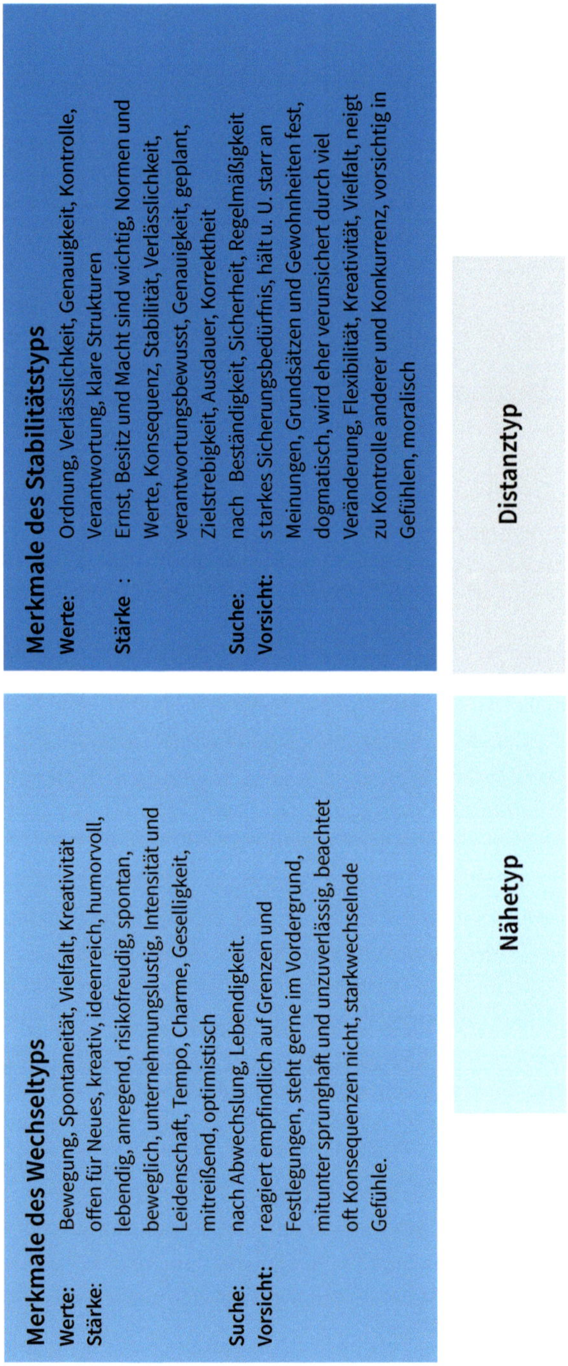

Merkmale des Wechseltyps

Werte: Bewegung, Spontaneität, Vielfalt, Kreativität

Stärke: offen für Neues, kreativ, ideenreich, humorvoll, lebendig, anregend, risikofreudig, spontan, beweglich, unternehmungslustig, Intensität und Leidenschaft, Tempo, Charme, Geselligkeit, mitreißend, optimistisch

Suche: nach Abwechslung, Lebendigkeit.

Vorsicht: reagiert empfindlich auf Grenzen und Festlegungen, steht gerne im Vordergrund, mitunter sprunghaft und unzuverlässig, beachtet oft Konsequenzen nicht, starkwechselnde Gefühle.

Merkmale des Stabilitätstyps

Werte: Ordnung, Verlässlichkeit, Genauigkeit, Kontrolle, Verantwortung, klare Strukturen

Stärke : Ernst, Besitz und Macht sind wichtig, Normen und Werte, Konsequenz, Stabilität, Verlässlichkeit, verantwortungsbewusst, Genauigkeit, geplant, Zielstrebigkeit, Ausdauer, Korrektheit

Suche: nach Beständigkeit, Sicherheit, Regelmäßigkeit

Vorsicht: s tarkes Sicherungsbedürfnis, hält u. U. starr an Meinungen, Grundsätzen und Gewohnheiten fest, dogmatisch, wird eher verunsichert durch viel Veränderung, Flexibilität, Kreativität, Vielfalt, neigt zu Kontrolle anderer und Konkurrenz, vorsichtig in Gefühlen, moralisch

Nähetyp

Distanztyp

Abb. 3: Riemann-Thomann-Modell (eigene Darstellung)

Letztendlich ist es somit auch ein Stück weit in unserer Persönlichkeit angelegt, ob wir offen gegenüber Veränderungen und somit digitalem Wandel sind oder eher die Stabilität bevorzugen. Auch aus diesen persönlichen Grundausrichtungen ergibt sich die Tendenz, First Mover oder Nachzügler zu sein.

Wir alle durchlaufen einen Prozess der emotionalen Achterbahn !

Unabhängig davon, ob wir die Einführung einzelner digitaler Veränderungen positiv oder negativ beurteilen, durchlaufen wir in fast allen Fällen einen Prozess der sogenannten emotionalen Achterbahn.

2.3 Die emotionale Achterbahn

Thomas Fischer

Die emotionale Achterbahn geht auf ein Modell von Elisabeth Kübler-Ross zurück (Kübler-Ross, 2012). Als Psychologin befasste sie sich mit dem Umgang mit Trauer und mit Trauerarbeit. Dabei beschreibt sie folgende fünf Phasen des Sterbens von unheilbar Kranken und der Reaktionen aus deren Umfeld:

- Nicht-wahrhaben-Wollen, Verleugnung und Schock
- Leugnen und Zorn
- Depression und Leid
- Entscheidungen treffen
- Annahme und Akzeptanz

Diese fünf Phasen scheinen Betroffene auch bei der Einführung von digitalen Veränderungen zu durchlaufen. Das Modell wird als die »Kübler-Ross-Change-Kurve« (Abb. 4) bezeichnet und trifft vor allem auf Veränderungen im betrieblichen Umfeld zu.

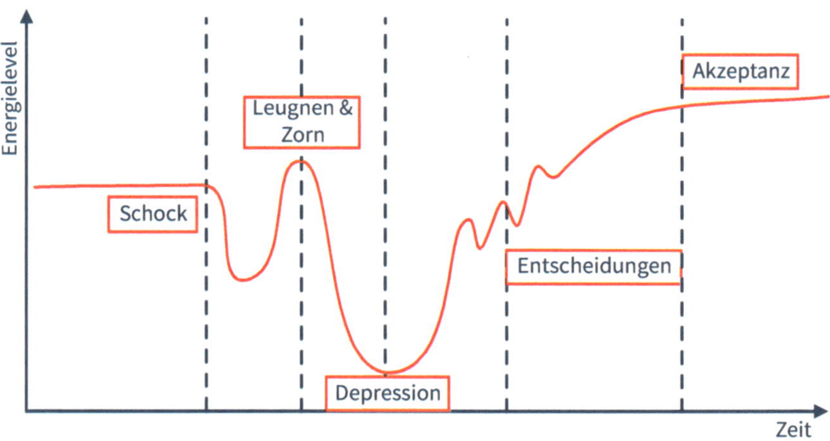

Abb. 4: Die emotionale Achterbahn bei Veränderungen (eigene Darstellung)

Vor der Einführung:
Die Einführung digitaler Veränderungen geschieht oft nicht von heute auf morgen, sondern bedarf immer einer Konzeptionsphase. In dieser Phase haben die Mitarbeiter eines Unternehmens ausreichend Zeit für Spekulationen. Bevor es zur eigentlichen Einführung einer digitalen Veränderung kommt, haben die meisten Mitarbeiter schon viele Gerüchte darüber gehört, worum es geht – sie haben also eine Vorahnung: Es soll SAP eingeführt werden, Bewerber sollen mittels einer App den Status ihrer Bewerbung abfragen können, Gutachten sollen zukünftig über eine Spracherkennungssoftware diktiert werden oder Kunden von Behörden sollen sehen können, von welchem Mitarbeiter ihre Anträge gerade bearbeitet werden bzw. bei wem sie so lange liegen bleiben. Die Spekulationen sind nicht immer nur positiv. Gerüchte und durchaus auch wildere Annahmen machen die Runde. So recht glaubt jedoch noch niemand daran.

Die Einführung und der Schock:
Dann kommt irgendwann der Moment, in dem der Start der Veränderungen bekannt gegeben wird: Der Roboter wird gekauft und in das Pflegeheim gebracht, das Customer-Relationship-System oder Online-Buchungsportal für Flugkunden wird freigeschaltet oder die digitale, papierlose Personalakte wird realisiert. Bis hierhin hatten viele Mitarbeiter zwar schon geahnt und zum Teil auch gewusst, dass eine digitale Veränderung ansteht, aber erst jetzt begreifen die meisten, was das wirklich bedeutet. Damit geht ein Schock einher. Es entsteht eine emotionale Betroffenheit, die natürlich je nach Person und Situation unterschiedlich stark sein kann und dazu führt, dass das Energielevel zunächst einmal sinkt.

Es mag manche verwundern, dass Menschen in solchen Situationen mit einem Schock reagieren, obwohl die Veränderung doch schon mehr oder weniger vorhersehbar war. Aus unserer Perspektive gibt es dafür folgende Gründe:

- Die **Persönlichkeit** der Betroffenen: Wer nach Riemann-Thomann eher stabilitätsorientiert ist, reagiert mit stärker ablehnenden Emotionen auf die Einführung digitaler Veränderungen.
- Wiederholt man ein gewisses Verhalten häufig, schleicht sich eine gewisse Routine ein. Man könnte auch sagen, es entstehen **Gewohnheiten** oder eine Art »Verhaltensbequemlichkeit«. Gewohnheiten sind in vielen Fällen sehr praktisch und erleichtern unser Leben. Unsere bisherige Art zu arbeiten ist oft einigermaßen erfolgreich und wird nun durch eine mehr oder weniger starke Veränderung unterbrochen. Das mögen viele Menschen nicht und reagieren mit einem mehr oder weniger starken Schock. Ein solcher Schock entsteht nicht nur bei Veränderungen, die wir negativ beurteilen, sondern selbst bei Veränderungen, die an sich positiv sind, wie zum Beispiel einem Lottogewinn.

Leugnen und Zorn:
In der darauffolgenden Phase wird die anstehende Veränderung zunächst einmal geleugnet. Man möchte es nicht wahrhaben und verschließt die Augen vor dem Change. Es fallen Aussagen wie »Das glaube ich nicht«, »Das kann doch nicht wahr sein« oder »Das gibt's doch nicht«. Dieses Leugnen kann auch in Ärger, Wut oder Zorn übergehen. Man ärgert sich darüber, dass man nun mit einem Roboter zusammenarbeiten, seine Kundenbesuche in einer Software minutiös dokumentieren, seine Gutachten mit einer Software diktieren muss oder Personalakten nur noch am Bildschirm und nicht mehr in Papierform bearbeiten kann. Dabei handelt es sich manchmal um irrationale Reaktionen, die nicht auf Vernunft basieren. Man befürchtet also Nachteile oder dass man seine Gewohnheiten ändern muss oder einfach auch nur Altbewährtes nicht mehr beibehalten kann. In dieser Phase steigt das Energielevel vorübergehend. Man versucht sich zu wehren, man argumentiert, diskutiert, disputiert und demonstriert. Oft sind digitale Veränderungen aber so enorm und deren Einführung wird von anderen bestimmt und gesteuert, sodass man sich zwar wehren, den Zug aber nicht wirklich aufhalten kann. Über diese Erkenntnis entsteht Trauer und das Energielevel sinkt deutlich.

Depression, Trauer und Leid:
In dieser Phase betrauern die Betroffenen den Verlust der alten Gewohnheiten, Vorgehensweisen, sozialen Beziehungen, Umgebungen, Techniken etc. Es fällt ihnen schwer, sich von Dingen zu lösen, die sie am Altbewährten geschätzt haben. Es fallen Sätze wie zum Beispiel »Früher war alles schöner/besser«, »Hätten wir doch wieder xyz« oder

»Schade, dass es xyz nicht mehr gibt«. Gleichzeitig entstehen auch auf die Zukunft ausgerichtete Befürchtungen. Man sorgt sich, ob man die zukünftigen Anforderungen gut und kompetent bewältigen kann: Wie wird man mit dem Roboter zurechtkommen, wie wird man den neuen Prozess oder die neue Software beherrschen können, wie soll es werden, wenn man ohne Papier arbeiten soll?

Entscheidung, Abschied, Annahme und Akzeptanz:
Schließlich sind Entscheidungen zu fällen. Man muss mehr oder weniger bewusst entscheiden, ob man mit dem Trend und der digitalen Veränderung mitgehen möchte oder nicht. Man stellt sich langsam auf die neue Situation ein. Eine schrittweise Annäherung tritt ein, die Veränderungsbereitschaft wächst langsam und das Energielevel steigt. Man arrangiert sich mit dem Gedanken, dass nun ein Roboter mit Pflegepatienten interagiert, dass man seine Kundenbesuche dokumentiert, seine Gutachten diktiert oder ohne Papier arbeitet. Mit dem Arrangieren und Ausprobieren neuer digitaler Arbeitsweisen entsteht langsam eine Akzeptanz der neuen Situation. So schlecht ist die neue Software oder der neue Prozess ja gar nicht, man entdeckt Vorteile und fängt sogar an, das Neue zu mögen. Mit der Arbeit in der neuen digitalen Umgebung entstehen neue Gewohnheiten, die beim nächsten Change dann schon wieder die alten sein werden.

Die Zeit, die Menschen benötigen, um durch diesen Prozess zu gehen, ist weder vorhersagbar noch ist sie bei allen Personen gleich. Der eine geht in Minuten durch den Prozess, während der andere dafür Jahre benötigt. In der Phase des COVID-19-Lockdowns haben selbstständige Seminarleiter ihre Geschäftsmodelle von Präsenztrainings auf Online-Seminare umgestellt und dabei alle Phasen von Schock über Leugnen und Leiden bis hin zu Akzeptanz innerhalb von ein bis zwei Wochen durchlaufen. Es sind natürlich auch Rückfälle bzw. sogenannte Rebounds möglich. Man kann von einer späteren Phase in eine frühere zurückfallen. Uns sind Menschen bekannt, die noch 20 Jahre nach der Wiedervereinigung Deutschlands in bestimmten Situationen gesagt haben, früher sei alles schöner gewesen, und sogar meinten: »Es wäre doch gut, wenn die Mauer wieder da wäre.«

Im betrieblichen Bereich ist noch eine Besonderheit bei den Auswirkungen der Kübler-Ross-Kurve zu beachten. Da die Initiativen und Finanzierungen für die Einführung von Digitalisierungen oftmals vom Topmanagement ausgehen, ist diese Hierarchieebene häufig auch die erste, die sich näher mit der anstehenden Veränderung beschäftigt. So durchlaufen die Topmanager die Kübler-Ross-Kurve oft deutlich früher als die darunterliegenden Ebenen. Über die Hierarchieebenen kommt es zu zeitlich versetzten Kurven (vgl. Abb. 5).

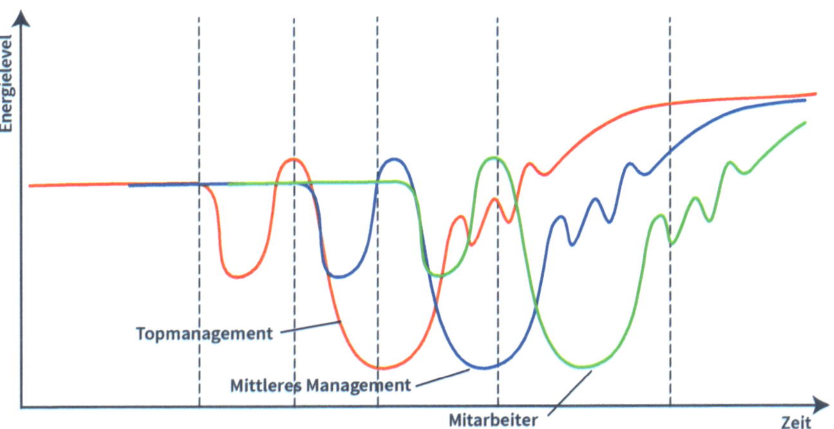

Abb. 5: Verschiebung der Achterbahn auf den Ebenen (eigene Darstellung)

Das Topmanagement hat die emotionale Achterbahn oft schon längst durchlaufen

!

Diese zeitlich versetzten Kübler-Ross-Kurven führen nach unserer Erfahrung in der Praxis häufig dazu, dass das Topmanagement schon längst in der Akzeptanzphase ist, während die Mitarbeiter gerade in die Schockphase eintreten. Interessanterweise ist das dem Topmanagement oft nicht bewusst und man wundert sich dort, warum über die anstehenden Änderungen noch diskutiert wird. Es ist doch alles schon klar und eigentlich sogar schon realisiert, zumindest in den Köpfen des Topmanagements.

Insgesamt glauben wir aber auch, dass nicht jeder Mensch bei jeder Veränderung die gesamte Kurve von Kübler-Ross durchlaufen muss. Es gibt auch Veränderungen, die Menschen spontan positiv beurteilen und die keinen Zorn oder gar Trauer hervorrufen. Manche Menschen fiebern dem neuen *Apple*-Handy entgegen, buchen gerne Übernachtungen über *Airbnb*, haben schon lange auf eine Trading-App gewartet, begrüßen die Möglichkeit, Mails und Gutachten zu diktieren, von einem Hologramm bei der Operation unterstützt zu werden, oder sehnen sich danach, einen Cursor per Gedankenübertragung zu steuern. Zudem können Phasen auch übersprungen werden, genauso wie es Rebounds geben kann. Menschen sind sehr unterschiedlich und reagieren nicht alle gleich. Aus dieser Tatsache lassen sich unterschiedliche Verhaltenstypen ableiten (vgl. Kapitel 2.4).

Die emotionale Achterbahn als Tool

Ziel und Zweck ist es zu visualisieren, wo die von einer digitalen Veränderung Betroffenen im Veränderungsprozess stehen. Auf dieser Basis können Sie dann die aktuelle Lage und Situation in einem digitalen Change-Prozess besprechen, analysieren und daraus Maßnahmen ableiten.

Vorgehen: Sie erläutern einer Gruppe vom digitalen Wandel betroffener Personen die emotionale Achterbahn bzw. die Kübler-Ross-Kurve. Es ist wichtig zu vermitteln, dass das Durchlaufen dieser Kurve ganz normal und natürlich ist. Die Kübler-Ross-Kurve sollte für dieses Vorgehen auf einem Flipchart oder eine Pinnwand aufgemalt werden. Jeder Teilnehmer soll dann in dieser Kurve z. B. durch ein Kreuz oder das Kleben eines Moderationspunktes markieren, wo er/sie sich gerade bezüglich der anstehenden Veränderung befindet. Im Anschluss daran wird das Ergebnis im Team besprochen. Dabei tauschen sich die Beteiligten dazu aus, wie sie den digitalen Wandel erleben, in welcher Phase der Kübler-Ross-Kurve sie sich selbst gerade befinden, wie sie im Moment zu den anstehenden Veränderungen stehen und was sie benötigen, um in die nächste Phase der Kübler-Ross-Kurve zu gelangen oder auch ganz durch die Kurve hindurch zu kommen. Wichtig ist, dass aus dieser Diskussion auch Maßnahmen zum weiteren Vorgehen abgeleitet werden.

Praxistipp: Es wird empfohlen, sich hierbei von einem professionellen Moderator unterstützen zu lassen.

2.4 Wie Menschen sich in Veränderungssituationen verhalten

Thomas Fischer

Bei von digitalen Veränderungen Betroffenen lassen sich in der Regel unterschiedliche Verhaltensweisen feststellen (siehe auch Kraus et al., 2010a und b). Menschen können digitale Veränderungen positiv oder negativ einschätzen. Zudem haben sie ein unterschiedlich stark ausgeprägtes Kontrollbedürfnis ihrer Umwelt gegenüber. Daraus resultiert bei manchen ein eher aktives Verhalten, mit dem sie die Umgebung steuern möchten, und bei anderen ein eher passives Verhalten, das aus einem geringeren Kontrollbedürfnis resultiert. Kombiniert man diese beiden Faktoren, entstehen vier Verhaltensmuster in Veränderungssituationen: der Treiber, der bereitwillige Zuschauer, der Verweigerer und der missmutig Abwartende (vgl. Abb. 6). Scannen Sie die Abbildung auf der folgenden Seite, um sich ein kurzes Video zu den Verhaltensmustern anzusehen.

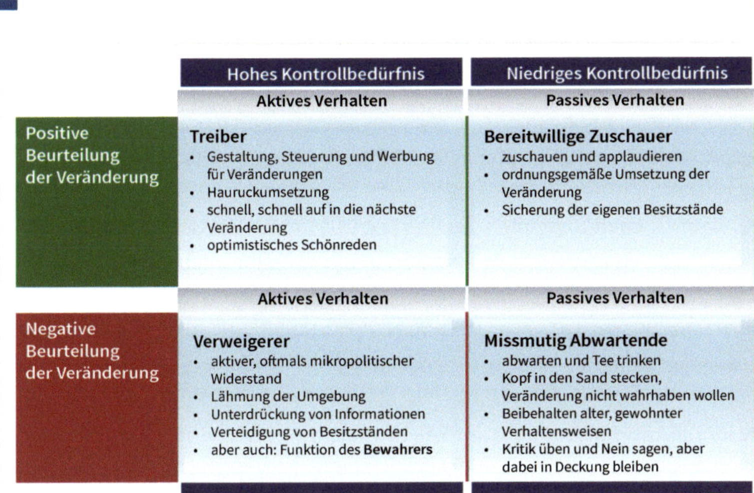

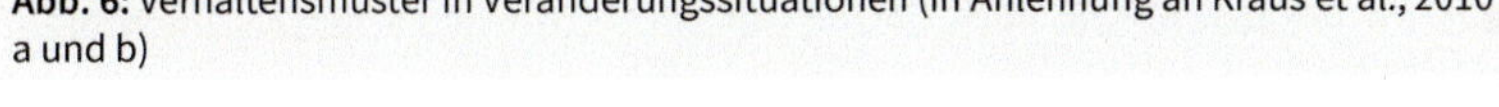

Abb. 6: Verhaltensmuster in Veränderungssituationen (in Anlehnung an Kraus et al., 2010 a und b)

Hierbei handelt es sich nicht um Persönlichkeitstypen, sondern um Verhaltensweisen, die von jedem gezeigt werden können. Es kann auch vorkommen, dass ein und derselbe Mensch bei einer digitalen Veränderung als Treiber agiert und bei einer anderen Digitalisierung als Verweigerer. Da wir denkende Wesen sind, können wir uns selbstverständlich auch bewusst für jede dieser Verhaltensweisen entscheiden.

Zudem ist keine dieser Verhaltensweisen per se negativ oder positiv. Manche würden automatisch denken, dass eine treibende Verhaltensweise positiv und eine verweigernde negativ sei. Allerdings haben alle diese Verhaltenstypen zwei Seiten. Hier macht immer die Dosis das Gift. Treiber können es auch »über-treiben«. Das geschieht vor allem dann, wenn sie digitale Veränderungen unbedingt auf Teufel komm raus wollen. Dann entstehen Verhaltensweisen wie z. B. »Hauruckumsetzungen« oder optimistisches Schönreden von Veränderungen, die eigentlich gar nicht so toll sind. Ebenso hat auch das verweigernde Verhalten nicht nur negative, sondern auch positive Seiten. Letztendlich kommt hier auch eine bewahrende Funktion zum Tragen, denn nicht alles am Alten ist schlecht. Das Verhalten von Menschen bei der Einführung digitaler Veränderungen ist also immer differenziert zu beurteilen und sollte stets die Hintergründe des Verhaltens der Betroffenen berücksichtigen.

Hier einige Praxisbeispiele für die jeweiligen Verhaltensweisen:

- **Treiber:** Die Einführung eines fahrerlosen Transportsystems in der Logistik wird von Führungskräften mit guten Argumenten beworben und man freut sich auf der Managementebene auf die neue Technik. Selbst wenn es dann aufgrund von Softwareproblemen nicht richtig funktioniert, wird die Technik noch über den grünen Klee gelobt.
- **Verweigerer:** Menschen, die z. B. die Verwendung von Mobiltelefonen strikt ablehnen und zudem versuchen, Bekannte von der Nutzung abzuhalten. Oder Mitarbeiter, die bei der Einführung der papierlosen Personalakte ausschließlich die Risiken des Datenschutzes sehen und die Arbeit mit einer elektronischen Personalakte rundweg verweigern.
- **Bereitwillige Zuschauer:** Mitarbeiter, die bei der Einführung von *Microsoft Office 365*, *MS Teams*, Homeoffice oder SAP mitmachen und den von ihnen gewünschten Umsetzungsbeitrag leisten – nicht mehr und nicht weniger, eben genauso viel, wie erforderlich ist.
- **Missmutig Abwartende:** Mitarbeiter, die die Einführung eines sozial interagierenden Roboters in der Pflege kritisch beurteilen, dies aber nicht öffentlich äußern, sondern nur in der Teeküche darüber lästern. Manche nutzen eine neue Software auch einfach nicht. Wir haben schon Fälle gesehen, in denen Mitarbeiter in Customer-Relationship-Systemen ihre Kundenbesuche einfach nicht eingetragen oder mit dem Kürzel »o. b. V.« (ohne besondere Vorkommnisse) versehen haben. So etwas nennt man verdeckte Widerstände.

Der Einsatz der Verhaltenstypen als Tool

Ziel und Zweck ist es, sich in einer Gruppe dazu auszutauschen, wer wie zum anstehenden digitalen Wandel steht. Zudem können sich die Teilnehmer klar darüber werden, wie sie in Bezug auf die anstehende digitale Veränderung wahrgenommen werden. Insofern erfolgt ein Austausch über Unterschiede in der Selbst- und Fremdwahrnehmung. Mit diesem Tool gelingt es, förderliche und hinderliche Verhaltensweisen für den digitalen Wandel zu identifizieren.

Vorgehen: Sie erläutern einer Gruppe die verschiedenen Verhaltenstypen. Es ist wichtig zu betonen, dass keiner der vier Verhaltenstypen grundsätzlich schlecht oder gut ist und dass so gut wie jede Person bei unterschiedlichen Veränderungen auch schon mal jedes dieser Verhaltensmuster gezeigt hat. Dann erhält jeder Beteiligte ein Blatt Papier oder eine Moderationskarte. Auf dieses Papier schreibt jeder seinen eigenen Namen. Auf die Rückseite der Karte wird die Tabelle mit den vier Verhaltenstypen aufgemalt. Im Anschluss daran werden die Karten der Teilnehmer im Kreis herumgegeben. Jeder macht nun auf der Karte, die er/sie von einem anderen Teilnehmer erhalten hat, in der Tabelle dort ein Kreuz, wo er das

Verhalten der jeweiligen Person in Bezug auf den aktuell anstehenden digitalen Wandel erlebt. Wenn die Karten einmal ganz herumgewandert sind, erhält jeder seine eigene Karte wieder, auf der nun alle anderen Beteiligten mit einem Kreuz markiert haben, wie sie das Verhalten des Betreffenden in Bezug auf die anstehende Veränderung empfinden.

Dieses Bild auf den Karten ist der Ausgangspunkt für die anschließende Diskussion. In dieser Besprechung können sich die Beteiligten dazu austauschen, wie die Einschätzungen der anderen zustande kommen, was hinter den Wahrnehmungen der anderen steckt, woran bestimmte Wahrnehmungen festgemacht werden, welche Unterschiede es zwischen Selbst- und Fremdwahrnehmung gibt und wie sie zustanden kommen. Diese Diskussion sollte schließlich in die Fragestellung münden, was nun mit den besprochenen Ergebnissen geschehen soll: Wie soll es weitergehen und welche Maßnahmen lassen sich aus der Diskussion ableiten?

Praxistipp: Auch bei dieser Methode wird empfohlen, sich von einem professionellen Moderator unterstützen zu lassen.

2.5 Mitarbeiter auffangen: Das integrierte Change-Modell

Thomas Fischer

Aus der emotionalen Achterbahn und den vier unterschiedlichen Verhaltenstypen ergeben sich auch Risiken für die Einführung digitaler Veränderungen. Eine Studie von Harvey Nash & KPMG aus dem Jahr 2017 zeigt, dass Widerstand gegen den digitalen Wandel als größtes Hindernis für eine erfolgreiche digitale Transformation gesehen wird. Dorothee Bär, Staatsministerin für Digitalisierung im Bundeskanzleramt, meint, dass Digitalisierung nicht zuerst ein Technikwandel, sondern ein Kulturwandel ist.

Für die Einführung digitaler Veränderungen wäre es also enorm hilfreich, die emotionale Achterbahn »abschwächen« oder sogar steuern zu können. Hier kommt das Change-Modell von J. P. Kotter (Kotter, 1996) ins Spiel, das acht Phasen des Change-Managements beschreibt:

1. die Notwendigkeit für die Veränderung darlegen und Problembewusstsein schaffen
2. Verbündete und Mitstreiter suchen und Koalitionen eingehen
3. eine klare Vision und Ziele formulieren
4. Kommunizieren der Veränderungsvision und Akzeptanz erzeugen
5. Empowerment der Mitarbeiter und Mitgestaltung sichern
6. Realisierung kurzfristiger Erfolge bzw. sogenannter Quick Wins
7. Erreichtes konsolidieren und weiter vorantreiben
8. neue digitale Ansätze, Prozesse, Techniken stabilisieren

Kombiniert man nun die acht Phasen nach J. P. Kotter und setzt sie systematisch im Verlauf der emotionalen Achterbahn um, ergibt sich folgende Empfehlung für die begleitende Unterstützung bei der Einführung digitaler Veränderungen.

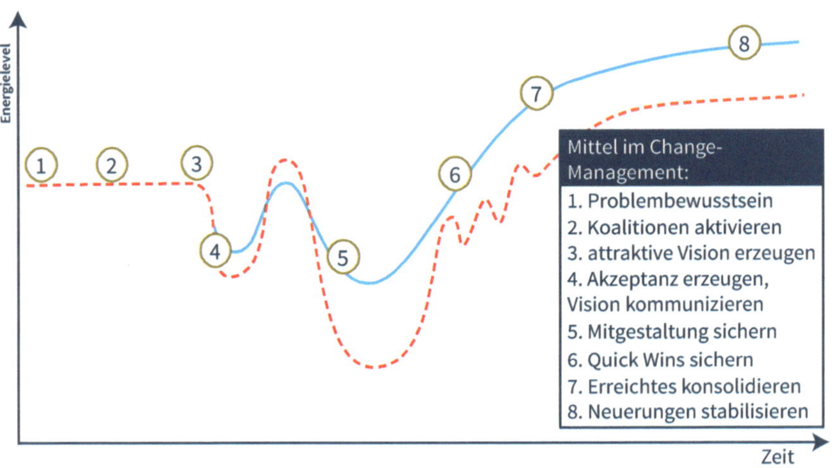

Abb. 7: Integriertes Change-Modell (eigene Darstellung)

Schon in der frühen Phase eines digitalen Wandels gilt es, bei den Betroffenen Problembewusstsein zu schaffen. Dies gelingt Ihnen in der Regel am besten, indem Sie die Zahlen, Daten und Fakten der Ausgangslage klar und deutlich auf den Tisch legen. Es gilt, die Betroffenen auf die digitalen Veränderungen vorzubereiten, indem Notwendigkeit und Sinnhaftigkeit verdeutlicht werden. Niemand kann heutzutage Veränderungen in Unternehmen im Alleingang bewirken. Deshalb müssen Sie Verbündete und Koalitionspartner mit »Macht« zur schnellen Umsetzung von Änderungen schon aktivieren, bevor es richtig losgeht. Zudem ist die Formulierung einer attraktiven Vision und klarer Ziele erforderlich (vgl. auch Kapitel 3.2). Diese Vision muss dann auch mit der entsprechenden Überzeugung und Motivation kommuniziert werden. Die Grundidee ist dabei, dass der bei den Betroffenen entstehende Schock dann bei Weitem nicht so stark ausfällt. Eine Vision sollte dabei immer zu den betroffenen Menschen passen. Wir empfehlen, hier vorsichtig mit Begrifflichkeiten umzugehen. Nicht jedes traditionelle Unternehmen verträgt sofort zu Beginn einer digitalen Veränderung so viele Anglizismen, wie manche Berater sie von sich zu geben pflegen. Eine Vision muss die Menschen dort abholen, wo sie zum jetzigen Zeitpunkt stehen.

Im Weiteren tragen vor allem Möglichkeiten der Mitgestaltung für Betroffene dazu bei, dass die in der emotionalen Achterbahn anstehende Depression und Trauer schwächer ausfällt. Das sogenannte Tal der Tränen wird abgeschwächt, wenn Betroffene die Gestaltung des digitalen Wandels mitbeeinflussen können. Doppler und Lauterburg (2019) sprechen vom sogenannten »Not invented here«-Syndrom: Was wir nicht selbst erfunden haben, kann nicht gut sein. Im Gegenteil dazu kann etwas, an dessen Erfindung wir beteiligt waren, nicht ganz so schlecht sein. Aktive Mitgestaltung der Zukunft hilft uns, schneller durch Trauer hindurch zu kommen.

Im gesamten Prozess ist es zudem wichtig, Quick Wins zu sichern. Manche Menschen glauben etwas erst, wenn sie es sehen oder selbst erleben. Gerade Zweiflern hilft es, mit digitalen Veränderungen mitzugehen, wenn sie Belege dafür haben, dass der Wandel wirklich etwas bringt. Das kann zum Beispiel ein Gewinn an Zeit, Geld, Sicherheit oder Effizienz sein. Wird eine solche zusätzlich gewonnene Zeit dann allerdings wieder durch »Nachverdichtung von Arbeit« oder sogar Trennung von Mitarbeitern konterkariert, ist der positive Effekt schnell dahin und wird sogar ins Gegenteil verkehrt. Hier ist es also wichtig, echte und nachhaltige Erfolge sicherzustellen und sie vor allem auch zu kommunizieren und zu vermarkten.

Die blaue Linie in der Grafik (Abb. 7) zeigt, wie sich die Kurve von Kübler-Ross entwickelt, wenn die Schritte der acht Phasen nach Kotter als Begleitung des digitalen Wandels einsetzt werden. Dadurch entsteht ein deutlicher Nutzen bei der Einführung digitaler Veränderungen.

Mehrwert eines integrierten Change-Modells

Der Mehrwert eines in die Kübler-Ross-Kurve integrierten Change-Modells nach J. P. Kotter (1996) zeigt sich in Abb. 8.

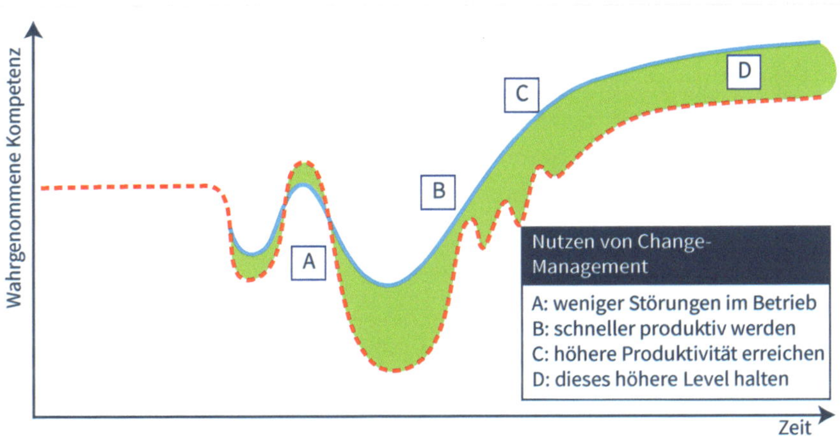

Abb. 8: Mehrwert eines integrierten Change-Modells (eigene Darstellung)

Veränderungskompetenz zahlt sich hier also ganz klar aus. Man profitiert auf mehreren Ebenen. Die Organisation bzw. das Unternehmen hat folgende Vorteile:

- Es entstehen weniger Störungen im Betrieb.
- Man kann schneller wieder produktiv werden.

- Die Kosten des Wandels sind oftmals geringer.
- Man kann eine höhere Produktivität erreichen und diese auch halten.
- Reibungsverluste werden minimiert.

Auch die Führungsebene hat einen Nutzen:
- Es gibt weniger Aufregung in der Belegschaft.
- Der Umgang mit Widerständen wird einfacher.
- Durch das integrierte Change-Modell eröffnen sich Mittel und Methoden zum Umgang mit der emotionalen Achterbahn.

Zudem entsteht ein Nutzen für die Mitarbeiter:
- Die Phasen des Modells von J. P. Kotter geben Orientierung und Motivation.
- Der durch den digitalen Wandel ausgelöste Stress und die emotionale Belastung werden reduziert.
- Gerade die Trauerphasen können schneller durchlaufen werden.

!

Die emotionale Achterbahn aktiv managen

Bei fast jeder Einführung von digitalen Veränderungen durchleben wir eine mehr oder weniger stark ausgeprägte emotionale Achterbahn. Sie gehört einfach zum Change dazu. Veränderungskompetenz mindert die negativen Auswirkungen der emotionalen Achterbahn. Deshalb halten wir es für wichtig, sie mit einem integrierten Change-Modell aktiv zu managen.

3 So gehen Sie bei der Einführung digitaler Veränderungen vor

Sandra Lengler

Kapitelintro: Scannen Sie das Bild mit der smARt-Haufe-App.

In diesem Kapitel wird das Grundgerüst bzw. der systemische Change-Prozess bei der Einführung digitaler Veränderungen näher erläutert.

Abb. 9: Der systemische Change-Prozess SCP (© Sandra Lengler 2017)

Der systemische Change-Prozess bei digitalen Veränderungen wird in vier Stufen dargestellt.

From-Phase: Im ersten Schritt geht es immer um die Analyse der aktuellen Ist-Situation. Denn ohne Analyse keine Diagnose und ohne Diagnose keine Maßnahme. Die betroffenen Zielgruppen werden beleuchtet. Externe gesellschaftliche, wirtschaftliche und technologische Einflussfaktoren werden analysiert. Interne Anliegen, Interessen und Perspektiven der betroffenen Mitarbeiter werden reflektiert. Im Ergebnis wissen wir, wie die aktuelle Ausgangslage aussieht, wo in der Organisation »Schmerzpunkte« liegen und wo Handlungsbedarf besteht. Zudem ist es in dieser Phase hilfreich, den aktuellen Reifegrad der Veränderungskompetenz mithilfe des Veränderungskompetenzschiffs aus Kapitel 1 zu visualisieren. Für die Analysephase nutzen Unternehmen sehr unterschiedliche Tools. Diese schauen wir uns im Kapitel 3.1 an einem Fallbeispiel genauer an.

To-Phase: Im zweiten Schritt werden kurzfristige, mittelfristige und langfristige Ziele entwickelt. Diese hängen von der Diagnose ab. Bei der Entwicklung von Zielen ist auch das vorhandene Mindset der Mitarbeiter (Kultur, Werte und Normen) zu berücksichtigen. Denn möchte die Organisation fit für digitale Veränderungen werden, hängen die Ziele und das Vorgehen vom aktuellen Fitnesslevel der Organisation ab. Insbesondere kurzfristige Ziele messbar umzusetzen wirkt positiv auf die Mitarbeiter. Sie werden darin bestärkt, auf dem »richtigen« Weg zu sein. Vor allem in Corona-Zeiten brauchen Menschen kurzfristig eine Perspektive, auch wenn im Moment niemand so recht weiß, wie die Zukunft im kommenden Jahr in den einzelnen Branchen aussehen wird. Ein positives Mindset (»Gemeinsam schaffen wir das«) mit kurzzyklischen Zielsetzungen ist jetzt essenziell.

How-Phase: Im dritten Schritt geht es darum, Aktivitäten und Maßnahmen zu erarbeiten und diese in einer Change-Architektur zusammenzufassen. Abhängig von den vorhandenen Kommunikationsformaten in der Organisation wird unter anderem ein maßgeschneiderter, zieldienlicher Kommunikationsplan entwickelt. Alle Zielgruppen sollen sich entsprechend ihren Bedürfnissen, Anliegen und Interessen abgeholt fühlen. Die Festlegung des Frameworks, der Aufbau- und Ablauforganisation und alle entwickelten Aktivitäten sollen ganzheitlich die Veränderungsfähigkeit, Veränderungsbereitschaft und Veränderungsnotwendigkeit der Organisation aktivieren und weiterentwickeln.

Change-Begleitungsphase: Im vierten Schritt werden alle bisherigen Aktivitäten daraufhin überprüft, ob sie hilfreich und förderlich sind oder waren. Es wird geschaut, welche Maßnahmen zieldienlich sind, welche Maßnahmen gestrichen werden können und welche hinzukommen sollten. Das Ganze geschieht in iterativen Zyklen und erstreckt sich somit über den gesamten Verlauf der Einführung und Etablierung digitaler Neuerungen. Wie viele Reflexionsschleifen erforderlich sind, hängt von der Art der digitalen Veränderung ab. Auch neue Systemkomponenten werden auf dem Radar des Unternehmenskurses bewertet. Neue Systemkomponenten können z. B. externe Einflussfaktoren aus Wirtschaft, Gesellschaft und Technologie sein, wie z. B. KI-Unterstützung bei der Digitalisierung der buchhalterischen Prozesse. Hier können unterschiedliche Instrumente für die Steuerung von weichen und harten Faktoren eingesetzt werden. Ein kontinuierlicher Verbesserungsprozess (KVP) wird angestoßen. Abhängig von der gelebten Kultur helfen kurzzyklische Feedbackschleifen innerhalb der Teams, zwischen den Teams, Abteilungen und Organisationseinheiten, schneller aus Fehlern zu lernen. Unternehmen etablieren hier viele unterschiedliche Formate. Sounding Boards, Bar Camps, Townhall-Veranstaltungen, Retrospektiven, Reviews mit den Kunden, »Fuck-up-Nights«, WoL-Zirkel (Working out Loud) in der Organisation und vieles mehr unterstützen den Lernprozess der Organisation und der betroffenen Mitarbeiter. Hier sind die Unternehmen sehr kreativ. Seit dem Beginn der Corona-Pandemie bieten viele Unternehmen z. B. ihre Kommunikationsformate auch rein digital an, um die physischen Kontakte zu minimieren.

Eine veränderungsfreudige Kultur, die aus Fehlern gemeinsam lernt, ist der Garant für den nachhaltigen Erfolg einer Organisation. Unsere heutige VUKA-Welt (V = Volatilität, U = Unsicherheit, K = Komplexität, A = Ambiguität) und die voranschreitende Digitalisierung erfordern die Fähigkeit, sich schnell zu verändern. Einige Unternehmen haben das längst erkannt und auch den Mut, die VUKA-Welt mitzugestalten. Andere Organisationen kämpfen.

3.1 From: Die Ausgangslage analysieren

Sandra Lengler

Zu Beginn der Einführung digitaler Neuerungen ist es wichtig, sich einen Überblick über die Ausgangslage zu verschaffen. Diese Ausgangslage besteht zum einen aus der Veränderungskompetenz und -bereitschaft des Unternehmens und zum anderen natürlich auch aus der Ausgangslage des spezifischen Digitalisierungsprojekts. Ersteres wird manchmal auch als die sogenannte Change-Readiness bezeichnet, Letzteres als die Startsituation des Digitalisierungsprojekts. Dieses Kapitel gibt einen groben Überblick über Analysetools zur Bestandsaufnahme, Messung und Analyse der beiden Themenfelder. An zwei Fallbeispielen wird aufgezeigt, wie unterschiedlich das Vorgehen bei der Einführung digitaler Veränderungen sein kann. Die Vorgehensweise bei der Einführung hängt immer vom aktuellen Reifegrad der digitalen Veränderungskompetenz und von der spezifischen Ausgangslage des jeweiligen Digitalisierungsprojekts ab.

Nach der Analyse hat man einen Überblick über die Veränderungsfähigkeit und -bereitschaft sowie noch mehr Erkenntnisse über die Veränderungsnotwendigkeit. In diesem Sinn bildet die Analyse das Fundament für die späteren Maßnahmen. Ohne Analyse keine Diagnose. Ohne Diagnose keine Maßnahme.

Unternehmen nutzen sehr unterschiedliche Analyseinstrumente auf verschiedenen Ebenen. Auf der Organisationsebene wird z. B. die digitale Mitarbeiterbefragung verwendet. Mitarbeiterbefragungen können heutzutage mithilfe von digitalen Plattformen wie *SurveyMonkey* oder *Tweedback* kostengünstig umgesetzt werden. Andere Unternehmen, in denen die Mitarbeiter auch mit einer App untereinander kommunizieren, nutzen App-basierte Mitarbeiterbefragungen. Wenn bestimmte Unternehmensbereiche genauer analysiert werden sollen, kommen Experteninterviews mit einzelnen Personen, Workshops und Teambefragungen zum Einsatz. Abhängig von der Quantität, Qualität und vor allem auch Größe und Komplexität des Vorhabens kann die Dauer der Analysephase sehr stark variieren – in einem Fall nur zwei Wochen und in einem anderen mehrere Monate in Anspruch nehmen. Sehr wichtig ist es, sich nicht in der Analysephase zu verlieren und zu lange dafür zu benötigen, denn das reduziert den Anfangsimpuls für die Veränderung oftmals zu stark. Um verwertbare Ergebnisse aus den hier genannten Analyseverfahren zu gewinnen, sind unternehmensspezifisch entwickelte Fragestellungen ein entscheidender Erfolgsfaktor. Abhängig von der Art der digitalen Veränderung und von der gelebten Unternehmenskultur können die Analysefragen höchst unterschiedlich sein.

Folgende Instrumente können zur Durchführung einer Analyse eingesetzt werden:
- die Stakeholderanalyse
- die WIIFM-Benefit-Analyse (»What's in it for me?«), die man auch mit der Stakeholderanalyse koppeln kann
- die 7-Felder-Radaranalyse
- das St. Galler Management-Modell
- das Golden Triangle
- weitere Werte- und Führungskulturanalysen wie z. B. SWOT-Analysen, Mitarbeiterbefragungen, Organisationsdiagnosen etc.

Ziel aller Analyseverfahren ist es, ein klares Bild von der Veränderungsbereitschaft, Veränderungsfähigkeit und Veränderungsnotwendigkeit der Organisation sowie Informationen über die Ausgangslage des Digitalisierungsvorhabens zu erhalten. Anhand der Ergebnisse kann man dann erkennen, in welchen Bereichen es gut / nicht so gut läuft, welche Ursachen es dafür gibt und wo Handlungsbedarf besteht, um digitale Veränderungen voranzubringen. Durch die durch Corona (ab März 2020) verursachten Kontaktbeschränkungen nutzen Unternehmen die Chance, kurzfristig digitale Kollaborationsplattformen einzuführen. Damit erhält die digitale Zusammenarbeit innerhalb einzelner Abteilungen und schnittstellenübergreifend positive Schubkraft.

3.1.1 Stakeholderanalyse und WIIFM-Benefit-Analyse

Im folgenden Abschnitt wird die Stakeholderanalyse in Kombination mit der WIIFM-Benefit-Analyse (What's in it for me?) skizziert.

Nutzen:

- Die vom Change betroffenen Stakeholder sind mit ihrem Betroffenheitsgrad aufgezeigt. Organisatorische Schnittstellen sind bekannt.
- Die Sichtweisen der Beteiligten auf Nutzen und Schaden (Wer ist Förderer/Nutznießer oder aber Bremser/Geschädigter?) sind deutlich.
- Ein Teil der politischen Risikofaktoren wird sichtbar.
- Die Erfolgschancen für den digitalen Change sind ableitbar.

Wann:

Bereits vor dem Start des Digitalisierungsprojekts schafft eine Stakeholderanalyse Klarheit über die aktuelle Ist-Situation. Auch im Rahmen der Vorstudie bzw. bei der Auftragsübernahme kann eine Stakeholderanalyse durchgeführt werden, damit die Erkenntnisse noch in die Gestaltung der Change-Architektur einfließen können. Eine Stakeholderanalyse sollte im Verlauf des Digitalisierungsprojekts in der Change-Begleitung regelmäßig überprüft und ggf. angepasst werden.

Vorgehensweise:

- Identifizieren der vom Change betroffenen Stakeholder
- Einschätzung des Einflusses der betroffenen Stakeholder auf den Change auf einer Skala von 1 bis 5 (1 = wenig Einfluss, 5 = starker Einfluss, der das Vorhaben sofort stoppen könnte)
- Einschätzung der Einstellung der betroffenen Stakeholder gegenüber dem Change
- Auflistung sonstiger Erwartungen/Befürchtungen in Bezug auf die betroffenen Stakeholder und ggf. auch von den Stakeholdern in Bezug auf das Digitalisierungsprojekt
- Liste von geplanten Maßnahmen

Wenn Sie die Abbildung 12 auf der übernächsten Seite scannen, können Sie sich die Stakeholder- und die WIIFM-Benefit-Analyse als Excel-Datei herunterladen und bearbeiten.

Stakeholder	Einfluss auf das Change-Projekt	Einstellung zum Change-Projekt	Erwartungen, Befürchtungen	Maßnahmen
	1–5	++ / + / 0 / - / --	Text	

Abb. 10: Die Stakeholderanalyse (eigene Darstellung)

Project #/Name: Enter project name and number here …	
WIIFM Benefit Analysis *(What's In It For Me)*	
Veränderung	
Stakeholder	**Potential Benefit (to me, my team, my organization?)**

Abb. 11: Die WIIFM-Benefit-Analyse (eigene Darstellung)

Warum ist es sinnvoll, den Nutzen für die betroffenen Stakeholder herauszuarbeiten?

Qualitativer Nutzen:

- höhere Akzeptanz für die Veränderung bei den Betroffenen
- höhere Zufriedenheit mit der digitalen Veränderung
- geringere Widerstände gegen notwendige Veränderungen

Quantitativer Nutzen:

- geringere Kosten für die Einführung der Veränderung
- schnellere Realisierung des gewünschten Nutzens, z. B. Produktivitätssteigerungen, Kostensenkungen, Umsatzerhöhungspotenziale etc.

Beispiel: Einführung der E-Akte in einem Bauamt

Aktuelle Situation: Bisher arbeiten alle 100 Mitarbeiter im Bauamt mit einer Papierakte zu jedem angelegten Fall. Die erfahrene Generation in der Bereichsleiterebene mag die Papierakte. Die jungen und neu eingestellten Mitarbeiter sind genervt, denn oft ist die Papierakte gerade bei jemandem in Bearbeitung. Der Kunde/Antragsteller ruft an und erhält nicht sofort eine Rückmeldung zum Status, sondern hört nur: »Ihr Antrag ist in Bearbeitung, bitte melden Sie sich doch am besten in der kommenden Woche nochmals bei uns.« Es ist Zeit für die digitale E-Akte.

Das beschriebene Szenario ist in einigen öffentlichen Institutionen in Deutschland, ob nun im Bauamt oder im Amtsgericht, immer noch Realität im Jahr 2020.

Lassen Sie uns nun in die Anwendung der Stakeholderanalyse in Kombination mit der WIIFM-Benefit-Analyse gehen. Die folgende Liste gibt einen Überblick über die beteiligten Stakeholder:

- Kunde/Antragsteller
- BL – Bereichsleiter
- SGL – Sachgebietsleiter
- SB – Sachbearbeiter
- PR –Personalrat
- DSB – Datenschutzbeauftragter

Die folgende Abbildung zeigt einen Teil der Stakeholder- und WIIFM-Benefit-Analyse, um die Arbeitsweise mit diesem Instrument sichtbar zu machen. Die vollständige Übersicht können Sie über die smARt-Haufe-App herunterladen. Darüber hinaus kann es hilfreich sein, noch detaillierter in die Analyse der betroffenen Zielgruppen zu gehen. Das hängt von der Vielfältigkeit der gelebten Kulturen in einer Organisation und bei externen Stakeholdern ab.

Betroffene Zielgruppe/ Stakeholder	Einfluss auf das digitale Projekt 1 - wenig Einfluss 5 - hoher Einfluss	Einstellung zum digitalen Projekt ++/+/0/-/--	Erwartungen / Befürchtungen
Kunde	1	++	Schnelles und transparentes Feedback zu seinem Bauanliegen Online abrufbar Weniger Zeitaufwand für Anträge
3 BL	4	--	Technologisch zu komplex, Angst, dass die MA die neue E-Akte digital nicht anwenden können, keine Lust auf neue Prozessabläufe

Abb. 12: Praxisbeispiel für Stakeholder- und WIIFM-Analyse (eigene Darstellung)

An diesem Beispiel – der Einführung der E-Akte in einem Bauamt – sind die unterschiedlichen Interessen, Anliegen und Perspektiven sowie der Nutzen der betroffenen Stakeholder gut strukturiert sichtbar. Hieraus lassen sich folgende Hypothesen ableiten:

1. Die Veränderungsbereitschaft und Veränderungsfähigkeit auf BL- und SGL-Ebene ist wenig zufriedenstellend. Die aktive Einbindung ist hier wichtig. Ein Workshop sollte zeitnah umgesetzt werden, in dem der Nutzen der E-Akte gemeinsam erarbeitet und Ängste und Sorgen aufgenommen und entkräftet werden können. Das Topmanagement (Leiter Bauamt, Bürgermeister etc.) hat klar kommuniziert, dass die Veränderung notwendig ist und auch kommen wird.
2. Die Veränderungsfähigkeit der betroffenen BL und SGL ist weniger zufriedenstellend als die der SB-/MA-Ebene. Das sollte bei der Trainings- und Maßnahmenplanung entsprechend berücksichtigt werden. Mitarbeiter, die mit digitalen Tools wie Dokumentenmanagement- oder z. B. Collaboration-Software noch nicht so viel Erfahrung gesammelt haben, fühlen sich im Umgang mit digitalen Technologien meist unsicherer als Mitarbeiter, die darin schon routinierter sind. Deshalb ist hier ein Mehraufwand für den Lernprozess einzuplanen. Auch ist ein hoher Widerstand in der Umsetzungsphase zu erwarten. Hier sollten interne »Enabler« (auch »Change Agents« oder »Key User« genannt) zeitnah dazu befähigt werden, mit widerstandsorientieren Mitarbeitern in der Trainingsphase adäquat umzugehen (siehe auch Kapitel 3.3).
3. Die Einführung der E-Akte ist eventuell auch nur eines von mehreren Digitalisierungsprojekten. Deshalb ist es wichtig, dass das E-Akte-Projekt auf die aktuelle Unternehmensstrategie bzw. Unternehmensvision abgestimmt wird. Dieser Punkt wird gerne vergessen. Ohne Vision / ohne Perspektive ist keine Veränderung möglich. Dieser Fokus wird im Kapitel zur To-Phase genauer beleuchtet (vgl. Kapitel 3.2). Hier kann auch auf Organisationsebene sichtbar werden, dass aktuell zu viele digitale Veränderungen zu Unmut in der Organisation führen und möglicherweise die betroffenen Mitarbeiter mehr Zeit benötigen, um die Veränderung zu verdauen und diese auch umzusetzen. Zu viele Changes/Veränderungen zur gleichen Zeit können betroffene Mitarbeiter überfordern (Koch, 2018).
4. In diesem Fallbeispiel hängt es auch vom Topmanagement ab, ob der Personalrat Teil des Projektteams wird oder nicht. In der Praxis wird hierbei sehr unterschiedlich vorgegangen. Wenn ein Personalrat vorhanden ist, ist es oft hilfreich, ihn von Anfang an miteinzubeziehen. Alle PR-Bedenken, Befürchtungen und Mitarbeiterperspektiven sind damit von Anfang an transparent. Zeitnahes Reagieren auf die Interessen der betroffenen Mitarbeiter ist in Zeiten der VUKA-Welt eine Notwendigkeit für den Projekterfolg. Wird das versäumt, so verursacht das Nicht-Zuhören und Nicht-Verstehen nur frustrierte Mitarbeiter, die dann sagen: »Früher war alles

besser. Jetzt geht nix mehr so richtig. Ich hab's ja schon immer gesagt, diesen neumodischen Kram versteht ja keiner und überhaupt ...«
Es gilt, gemeinsam die Zukunftsfähigkeit zu sichern und zu stärken.
5. Möglicherweise kostet am Anfang die Einbindung der Mitarbeiter auf allen Ebenen mehr Zeit, Energie, Ressourcen und Nerven. Da zurzeit viele Mitarbeiter von zu Hause aus arbeiten, wird die gleichzeitige Einbindung vieler Mitarbeiter durch digitales Arbeiten erleichtert.

Ein starkes Commitment von Anfang an auf dem Radar zu haben ist entscheidend, um digitale Veränderungen zu meistern. Geben Sie den betroffenen Mitarbeitern das Gefühl, gehört zu werden und mitgestalten zu können. Machen Sie Betroffene zu beteiligten Akteuren. Meistern Sie gemeinsam die digitalen Veränderungen. In unserem Fall könnte es helfen, neben den genannten (digitalen) Workshops mit BL und SGL zusätzlich auch ein (digitales) Open Space anzukündigen und umzusetzen. Hier werden alle Mitarbeiterebenen gleichzeitig angesprochen und eingebunden. Sie können freiwillig den digitalen Veränderungskurs der Organisation mitgestalten. Zusätzlich kristallisiert sich bei diesen Formaten der (digitalen) Großveranstaltung heraus, wer aktiv den digitalen Veränderungsprozess mit Ideen und Engagement fördert und wer aus den unterschiedlichen Abteilungen ein »Dienst nach Vorschrift«-Mindset hat und eher abwartend oder hinderlich agiert. Weitere Details zu den Themen Change-Architektur und Change-Prozessablauf werden im Kapitel 3.3 erläutert.

3.1.2 Die 7-Felder-Radaranalyse

Anhand eines weiteren Fallbeispiels erläutern wir die 7-Felder-Radaranalyse. Hier ist das Unternehmen im Reifegrad der Digitalisierungskompetenz weiter vorangeschritten als in dem oben beschriebenen Fall. Im ersten Schritt wird hier die Fallstudie vorgestellt, im zweiten Schritt wird die 7-Felder-Radaranalyse auf Organisationsebene angewendet. Im dritten Schritt werden die ersten Hypothesen abgeleitet, um mögliche erste Handlungsoptionen nach der Analysephase aufzuzeigen.

3.1.2.1 Fallstudie Kaiser SE, Hannover

Die Kaiser SE, eine **fiktive** Aktiengesellschaft mit Sitz in Hannover, ist einer der weltweit führenden Anbieter von Produkten und Dienstleistungen rund um das Thema Druckluft. Im Unternehmen sind ca. 2000 Mitarbeiter weltweit beschäftigt, davon ca.

1200 in Deutschland. Neben den Produktionsstandorten Hannover und Jena ist die Kaiser SE mit ihrem Vertriebs- und Servicenetzwerk in 18 weiteren Ländern vertreten. Der Schwerpunkt liegt in China und Südamerika (Brasilien und Chile). Geführt wird die Kaiser SE von Christian und Verona Kaiser und ist somit ein Familienunternehmen in der dritten Generation. Ziel des Unternehmens ist es, weltweit die Qualitäts- und Technologieführerschaft zu erreichen.

Digitalisierung
Seit 2020 bietet Kaiser seinen Kunden zusätzlich »CAaaS« (Compressed Air as a Service / Druckluft als Service) an: Der Kunde muss nicht mehr die Kompressoren kaufen, sondern nur die vertraglich vereinbarte Abnahmemenge von Druckluft nach gestaffelten Preismodellen bezahlen. Die Maschinen befinden sich beim Kunden vor Ort – das Ausfallrisiko und die entsprechende Wartung (inkl. Personal, Überwachung, Ersatzteile ...) liegen jedoch bei der Kaiser SE.

Besonders die Energiebilanz ist für viele Kunden ein Alleinstellungsmerkmal der Lösung, da hier ca. 75 % der Gesamtbetriebskosten auflaufen. Die umfassende Datenerhebung an den Kompressoren, die stabile KI-Lösung und die vielen Vergleichswerte durch die Marktdurchdringung ermöglichen eine »vorausschauende Instandhaltung«, eine signifikante Steigerung der Ausfallsicherheit.

Der weltweit verfügbare **Kundendienst** soll 2020 ebenfalls vollständig digitalisiert werden: Sämtliche Wartungsdokumente sollen den Technikern in der jeweiligen Sprache auf ihren mobilen Endgeräten (Laptops und Tablets für den robusten Einsatz) immer zur Verfügung stehen. Seltene Wartungsarbeiten können als Schulungsvideo vorab auf die Endgeräte geladen werden und stehen dem Techniker dann bei der Wartung auch offline vor Ort in der Halle zur Verfügung. Eine Ausweitung auf Remote-Trainings durch Augmented Reality ist für 2022 vorgesehen und bedarf zusätzlicher Planung.

Da das alte **Warenwirtschaftssystem** viele Prozesse nicht in der Tiefe und Geschwindigkeit abdecken kann, soll ein neues ERP-System beschafft werden. Hier ist sich zwar das Management – allen voran Herr Kaiser als CEO – einig, dass sich etwas ändern muss, aber eine Entscheidung für ein bestimmtes System und darüber, ob hier komplett in die Cloud gewechselt wird oder nicht, wurde noch nicht abschließend gefällt.

Auch ist die **IT** in der Hauptzentrale in Hannover im Moment mit dem Roll-out der Endgeräte und der Schulung der Key User für den Kundendienst gut beschäftigt und klagt als Schlüsselabteilung über eine sehr hohe Auslastung.

Das Management sieht den Umstieg auf ein neues ERP-System gleichzeitig als Chance, viele **Prozesse zu überprüfen**, zu digitalisieren und grundsätzlich das Thema »Lean Production / Agile Management« einzuführen. Hiervon versprechen sie sich weiteres Einsparpotenzial und wollen näher am Bedarf des Kunden produzieren.

Die **HR-Abteilung** tut sich derzeit mit dem **Recruiting** immer schwerer. Fachkräftemangel ist in der gesamten Branche ein Thema, denn die Arbeit an den Kompressoren ist fachlich und körperlich herausfordernd. Viele erfahrene und ältere Kollegen haben zwar das fachliche Wissen, sind aber nur noch wenige Jahre im Betrieb. Herr Günther (Leiter Personalentwicklung und Wissensmanagement) plant z. B. schon lange die Einführung eines **Wissensmanagementsystems** für die Facharbeiter: Aufgrund der immer größer werdenden Produktpalette gibt es Schwierigkeiten, die passenden Dokumentationen auf dem aktuellen Stand zu halten. Die Serviceleiter berichten über Mehrarbeit aufgrund vergessener Wartungsdokumentationen, da diese gerade von den jüngeren Kollegen nur halbherzig durchgeführt werden und die Zeit für eine Kontrolle durch die selbst arbeitenden Teamleiter fehlt.

3.1.2.2 Die 7-Felder-Radaranalyse

Zunächst wird die 7-Felder-Radaranalyse im theoretischen Kontext erklärt und danach auf unseren konkreten Fall angewendet.

Abb. 13: Die 7-Felder-Radaranalyse (© Sandra Lengler 2020)

Sie können die 7-Felder-Radaranalyse sowohl in Einzelinterviews nutzen als auch mit Gruppen in einem (digitalen) Workshop-Format gemeinsam bearbeiten. Im Ergebnis entsteht Klarheit darüber, wo im System aktuell förderliche oder hinderliche Systemkomponenten für die digitalen Veränderungen liegen.

Grundsätzlich gilt: Wird durch bestimmte Maßnahmen etwas an einem der sieben Felder auf dem Radar geändert, wird das im System bei anderen Feldern des Radars auch wieder Veränderungen auslösen. Deshalb ist der ganzheitliche Check sowohl in der Ist-Analyse als auch später in der Change-Begleitung entscheidend. Es gilt, kurzfristige und langfristige Maßnahmen abzuleiten und diese auch in ihrer Wirksamkeit zu bewerten. Darüber hinaus müssen auch externe Einflussfaktoren auf das System berücksichtigt werden.

Hilfreiche Fragen für den ganzheitlichen Check Ihres Systems:

- Welche externen positiven und negativen Faktoren aus der Gesellschaft, Technologie und Wirtschaft beeinflussen mein Digitalisierungsvorhaben in meinem Businessumfeld?
- Welche förderlichen und hinderlichen Rahmenbedingungen sehe ich aktuell und zukünftig für meine digitalen Veränderungen – sowohl aus interner als auch aus externer Perspektive?
- Was müsste passieren, damit es uns morgen nicht mehr gibt?
- Wie gut sind wir heute aufgestellt, um diesen Risikofaktoren zu begegnen?

Scannen Sie mit Ihrer smARt-Haufe-App Abbildung 13, um sich ein großes Arbeitsblatt für den zusätzlichen Screen-Check herunterzuladen. Die Fragen zum zusätzlichen Screen-Check helfen Ihnen dabei, die externen Einflussgrößen im Hinblick auf Ihr digitales Veränderungsvorhaben zu berücksichtigen. Aus den Ergebnissen lassen sich kurzfristige und langfristige Maßnahmen ableiten. Da sich die VUKA-Welt ständig ändert, ist dieser externe Radarcheck durchgehend für die Transfersicherung wichtig. Nach jeder Bewertung und Beantwortung der Fragen kommt eine Organisation auf »neue« bzw. weitere Aktionen, die der Organisation helfen, die VUKA-Welt in ihrer Geschwindigkeit zu meistern.

Feld 1: Ziele der Digitalisierung

Auf Managementebene werden viele Entscheidungen getroffen und manche davon auch wieder verworfen. Gibt es überhaupt eine Digitalisierungsstrategie im Unternehmen? Durch Corona wird aktuell viel Digitalisierungspotenzial in Unternehmen aufgedeckt – und damit auch die Tatsache, dass einige deutsche Organisationen bisher keine Digitalisierungsstrategie hatten.

Sie haben eventuell auch erlebt, dass seit dem Beginn der Corona-Pandemie im März 2020 ganz kurzfristig viele digitale Tools wie z. B. *MS Teams*, *WebEx*, *Zoom* oder *Jitsi* produktiv geschaltet oder sogar erst eingeführt wurden. Zum Teil wurden diese digitalen Tools auch erst ausprobiert und nach kurzen Zyklen wurde entschieden, was davon nun genutzt werden und dann auf die Organisation ausgerollt werden soll. Nichtsdestotrotz stellt sich die Frage: Kennen die betroffenen Mitarbeiter eigentlich die Ziele der digitalen Veränderungen, die Notwendigkeit für die digitalen Projekte? Mit einer einfachen Skalierungstechnik können Sie die Interviewten bzw. die Teilnehmer im Workshop fragen.

Skalierungsfrage: Wie bekannt sind den Mitarbeitern die Ziele der Digitalisierung? (0 = nicht bekannt, 10 = allen bekannt)

Skalierungsfrage: Wie beurteilen die Mitarbeiter die Notwendigkeit der digitalen Projekte? (0 = nicht notwendig, 10 = absolut notwendig)

Hier wird es eine Zahl zwischen 0 und 10 als Antwort geben. Nachdem die Interviewten eine Zahl aufgeschrieben haben, werden hier möglicherweise verschiedene Zahlen vorliegen. Das Gespräch untereinander kann beginnen. Jeder erläutert seine Einschätzungen aus seiner Perspektive. Nach diesem kurzen Austausch haben alle Teilnehmenden im Analyse-Diagnose-Workshop ihre eigene Perspektive erweitert. Angenommen, die Ergebnisse variieren zwischen 5 und 9, so besteht Kommunikationsbedarf. Reicht die bisherige Kommunikation der Ziele an alle betroffenen Mitarbeiter aus? Was benötigen wir noch, wenn Ziele unklar sind? Was können wir hier tun? Was hat uns in der Vergangenheit geholfen? Gibt es etwas, das uns heute auch helfen könnte? Wie machen das andere Unternehmen in unserer Branche oder sogar in anderen Branchen? Hier ein Sprichwort, dass wir erst kürzlich auf *LinkedIn* gelesen haben: »Lerne auch aus den Fehlern deines Feindes (Mitbewerber).« Daraus leiten sich die ersten Verbesserungsimpulse ab.

Feld 2: Framework

Im zweiten Schritt schauen wir auf das aktuelle Framework. In welchen Strukturen arbeiten wir? Sind unsere Arbeitsstrukturen fit für die Umsetzung der digitalen Ziele?

Skalierungsfrage: Wie fit sind die aktuellen Arbeitsstrukturen für die Umsetzung der digitalen Ziele? (0 = nicht fit, 10 = absolut fit)

Hier erkennen die betroffenen Teilnehmer des (digitalen) Workshops bzw. die Interviewten, dass ihre bisherige Arbeitsweise für die digitalen Veränderungsprojekte nicht mehr ausreichend ist: zu wenig Transparenz, Zeitverlust durch doppelte Dateienpflege, Undurchsichtigkeit, wer gerade was in dem Projekt macht, zu langsame Entscheidungsprozesse. Hier kommen agile Arbeitsweisen ins Spiel – ob Kanban, Jira oder Scrum-Elemente wie Reviews oder Retrospektiven, haptische oder digitale Task Boards oder Daily Stand-ups. Hier gilt es im ersten Schritt zu schauen, was genau bei welchem digitalen Projekt helfen könnte. In der IT ist Scrum schon in vielen Unternehmen seit mehr als 20 Jahren etabliert. Gleichwohl gilt es herauszufinden, welche weiteren agilen Elemente hier konkret helfen könnten, das Framework fit zu machen. Hierzu ist der Wissensstand der Mitarbeiter zu agilen Arbeitsweisen sehr hilfreich. Denn wenn niemand im Unternehmen mit agilen Methoden arbeitet, muss hier zunächst einmal »Awareness« und Aufklärungsarbeit für agile Methoden geleistet werden. Hieraus lassen sich dann wiederum weitere Optimierungsimpulse ableiten.

Feld 3: Technologische Unterstützung
Das führt uns auch schon zum dritten Schritt, nämlich zur Frage, welche hilfreichen IT-Mechanismen schon vorhanden sind. Was brauchen wir, um unsere Arbeitsweise noch effizienter zu machen? Einige Unternehmen arbeiten hier schon mit *Microsoft 365* und Apps wie *MS Teams* oder *Planner*. Hier können alle projektbezogenen Aufgaben im Team digital abgebildet werden. Andere Unternehmen arbeiten bisher mit *Confluence* oder *Slack*. Es gibt auch Unternehmen, in denen die IT *MS Teams* auf allen Rechnern implementiert hat, und trotzdem wird es nicht von den Mitarbeitern genutzt. Hier sehen wir wieder die Systemrelevanz: Wenn niemand den Nutzen erklärt, der durch die Zusammenarbeit über *MS Teams* entsteht, wird es auch niemand anwenden. In IT-Projekten selbst arbeiten die Abteilungen mit *Jira* oder individuellen Softwarelösungen.

Skalierungsfrage: Wie hilfreich sind die vorhandenen IT-Mechanismen? (0 = nicht hilfreich, 10 = absolut hilfreich)

Skalierungsfrage: Wie effizient ist unsere aktuelle Arbeitsweise? (0 = nicht effizient, 10 = absolut effizient)

An diesem dritten Punkt entsteht Klarheit darüber, welche Systeme vorhanden sind und welche auch wirklich genutzt werden. Hier kann das Unternehmen konkret Entscheidungen auf Organisationsebene treffen, damit die Mitarbeiter in den verschiedenen Business Units oder crossfunktionalen Teams effizienter und transparenter zusammenarbeiten können. Diese Entscheidungen hängen erheblich von der Kultur – dem DNA-Code – des Unternehmens ab. Das schauen wir uns im nächsten Schritt an.

Feld 4: Kultur
Skalierungsfrage: Wie zufrieden sind die Mitarbeiter mit der gelebten Kultur im Unternehmen? (0 = nicht zufrieden, 10 = absolut zufrieden)

Skalierungsfrage: Wie zufrieden sind die Mitarbeiter mit der Zusammenarbeit untereinander, abteilungsübergreifend etc.? (0 = nicht zufrieden, 10 = absolut zufrieden)

Themen wie beispielsweise Lösungsorientierung, Umgang mit Fehlern, Kooperation zwischen Bereichen, unternehmerisches Denken und Handeln, Führungskultur und weitere werden hiermit beleuchtet. Hier gilt es zu analysieren, wie die Beziehungen innerhalb der Teams, Abteilungen und Bereiche sind und wie z. B. bereichs- und abteilungsübergreifend agiert wird. Herrscht ein Silodenken vor? Wird Wissen untereinander geteilt? Wie gehen die Mitarbeiter und die Führungsverantwortlichen mit konstruktiven Rückmeldungen um? Wird das Feedback des Kunden aktiv eingebunden im kontinuierlichen Verbesserungsprozess (KVP)? Wird der innovative Pioniergeist im Unternehmen gefördert? Haben wir ein starkes Wir-Gefühl in den Abteilungen? Gibt es Führungsleitlinien im Unternehmen, wenn ja, wie werden diese mit Leben gefüllt?

Das Feld »Kultur« ist ein wesentlicher Faktor, der sowohl Geschwindigkeit als auch »Quasi-Stillstand« für den digitalen Wandel auslöst. Aus den Ergebnissen der Kulturanalyse leiten sich im Wesentlichen die Bausteine für den Umgang mit der emotionalen Achterbahn, der psychosoziale Prozess sowie der Befähigungslernprozess für den digitalen Wandel ab.

Feld 5: Belohnung
Welche Anreizsysteme nutzen wir aktuell? Gibt es weitere Möglichkeiten, Nutzen für die betroffenen Mitarbeiter zu generieren?

Skalierungsfrage: Wie zufrieden sind die Mitarbeiter mit den vorhandenen Anreizsystemen in der Organisation? (0 = nicht zufrieden, 10 = absolut zufrieden)

Insbesondere in traditionsbewussten Unternehmen ist das Topmanagement manchmal irritiert und überrascht, dass der Nutzen für Mitarbeiter oft nicht nur aus wenigen Antworten besteht. Früher waren Arbeitsplatzsicherheit und finanzielle Absicherung wichtige Nutzenpunkte für die Mitarbeiter. Diese Faktoren reichen in der heutigen Zeit für die »High Potentials« und Generation Z schon lange nicht mehr aus. Denn sie bekommen mit ihren Talenten und Skills auch woanders sehr schnell wieder neue berufliche Optionen. Viele Mitarbeiter wünschen sich heute deutlich mehr. Sinnstiftung, immaterielle Wertschätzung und eine ausgeglichene Work-Life-Balance sind z. B. gefragt. Wichtig ist, dass Anreizsysteme so gestaltet sind, dass sie ausgehend vom Nutzen für den Kunden designt sind. Wenn also ein Nutzen für den Kunden entsteht, sollte sich genau das im Anreizsystem widerspiegeln.

Feld 6: Führung
Skalierungsfrage: Wie zufrieden sind die Mitarbeiter mit der derzeit gelebten Führung des Teams? (0 = nicht zufrieden, 10 = absolut zufrieden)

Skalierungsfrage: Wie zufrieden sind die Mitarbeiter mit den Möglichkeiten, selbstverantwortlich Entscheidungen zu treffen? (0 = nicht zufrieden, 10 = absolut zufrieden)

Skalierungsfrage: Wie ist die Zusammenarbeit im Team reguliert? (0 = Führungskraft entscheidet und informiert die Mitarbeiter, 10 = Mitarbeiter entscheiden allein)

Hier können ggf. natürlich auch noch weitere Aspekte der Führung abgefragt werden, wie z. B. Wertschätzung, Feedback, Kommunikation, Information, Motivation, Unterstützung durch Führungskräfte etc. Die Antworten auf diese Fragen machen im Team und in der Organisation sichtbar, wie selbstbestimmt Mitarbeiter ihre Aufgaben erledigen. Durch die digitalen Veränderungen können neue Arbeitskonzepte gelebt werden. Somit ist das Feld »Führung« erheblich entscheidungswirksam für die messbare Umsetzungsgeschwindigkeit digitaler Veränderungen.

Feld 7: Machtquellen

Auf unserem letzten Radarfeld geht es um die unsichtbaren und sichtbaren Quellen der Macht. Welche Quellen der Macht es gibt und welche in digitalen Veränderungsprozessen zu berücksichtigen sind, finden Sie vertiefend im Kapitel 3.3.7.

Skalierungsfrage: Wie unterstützend ist das Topmanagement und das Mittelmanagement für die digitalen Veränderungen im Unternehmen? (0 = nicht unterstützend, 10 = absolut unterstützend)

Skalierungsfrage: Wie stark unterstützen gut vernetzte Personen und wirksame Entscheide die Digitalisierungsvorhaben im Unternehmen und im Systemumfeld? (0 = nicht zufriedenstellend, 10 = absolut zufriedenstellend)

Wer oder was kann das Digitalisierungsprojekt stärken?

Diese Fragen decken mögliche Machtquellen auf. Es ist wichtig, diese sowohl als interner als auch als externer Change-Manager zu kennen. Denn Transparenz und das Bewusstsein über Machtquellen im Unternehmen verringern Risiken im Vorfeld, da man mögliche mikropolitische Stolpersteine schon früh identifiziert hat und entsprechend (re)agieren kann. Gleichzeitig lässt sich durch deren Kenntnis die Geschwindigkeit bei der Umsetzung digitaler Veränderungen erhöhen. So kann man z. B. die »Macht der Kontakte«, also gut vernetzte Mitarbeiter, als positive Influencer für die Veränderung nutzen.

Fazit: Mithilfe der 7-Felder-Radaranalyse wird deutlich, wo es in der Organisation knirscht und wo Risiken für die digitalen Veränderungen verborgen sind. Zudem wird deutlich, wie bereit und fähig die Organisation für die anstehenden digitalen Veränderungen ist und wie sie die Notwendigkeit wahrnimmt. Einige Player am Markt wie *Google*, *Amazon* und viele mehr sind seit jeher im stetigen Fahrwasser der digitalen Veränderungen unterwegs. Durch COVID-19 mussten nun fast alle Unternehmen ungewollt ins kalte Wasser springen.

Sowohl für externe Change-Manager als auch für interne Digital Transformation Manager sind folgende Fragen im Dialog mit dem Auftraggeber am Anfang besonders wichtig:

- Welchen Nutzen erwartet die Organisation von der digitalen Veränderung?
- Was wurde bisher schon getan, um diese oder ähnliche digitale Projekte umzusetzen?
- Wie fit ist derzeit das Unternehmen, sind die Abteilungen, die betroffenen Mitarbeiter für digitale Veränderungen?
- Wie ist die aktuelle Vision/Mission/Strategie des Unternehmens?
- Was ist ihr Purpose?
- Was bedeutet Digitalisierung für die Organisation?
- Wie viele digitale Veränderungen gab es in den letzten ein bis zwei Jahren in der Organisation?

3.1.2.3 7-Felder-Radaranalyse bei der Kaiser SE – Analysephase

1. Ziele der Digitalisierung bekannt: Skalenzahl 7 von 10

Der Kundendienst soll 2020 zu 100 % rein digital in allen Kundensprachen auf allen mobilen Endgeräten umgesetzt werden. Die Skalenzahl 7 bedeutet, dass die IT-Abteilung, das Topmanagement und die Führungskräfteebenen die Ziele kennen. Gleichwohl kennen die Kundendienstmitarbeiter bisher nicht alle Ziele. Auch das Thema »Wissensmanagementsystem« ist für die Facharbeiter bisher nur unzureichend kommuniziert worden. Sinnstiftend ist die Einführung des ERP-Systems, nur ist das bisher nicht allen betroffenen Mitarbeitern so klar. Insbesondere die jüngeren Mitarbeiter pflegen die Wartungsdokumentationen nicht ausreichend.

Aus diesen Tatsachen lassen sich die ersten Hypothesen ableiten:

- Möglicherweise ist der Nutzen der Digitalisierungsbausteine 2020 für die verschiedenen Zielgruppen zu unklar, zu einseitig und nicht ausreichend nachvollziehbar kommuniziert worden.
- Möglicherweise gibt es einen Generationskonflikt zwischen den älteren Technikerkollegen und den jüngeren Kollegen zum Thema Dokumentationsverpflichtung und -bedeutung.
- Es könnte sein, dass die Teamleiter ihre Mitarbeiter nicht gleichberechtigt führen und zu wenig Vertrauensvorschuss für die jüngeren Kollegen geben.

2. Framework: Skalenzahl 7 von 10

Die Strukturen der Kaiser SE sind klassisch matrixorganisiert. Die Arbeitsstrukturen sind schon zum Teil fit für die Umsetzung der digitalen Ziele. Hierbei sind bisher die Kundendienstmitarbeiter noch nicht geschult worden. Digitale Trainings und VR-Brillen-Trainings stehen erst 2022 an.

Hier lassen sich weitere Hypothesen ableiten:

- Möglicherweise werden die bisherigen digitalen Systeme noch nicht ausreichend genutzt.
- Möglicherweise sind die Mitarbeiter nicht genügend in Entscheidungsprozesse miteingebunden.

3. Technologische Unterstützung: Skalenzahl 8 von 10

Aktuell soll der Wechsel zu einem neuen ERP-System gestartet werden. Diese zentrale Enterprise-Lösung würde die Zusammenarbeit mit dem Kunden und auch innerhalb der Organisation erleichtern.

- Möglicherweise gibt es momentan zu viele Einzellösungen und Systeme, mit denen die unterschiedlichen Abteilungen arbeiten.
- Möglicherweise gibt es Sorge hinsichtlich der Migration der Daten ins neue System wegen potenzieller Überlastung.

4. Kultur: Skalenzahl 7 von 10

Aktuell arbeiten am Standort in Deutschland viele erfahrene Techniker und junge Mitarbeiter. Die älteren Mitarbeiter haben schon viele Veränderungen in ihrem beruflichen Umfeld mitgemacht. Sie sind es gewohnt, körperlich anstrengende Tätigkeiten am Kompressor auszuführen. Sie haben kein Verständnis dafür, wenn die jüngeren Kollegen pünktlich zum Schichtende ihren Arbeitsplatz unsauber verlassen oder Dokumentationen unvollständig sind. Sie nehmen auch kein Feedback an. Die Krankenquote der jüngeren Kollegen liegt im Durchschnitt um 20 % höher als bei den erfahrenen Kollegen. Es findet wenig Führung und Feedback durch die Teamleiter statt. Der Ton ist eher rau. Wenn überhaupt, dann gibt es nur kritisches Feedback, kaum positive Rückmeldungen.

- Möglicherweise fehlt den Teamleitern Führungskompetenz.
- Möglicherweise ist derzeit kein Teamgeist vorhanden bzw. ein klares Commitment in den Teams fehlt.
- Möglicherweise kennt der PE-Verantwortliche gar nicht diese Führungsprobleme bei den Technikern.

5. Belohnung: Skalenzahl 5 von 10

Momentan gibt es keine Anreizsysteme bei der Kaiser SE. Weder Führungskräfte- noch Mitarbeitergehälter sind an Leistungen gekoppelt. KPI werden auf Topmanagement-Ebene besprochen. Die Gehälter sind fix. Es gibt keinen variablen Anteil, der an die Ziele des Unternehmens gekoppelt ist.

- Möglicherweise fehlen transparente Leistungskriterien für alle Mitarbeiter und Führungskräfte.
- Möglicherweise gibt es auch kein Geld für externe IT-Dienstleister, die bei der Migration unterstützen könnten.

6. Führung: Skalenzahl 8 von 10

In einigen Abteilungen, wie zum Beispiel in der IT in Hannover, arbeiten die Mitarbeiter schon komplett selbstverantwortlich. Auf der anderen Seite brauchen die jüngeren Mitarbeiter im Kundendienst und im Bereich der Kompressorenwartung viel mehr Feedback von ihren Teamleitern. Hier stimmt evtl. auch der Onboarding-Prozess nicht. Es gibt kein Mentorenprogramm. Es wird noch zu wenig nachgefragt, wobei die jüngeren Kollegen mehr Unterstützung benötigen. Die älteren Mitarbeiter machen ihre Arbeit sehr gut. Nur wird das vorhandene Fachwissen nicht ausreichend an die jüngeren Kollegen weitergegeben. Das sorgt für Unmut auf allen Seiten.

- Möglicherweise haben die Mitarbeiter ein unterschiedliches Verständnis von Zusammenarbeit.
- Möglicherweise sind die Erwartungen an die Mitarbeiter unklar kommuniziert worden.

7. Machtquellen: Skalenzahl 7 von 10

Momentan ist sich das Topmanagement uneinig darüber, welches IT-System das passendste ist und ob es komplett in die Cloud wechseln soll. Diese Unklarheit sorgt für Unruhe an den verschiedenen Standorten. Alle wichtigen Entscheider wie der HR-Chef und auch der IT-Leiter unterstützen das Vorhaben von Herrn Kaiser. Auch die jüngeren Mitarbeiter fänden es super, wenn hier ausschließlich digital dokumentiert würde. Jeder erkennt sofort, wer was wo wie bearbeitet hat. Die einzigen Kollegen, die hier ein leichtes Unwohlsein verspüren, sind die Techniker-Kollegen, die in den kommenden zwei bis drei Jahren in Rente gehen. Sie sind gleichzeitig auch Wissensträger. Deshalb wird aktuell darüber nachgedacht, wie man dieses Thema möglicherweise zeitnaher angehen kann, um das Wissen im Unternehmen zu halten.

- Möglicherweise möchten die erfahrenen Facharbeiter ihr Wissen nicht teilen, weil sie Angst um ihren Arbeitsplatz haben.
- Möglicherweise möchten die erfahrenen Facharbeiter das Wissen nur mündlich übertragen, da sie glauben nicht fit genug zu sein, um mit den neuen technischen Programmen zu arbeiten.

Zusammenfassend konnten wir am Fallbeispiel Kaiser SE das aktuelle Systembild identifizieren. Daraus lassen sich nun Hypothesen ableiten. Diese Hypothesen helfen, eine Diagnose zu erstellen. Daraus leiten sich dann die ersten Ideen ab, mit welchen Stellschrauben sich die Organisation verbessern könnte.

3.1.2.4 7-Felder-Radaranalyse bei der Kaiser SE – Diagnosephase

- In der Vergangenheit und aktuell wurde ungenügend in die Personal- und Organisationsentwicklung investiert.
- Das führt im Jahr 2020 zu unzureichender Führungskompetenz auf Teamleiterebene wie beispielsweise im Bereich der Kompressorenwartung.

- Darüber hinaus sorgt die fehlende Belohnungsgehaltsstruktur für heterogenes Verhalten zwischen den erfahrenen und jüngeren Mitarbeitern.
- Team-Commitment ist unzureichend vorhanden.
- Wissen wird nicht genügend geteilt. Silodenken ist vorhanden.
- Fehlende Entscheidungen auf Geschäftsführungsebene sorgen für Unruhe im operativen IT-Bereich in Hannover.
- Die Zielsetzung der digitalen Schritte des Unternehmens ist nicht allen Mitarbeitern klar genug.
- Sowohl der Nutzen für jeden Einzelnen als auch für die Teams ist nicht sauber kommuniziert worden.

Aus diesen Erkenntnissen lassen sich nun die ersten Impulse ableiten, die der Organisation helfen, die nächsten Digitalisierungsschritte mit den betroffenen Mitarbeitern zu gehen. Stellen wir uns zusätzlich das Unternehmen unter COVID-19-Bedingungen vor, ergeben sich folgende Handlungsfelder:

1. Awareness schaffen für die Digitalisierungsstrategie 2020
2. konkret den Nutzen für alle betroffenen Zielgruppen in unterschiedlichen Kommunikationskanälen sichtbar machen
3. Sensibilisierung der Führungskräfte und Befähigung durch maßgeschneiderte Trainings zum Thema »Führen durch die Veränderung«
4. Enabler identifizieren, die als digitale Botschafter eingesetzt werden können und als solche später auch Kollegen in ihren Abteilungen in der Nutzung digitaler Tools befähigen
5. freiwillige Initiativen für Digitalisierungsprojekte schaffen

Fazit: Mithilfe der 7-Felder-Radaranalyse werden diverse Verbesserungsfelder herausgearbeitet. Wird im System eines der Verbesserungsfelder bearbeitet, hat das wiederum Auswirkungen auf die anderen Systemfelder in einer Organisation. Deshalb gilt es, zeitnah Reviews des Getanen durchzuführen. Denn schnelles Agieren und Reagieren sichert die Zukunftsfähigkeit der Organisation in der digitalen Welt.

Die Durchführung einer Analyse und Diagnose der Ausgangslage und der Veränderungskompetenz und -bereitschaft des Unternehmens ist zugleich immer auch schon eine Intervention. Üblicherweise werden die Ergebnisse der Analyse- und Diagnosephase in Spiegelworkshops an das Management und auch die Mitarbeiter der entsprechenden Unternehmen zurückgemeldet. Die Rückmeldung und Diskussion solcher Ergebnisse löst in der Regel natürlich auch etwas bei den betroffenen Personen aus. Manchmal erleben wir bei solchen Spiegelworkshops viel Zustimmung – die Ergebnisse waren den Betroffenen unbewusst schon einigermaßen klar. Das ist grundsätzlich ein gutes Zeichen, denn es zeigt, dass die Analyse und die Diagnose zutreffend sind. Gleichzeitig ist es ein schlechtes Zeichen, da man sich natürlich fragen kann, wieso bisher noch nichts geschehen ist. Wir diskutieren das dann üblicherweise auch in solchen Ergebnispräsentationen. Diese Diskussion ist nicht immer einfach. Manchmal erleben wir aber auch sehr große Betroffenheit bis hin zu Widerstand bei der Präsentation und Rückmeldung der Ergebnisse. Es wird wild diskutiert, abgewiegelt, verneint, bagatellisiert oder Methoden und Ergebnisse werden in Zweifel gezogen. Das ist auch ein gutes Ergebnis. Denn da, wo Betroffenheit entsteht, kann auch ein Bewusstsein für die Notwendigkeit der Veränderung entstehen. Wichtig ist auf jeden Fall, dass die Ergebnisse nicht geschönt, sondern klar und deutlich dargestellt werden. Zudem darf man beim ersten Anzeichen von Widerstand hier nicht gleich relativieren, sondern es gilt, die Ergebnisse standhaft zu erklären und zu erläutern. Auf diese Weise kann durch die Auseinandersetzung mit solchen Ergebnissen ein Problembewusstsein entstehen. Mit einem Augenzwinkern wünschen wir Ihnen viel Erfolg dabei.

3.2 To: Eine attraktive Vision und Strategie für die Digitalisierung entwerfen

Marcus Reinke

Warum ist die Vision so wichtig für eine erfolgreiche Veränderung? Warum reicht nicht die Strategie, die im Topmanagement entwickelt wurde und mit verständlichen Zahlen und Powerpoint-Folien als Link im Intranet der Firma existiert? Warum machen wir nicht so weiter wie bisher? Wozu sollen wir uns verändern – bis jetzt lief doch alles super?

Das Fragewort »Warum« kommt besonders dann häufig vor, wenn Menschen die Sinnhaftigkeit oder den Nutzen von etwas nicht direkt greifen können. Besonders Kinder fragen oft »Warum?«, weil sie etwas verstehen wollen, was sie noch nicht kennen und oft auch nicht kennen können. Wir reagieren verständnisvoll auf die Frage und freuen uns sogar, dass unser Kind so wissbegierig und neugierig ist. Wir nehmen unsere Rolle an, dem Kind mit unserem Wissen Dinge zu erklären und es so zu begleiten. Besonders stolz sind wir, wenn wir beobachten, wie unser Spross anderen Kindern Dinge so erklärt, wie wir sie ihm erklärt haben. Offensichtlich war unsere Erklärung oder der Nutzen eines Verhaltens so greifbar und einfach zu merken, dass das Wissen gerne weitergegeben wird.

Später im Leben wird zwar nach dem Warum gefragt, aber das Wozu steht im Fokus der Frage. Ein Warum ist immer in die Vergangenheit gerichtet, sucht nach den Gründen und Ursachen. Das Wozu sucht einen angestrebten Zustand in der Zukunft, einen Sinn: das, was wir erreichen wollen und welchen Nutzen wir uns oder anderen davon versprechen. Im Englischen wird beides oft mit »Why« übersetzt, so auch beim bekannten Golden Circle von Simon Sinek (Sinek, 2009). Richtig ist, dass auch beides gemeint ist – nur aus unterschiedlichen Perspektiven. Das Why beschreibt je nach Kontext *die Ursache* oder *den Nutzen*.

Die markante Aussage »Start with why!« kann sowohl als Aufforderung zum »Hinterfragen von Veränderungen« als auch zum »Start mit dem Nutzen« einer Veränderung verstanden werden. Der Nutzen soll in einer Vision für die Veränderung so aktivierend und sinnstiftend transportiert werden, dass die Mitarbeiter nicht nur verstehen, warum es wichtig ist – sondern auch wozu.

Besonders die durch die »Digitalisierung« ausgelösten Veränderungen sind aus zwei Gründen mit einer sinnstiftenden und verständlichen Vision zu unterfüttern:

- Das Buzzword »Digitalisierung« löst bei vielen Mitarbeitern Ängste aus: Verlust des Arbeitsplatzes durch einen Roboter, Chatbot oder eine künstliche Intelligenz und »Man hört ja wenig Gutes von anderen Digitalisierungsprojekten – wieso sollte das jetzt hier bei uns funktionieren?«. Hier soll eine Vision den Mitarbeitern die Ängste nehmen und zeigen, dass die Idee eine sinnvolle Erweiterung ist und sich niemand im Unternehmen vor den Folgen zu fürchten braucht.
- Bereits die *oberflächliche* Veränderung, ausgelöst durch den Einsatz neuer Kommunikations- oder Kollaborationstools, wie zum Beispiel *MS Teams*, kann die Basis dafür sein, tradierte Prozesse und Strukturen grundlegend zu hinterfragen. Dies führt zu einer viel größeren Veränderung, als »nur« eine neue Software einzusetzen: Prozesse ändern sich, Verantwortlichkeiten verschieben sich, Zusammenarbeit wird neu definiert ... Dies sind bei richtiger Planung und Durchführung sehr positive Effekte, die es zu nutzen gilt, um dem Unternehmen neuen Schwung und mehr Möglichkeiten zu liefern. Hier zeigt die Vision, dass die Chancen bewusst ergriffen werden, und transportiert Sicherheit für den Prozess der geplanten Veränderung.

Wenn Mitarbeiter also das knappe Statement des Abteilungsleiters, »dass hier jetzt alles digitaler wird, da man sich dem Markt und den Kunden anpassen muss und schneller werden muss, wie ja alle wissen ...«, mit der berechtigen Frage »Wozu das Ganze?« hinterfragen, ist dies ein Zeichen von Neugier und Interesse. Jetzt muss von der Führungskraft mehr kommen als »Weil das im Management so beschlossen wurde, das sagte ich doch gerade«. Mit dieser (leider) immer noch oft gehörten »Begründung für den Nutzen« wurde schon vielen Mitarbeiter zu leichtfertig vor den Kopf gestoßen und erfolgsversprechende Change-Initiativen bereits im Keim gefährdet.

! **Wichtig: Warum und Wozu klar kommunizieren**

Den Mitarbeitern, also den ersten Betroffenen von Veränderungen im Unternehmen, fehlen oft eine klare Begründung und ein sinnstiftendes Ziel der Veränderung: das Warum und vor allem das Wozu! Diese müssen immer wieder konsistent und verständlich auf allen Ebenen kommuniziert werden. So werden Unsicherheiten abgebaut und Verständnis aufgebaut.

John P. Kotter beschreibt in seinem Change-Management-Klassiker »Leading Change« (Kotter, 1996) diesen dritten Schritt als essenziell für die Veränderung. Die Wirkungsweise einer guten Vision sieht so aus, dass sie ein wirklich erstrebenswertes Bild der Zukunft beschreibt und den Menschen (Mitarbeitern und Führungskräften) gleichzeitig vermittelt, warum es erstrebenswert ist, die Zukunft so zu gestalten.

Viele Unternehmen in traditionellen Branchen haben keine »bewusste Vision« und kommen damit stabil und sicher durch das Tagesgeschäft. Jeder weiß, was zu tun ist, und die Mitarbeiter freuen sich über Boni nach guten Geschäftsjahren. Andere Unternehmen haben eine so umfangreiche Vision entwickelt, dass sich diese irgendwo in den Leitsätzen des Unternehmens auf der Homepage wiederfindet, ohne wirklich beachtet oder wiederholt kommuniziert zu werden. Das ist für den Status quo vielleicht noch angebracht, stößt aber in der dynamischen Veränderung schnell an seine Grenzen.

Was zeichnet eine gute Vision für die Veränderung aus?

Eine Change-Vision muss ausreichend klar, verständlich und motivierend sein. Sie soll ein **Bild der Zukunft** oder einen erstrebenswerten Zustand in der Zukunft abbilden, der sich für die Mitarbeiter lohnt, auch wenn die ersten Schritte hart werden. Sie soll zur **Strategie und Kultur der Firma** passen und **gemeinsam entwickelt** werden. Ist die Vision gut formuliert, unterstützt sie das Unternehmen und alle Mitarbeiter zum Beispiel bei der Entscheidungsfindung (»Wie hilft uns dieses Projekt/Thema bei der Erreichung unserer Vision?«). Initiativen von Mitarbeitern, die sich aktiv mit eigenen Vorschlägen und Ideen bei der Erreichung der Vision einbringen wollen, wird der Weg bereitet und Mut zur Aktion gemacht. Allen Abteilungen wird ein einheitliches, großes und erstrebenswertes Ziel gegeben – dies erleichtert abteilungsübergreifende Aktionen und das Silodenken wird gelockert.

Menschen können ihr Verhalten aus zwei Gründen ändern: Bedrohung durch eine Gefahr von außen (Anweisungen, neue Struktur, Druck im Markt, »Leidensdruck«) oder Belohnung durch etwas Gutes von innen (mehr Erfolg als Unternehmen, mehr Spaß im Tun, »persönlicher Nutzen«). Der psychologische Effekt des positiven Anreizes ist deutlich stärker als der durch Angst getriebene Ansatz, eine Bedrohung zu meistern.

Bei Veränderungen in Unternehmen ist es ähnlich: Angst konzentriert die Kräfte der Mitarbeiter darauf, den eigenen Kopf aus der Schlinge zu ziehen, anstatt gemeinsam an etwas Gutem zu arbeiten. Das Silo- und besonders das Absicherungsdenken werden größer, anstatt kleiner. Ein Veränderungsvorhaben mit dem Nutzen »Nur wenn wir diesen harten Schritt in die Digitalisierung schaffen, werden wir unsere wichtigsten Kunden nicht verlieren und auch in drei Jahren noch als Firma bestehen können« kann dafür sorgen, dass sich die besten Köpfe im Unternehmen frühzeitig nach anderen Optionen für ihr Wirken umschauen. Und diese guten Köpfe brauchen Sie in Ihrem Veränderungsvorhaben als Promotoren und treibende Kräfte für die Veränderung.

Eine positive und attraktive Vision spricht von Chancen, die genutzt werden sollen (auf etwas Gutes zu!). Eine emotionale Darstellung einer guten Chance sorgt viel eher als eine Drohung dafür, dass Mitarbeiter etwa Neues tun wollen:

»Wenn diese Chancen gemeinsam genutzt wurden und die Veränderung erfolgreich umgesetzt wurde, profitiert jeder in der Firma davon, weil ...!«

Die Tatsache, dass die Firma auch in x Jahren noch existiert, wenn diese schweren Schritte gegangen wurden, wird nicht thematisiert. Sie ist selbstverständlich, denn in der Zukunft soll die Vision ja Wirklichkeit werden und dafür braucht es die Kraft jedes Einzelnen im Unternehmen. Durch die positive Energie werden die Mitarbeiter mehr Kraft in die erstrebenswerte Vision investieren, da sie selbst davon profitieren. Sie fühlen sich mit der Vision verbunden und wollen ein Teil davon sein. Genau diese Dynamik des Einzelnen, dieses Momentum von Gruppen ist in der schnellen VUKA-Welt der Schlüssel zum Erfolg in Veränderungen. Und diese Dynamik wird maßgeblich durch eine nachvollziehbare und attraktive Vision erreicht!

!

Vision und Vision-Statement formulieren

Eine **Vision** ist eine ausformulierte und in ca. drei Minuten erzähl- und erklärbare Idee der Veränderung mit den zu nutzenden Chancen, dem Benefit, wie er erreicht werden kann und was die ersten Schritte auf dem Weg dorthin sind.
Ein **Vision-Statement** ist eine knappe und sehr reduzierte Version einer Vision, im Unternehmenskontext oft als markante Aussage und sehr grobe Idee des »Warum gibt es das Unternehmen?« zu verstehen. Als Beispiel sei hier das Vision-Statement von *Google* genannt: »Organize the world's information and make it universally accessible and useful.«
Für ein **Veränderungsprojekt** könnte ein Vision-Statement in unserem Fallbeispiel Kaiser SE auf den Punkt gebracht so klingen: »New Work @Kaiser – Gemeinsam unsere mobile Arbeitswelt vom morgen gestalten.«

3.2.1 Die sechs Kernelemente effektiver Visionen

Damit eine Vision nicht als entkoppelte und weltfremde Managementidee im Unternehmen verpönt wird, sind sechs einfache Elemente zu beachten. Eine Vision wird dann effektiv, wenn die folgenden Aspekte erfüllt werden (vgl. Abb. 14):

Abb. 14: Die sechs Kernelemente effektiver Visionen (eigene Darstellung)

Vorstellbar:
Die Vision zeichnet ein klares Bild, wie die Zukunft nach dem erfolgreichen Change in der Firma aussehen wird. Die richtige Menge an vorstellbaren Details der Vision muss gefunden werden. Zu wenige Informationen lassen zu viel Spielraum für Annahmen; zu viele Infos und Details schränken den Rahmen des Bildes zu stark ein und überfordern bei der Visualisierung die Zuhörer. In einer verständlichen Sprache für alle Mitarbeiter zu bleiben hilft der Vorstellungskraft hingegen sehr – besonders bei digitalen Themen. Vermeidung von »verbrannten Fachwörtern« oder »Beratersprech« sorgt für Glaubwürdigkeit und Akzeptanz auf allen Ebenen. Bei einer Vision á la »Wir wollen für unsere Main-User-Group mehr Benefits durch abgestimmte Events im Sales und mehr Accountability auf Shop-Floor-Level onsite beim Kunden …« wird z. B. in unserer Kaiser SE aus Hannover kein Wartungsmitarbeiter verstehen, was gemeint ist. Verständlicher ist (selbes Beispiel): »Die Rückmeldungen unserer Experten zu den Maschinen vor Ort beim Kunden sind für das Vertriebsteam sehr wichtig. Mit eurem Fachwissen erkennt ihr genau den Bedarf der Kunden. Durch das neue System werden eure Vorschläge dann schneller und einfacher durch den Vertrieb in Lösungsvorschläge einfließen, die unseren Kunden besser helfen.«

Erstrebenswert:
Die Vision spricht die nachhaltigen und langfristigen Interessen von möglichst vielen Beteiligten an. Visionen, die nur die Interessen von Shareholdern abdecken, führen zu wenig Begeisterung bei den Beteiligten: »Die da oben haben eine Idee und wir sollen sie jetzt umsetzen …« Um herauszufinden, was für Interessen und erstrebenswerte Vorstellungen und Ideen die Mitarbeiter und das mittlere Management haben, müssen diese Ebenen bereits bei der Erstellung einer Vision beteiligt werden. Nur eine auf breiter Basis erstrebenswerte Vision entfacht ein Feuer für die Veränderung bei vielen

Beteiligten. Wenn z. B. die Servicemitarbeiter beim Kunden oft die »Mülltonne« spielen müssen, da sich die Produktionsleiter über schlechte Prozesse/Erreichbarkeit bei der Kaiser SE aufregen, kann das auf Dauer sehr störend sein. Dies erreicht aber oft nicht mal die Abteilungsebene, da es als »Können wir auch nichts machen« abgetan wird. Somit kann dieses Mitarbeiterthema nicht im Management-Brainstorming als erstrebenswertes Ziel für eine bestimmte Mitarbeitergruppe erkannt werden und findet sich nicht in der Vision oder einer Change-Story wieder.

Mit Interviews (siehe Kapitel 3.2.2) durch eine Arbeitsgruppe kann dies schnell herausgefunden werden und als »Nutzen« für eine ganze Gruppe in die Vision eingebettet werden: »Durch die neuen Schnittstellen im ERP werden die Anfragen der Kunden direkt den jeweiligen Teamleitern und Servicekräften als Ankündigung gezeigt. Diese Vereinfachung bedeutet einen enormen Zeitgewinn für den Kunden und verringert die interne Abstimmung deutlich. Ihr habt weniger Arbeit in der Planung und der Kunde weiß viel schneller, wann ihr vor Ort seid und ihm helft!«

Machbar:
Effektive Visionen für Veränderungen sind umsetzbar und somit aktivierend. Genau wie SMARTe Projekt- oder Jahresziele muss eine Vision realistische Ziele für die Veränderung aufzeigen, an denen sich die Abteilungen und Mitarbeiter orientieren können. Es sollen hier keinesfalls feste Jahres- oder Fünfjahres-KPI in der Vision aufgestellt werden. Gleichwohl sollen diese aus der Vision ableitbar sein, bzw. die Vision soll als Richtschnur für die zu erreichenden Ziele des Unternehmens dienen können.

Fokussiert:
Der Fokus der Vision soll klar erkennbar und entsprechend ausformuliert sein, um im Unternehmen als Entscheidungshilfe zu dienen. Dies hilft später beim Abgleich der Vorhaben und Projekte mit der Vision, um festzustellen, ob das Vorhaben in die richtige Richtung geht.

! **Beispiel zum Fokus**

Eine Vision in unserem Fallbeispiel Kaiser SE könnte zusammengefasst heißen: »New Work @Kaiser – Gemeinsam unsere mobile Arbeitswelt von morgen gestalten.« Es geht um neue Arbeitsformen und mobiles Zusammenarbeiten, um sich als attraktiver Arbeitgeber zu positionieren. Dies ist für den HR-Bereich wichtig, um z. B. im Recruiting erfolgreicher zu sein.

In einer fiktiven Besprechung der Vertriebsabteilung der Kaiser SE werden zukünftige Projekte besprochen. Dabei kommt die Frage auf, ob das Projekt »Alle Desktop-PC an den Arbeitsplätzen im Vertriebsinnendienst durch Thin Clients austauschen« dem Erreichen der Vision »New Work @Kaiser« dient. Natürlich nicht. Der Einsatz einer mobilen Lösung liegt im Fokus dieser Vision (Stichwort »mobil«). Dies zahlt auf die Vision ein, da ein Flex-Work-Ansatz (also von zu Hause aus, im Büro oder im Coworking-Space arbeiten) einfach möglich ist. Beim Abgleich des Projekts mit der Vision sollte schnell klar werden, dass das Thema zwar eine sinnvolle Berechtigung hat (Kosten reduzieren, Wartung vereinfachen), aber nicht im Fokus der aktuellen HR-Vision »New Work @Kaiser« ist. Hier geht es um flexibles Arbeiten, was mit den kleinen Thin Clients einfach nicht möglich ist, da sie fest am Arbeitsplatz stehen.

Flexibel:
Trotz des klaren Fokus soll eine Vision so flexibel sein, dass alternatives Handeln und individueller Einsatz auch dann möglich und im Einklang mit der Vision sind, wenn sich Rahmenbedingungen ändern. Auf den ersten Blick ein Widerspruch zu »fokussiert«, aber in der VUKA-Welt nicht anders sinnvoll möglich. Es ist wenig motivierend und glaubwürdig, wenn die komplette Vision alle drei Monate angepasst werden muss, da sich der Rahmen hierfür leicht geändert hat. In der fiktiven Vision (»New Work @Kaiser«) wird z. B. nur die Idee für mobiles und sicheres Arbeiten genannt – auf ein System oder einen Anbieter legt sich aber niemand fest.

Vermittelbar:
Nur eine leicht zu vermittelnde Vision wird auch gerne weitergetragen. Die vorherigen fünf Punkte einer effektiven Vision müssen in wenigen Sätzen abgebildet werden können. Wenn die Vision mit einem bildhaften Vergleich endet, der zur Kultur des Unternehmens und der Mitarbeiter passt, bleibt sie länger in den Köpfen und wird oft zitiert. Es entwickelt sich eine »Catch-Phrase«, also eine Art Slogan für die Vision, z. B. »Gemeinsam unsere mobile Arbeitswelt von morgen gestalten« oder »Weniger Kreisliga-Denken, mehr Champions-League-Handeln!«. Auch hier gilt: Es muss zum Inhalt und zur Kultur des Unternehmens passen, sonst wirkt es aufgesetzt und hat wenig Aussicht auf nachhaltigen Erfolg.

3.2.2 Eine Change-Vision entwickeln

Eine Change-Vision zu erstellen ist ein einfacher Prozess mit komplexem Inhalt und Ergebnis. Er kann deshalb – je nach Veränderungsvorhaben und Unternehmensgröße – mehrere Iterationen, Abstimmungen und verschiedene Workshops erfordern. Der hier vorgestellte Prozess ist aus unserer Sicht das Minimum für eine abgestimmte Vision, die ihren Zweck effektiv erreicht.

Abb. 15: Vision für Ihren Change entwickeln (eigene Darstellung)

Sie haben die Ausgangslage detailliert analysiert und darauf aufbauend ein nachvollziehbares Problembewusstsein geschaffen. Den Nutzen der Veränderung können Sie aus verschiedenen Perspektiven problemlos darstellen. Somit haben Sie eine solide Basis für die Formulierung einer attraktiven Vision für Ihr Veränderungsvorhaben. Folgendes Vorgehen zur Visionsentwicklung hat sich bei unseren Beratungen bewährt:

1. Vorbereitung:
Ziel: Das Erstrebenswerte aus Sicht der Mitarbeiter und Führungskräfte zu kennen und für eine attraktive Vision zu nutzen.

Um zu ermitteln, was die Mitarbeiter tatsächlich motiviert, werden ihnen einfach ein paar offene Fragen gestellt. Die Antworten liefern bereits die Inspiration für eigene Formulierungen. Bei diesem Vorgehen orientieren wir uns methodisch am *Design Thinking*: Befragung der Kunden/Nutzer, die im Mittelpunkt stehen. Und die Mitarbeiter sind quasi die Kunden, die uns die Vision der Veränderung »abkaufen« sollen. Dies werden sie nur tun, wenn sie daran glauben und einen Sinn erkennen. Denn niemand kauft ein Produkt, das ihm keinen Nutzen bietet oder von dem er nicht überzeugt ist.

Nach Möglichkeit findet die Befragung direkt durch Mitglieder des Leitungsteams statt, denn die O-Töne und Zitate sind entscheidend für das weitere Vorgehen: Was hat der Mitarbeiter / die Führungskraft tatsächlich gesagt? Zitate haben den Vorteil, dass sie nicht durch den Filter des Zuhörers verändert werden und zusammengefasst eine evtl. komplett andere Botschaft/Meinung ergeben. Um keine wichtigen Informationen zu verpassen, sollten die Mitarbeiter durch Zweierteams, bestehend aus

- einem Fragensteller – mehr nicht (aktives Zuhören im Gespräch!) und

- einem Schreiber – Antworten und Beobachtungen notieren (Zitate sind wichtig!)

interviewt werden.

Dies hat den großen Vorteil, dass der Frager sich durch **aktives Zuhören** voll und ganz auf sein Gegenüber konzentrieren kann. So wird Ernsthaftigkeit und Wertschätzung transportiert und schlussendlich Vertrauen im Gespräch hergestellt. Vertrauen hat großen Einfluss auf die Ehrlichkeit und somit auf die Verwertbarkeit der Antworten. Die Interviews mit Mitarbeitern und Führungskräften aus wichtigen (betroffenen) Abteilungen sollen transparent angekündigt werden, bestenfalls mit einem Termin. Die Dauer wird mit fünf Minuten angegeben, tatsächlich dauern die Interviews dann oft ca. 15 Minuten.

Sie können z. B. folgende Fragen stellen:

- Was mögen Sie an Ihrer Firma / Ihrer Abteilung / Ihrer Aufgabe / den Kunden / dem Produkt / den digitalen Techniken im Unternehmen?
- Was treibt Sie an, jeden Tag Ihr Bestes zu geben?
- Wo sehen Sie die Firma in drei Jahren / in fünf Jahren, auch in Bezug auf die Digitalisierung?
- Welche Chancen sehen Sie auf dem Weg dorthin?
- Wie wird mit Hindernissen umgegangen?
- Wie stehen Sie ganz allgemein zur Digitalisierung?
- Wenn eine Wunschfee heute vorbeikommt und dem Unternehmen / der Abteilung einen Wunsch erfüllt – woran würden Sie feststellen, dass dieser Wunsch in Erfüllung gegangen ist? Wenn es ein Wunsch zur Digitalisierung wäre, welcher wäre das? Was ist dann morgen anders?
- Mal angenommen, »künstliche Intelligenz« wird hier im Unternehmen zur Unterstützung erfolgreich eingeführt – wie könnte das aussehen und was ist dann für Sie anders?

Praxistipp: Aktives Zuhören für Vertrauen im Interview !

- nonverbale Aufmerksamkeitsreaktion (Konzentration auf den Gesprächspartner: Blickkontakt halten, nicken)
- verbale Aufmerksamkeitsreaktion (auf Aussagen verbal, aber wertfrei reagieren: aha, okay, hmm)
- Nachfragen (Hinterfragen von Verallgemeinerungen oder Unschärfen: »Was genau meinen Sie mit ›alle‹, ›immer‹, ›der Prozess‹?«)
- Zusammenfassen/Paraphrasieren (Empfangenes mit eigenen Worten wiederholen: »Ich habe verstanden, dass … Ist das so richtig?«)
- Verbalisieren (Emotionen in Worte fassen: »Bei mir kommt an, dass Sie darüber sehr verärgert sind.«)

2. Workshop mit dem Leitungsteam – 2 bis 4 Stunden Dauer
Ziel: Drei leicht unterschiedliche Visionen für die Veränderung entwickeln.

Das Leitungsteam eignet sich für die erste Iteration am besten, da die Mitglieder inhaltlich gut im Thema sind und durch die heterogene Gruppenzusammensetzung viele Aspekte der Beteiligten im ganzen Unternehmen abdecken. Eine Gruppengröße von max. 15 ist sinnvoll und gut durch einen ausgebildeten Moderator steuerbar. Größere Gruppen führen zu mehr Diskussionen und nur unwesentlich anderen Ergebnissen – deshalb raten wir hier davon ab.

In einem anregenden Seminarraum (z. B. ein Change-Room, siehe Kapitel 4.1) werden alle bisherigen Erkenntnisse aus der Analyse, der Dringlichkeit, den Zielen, dem Nutzen und den Interviews zur Inspiration an die Wände gehängt. Nach ein paar einleitenden Erklärungen und vor allem Beispielen zu griffigen Visionen zur Inspiration geht es an die eigentliche Arbeit. Passende Moderationsformate für die Ideengenerierung sind z. B. *Themen-Speeddating, 1-2-4-all* oder *Milling.* Nach der ersten Runde werden die »Alpha-Visionen« präsentiert, diskutiert und die priorisierten Ergebnisse dann in einer zweiten Runde in verbesserte Visionen übernommen.

3. Testen der ersten Visionen
Ziel: Wie kommen die Visionen bei den Mitarbeitern an? Was lösen sie aus?

Die Ergebnisse dieses Workshops werden wieder mit einigen Mitarbeitern aus verschiedenen Bereichen und Hierarchien getestet. Wenn der Gesprächspartner mit positivem Interesse reagiert, ist die Vision verstanden worden und effektiv. Sollte ein verhaltendes »Aha« die Antwort sein, muss nachgebessert werden. Was genau, lässt sich durch Nachfragen leicht herausfinden:

- Würden Sie die Vision bitte in Ihren Worten zusammenfassen?
- Was verstehen Sie unter der Vision?
- Wo haben Sie aktuell Fragen?
- Wie würden Sie diese Vision weitergeben?

4. Abschluss-Workshop – max. 2 Stunden Dauer
Ziel: Die Vision für die Veränderung verabschieden.

Die Erkenntnisse aus dem Testen der Versionen werden in diesem Workshop allen Teilnehmern des Leitungsteams präsentiert, um eine einheitliche Basis zu schaffen. Jetzt werden die Visionen in Gruppenarbeit entsprechend verarbeitet und in eine gemeinsame, abgestimmte Vision überführt. Um eine Entscheidung zwischen den verschiedenen Versionen zu erleichtern, bietet sich eine Aufteilung der Visionen in inhaltliche Bausteine (Sätze oder Halbsätze) an, über die mit einem Mehrheitsentscheid (z. B.

durch Dot-Voting mit Klebepunkten) abgestimmt wird. Nach ein paar Schönheitskorrekturen ist sie fertig: Ihre Veränderungsvision.

3.2.3 Aus der Vision eine Strategie ableiten

»Start with why« – »Beginne mit dem Wozu«, rät uns der britisch-US-amerikanische Autor Simon Sinek (Sinek, 2009). Anstatt den Kunden und Mitarbeitern zu verdeutlichen, *was* die Firma alles macht, ist es viel sinnvoller, mit dem *Wozu* zu starten. »Sinnvoller«: Im Wozu verbirgt sich der Sinn, der Nutzen. Und dieser inspiriert andere, bei dem Unternehmen arbeiten zu wollen oder die Produkte und Leistungen zu kaufen. Das Wie und das Was kommen später.

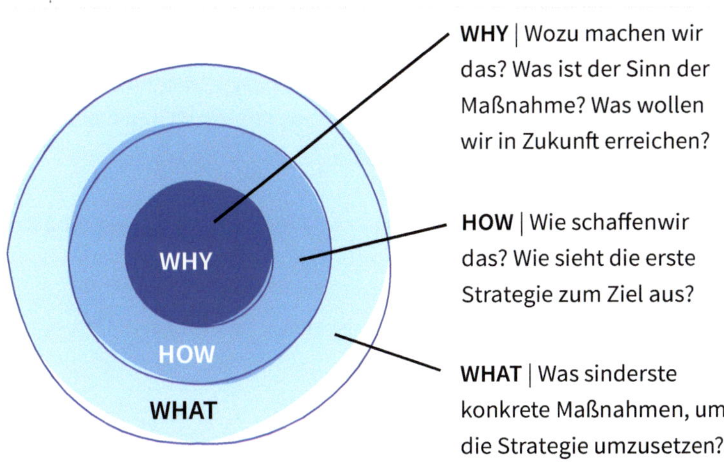

Abb. 16: Golden Circle in der Visionsentwicklung (in Anlehnung an Sinek, 2009)

Die Idee des Golden Circle ist, dass die Vision von innen nach außen kommuniziert wird:

- Wir starten mit dem Nutzen, dem Kern der Vision, unserem *Wozu*.
- Dann legen wir erste Meilensteine auf dem Weg fest, also *wie* wir diese Vision erreichen wollen. Dies wird unsere Strategie für die Veränderung.
- Außen im Kreis und als letzter Punkt der Story gehen wir konkreter auf das *Was* ein: Was wird sich ab wann / bis wann verändern? Was sind die ersten konkreten Maßnahmen unserer Strategie für die Veränderung?

Durch den Start mit dem *Wozu* werden zuerst die Emotionen angesprochen, positive Bilder beim Zuhörer erzeugt und der Vision wird ein sinnstiftender Rahmen gegeben. Für die Ableitung einer Strategie aus der Vision ist der Golden Circle als Workshop-Rahmen gut geeignet.

3.2.3.1 Strategie-Workshop »Golden Circle« mit dem Leitungsteam – 2 bis 4 Stunden Dauer

1. Schritt: »Start with why« – auch wir starten mit dem inneren Kreis, dem Wozu und dem Nutzen der digitalen Veränderung. Diesen haben wir bereits ausgearbeitet (siehe Kapitel 3.1, z. B. WIIFM-Benefit-Analyse) und schreiben ihn in die Mitte eines großen Kreises für unseren Golden Circle (siehe Abb. 16), der sich auf dem Boden oder an einer Metaplanwand befindet. Hier steht unser Nordstern, an dem wir uns und unser Handeln in dieser Veränderung ausrichten werden.

Der Nutzen der Kundendienstdigitalisierung in der Kaiser SE (unserem Fallbeispiel aus Kapitel 3.1.2.1), die global schneller mit den passenden Ersatzteilen und Spezialwerkzeug beim Kunden sein wollen, damit die Maschinen (Luftdruckpumpen) schneller wieder laufen, könnte z. B. lauten:

Unseren Kunden weltweit vor Ort schneller dabei zu helfen, reibungslos zu produzieren und dabei erstklassig zu bleiben. Unser Versprechen: In sechs Stunden läuft jede Pumpe wieder!

2. Schritt: »Wie schaffen wir es, ...?« Diese Art zu Fragen ist gut geeignet, um mit den Teilnehmern erste Ideen für eine Strategie zum Ziel zu generieren. Wir nutzen sie, um den 2. Kreis (How) mit Leben zu füllen. Die positive Formulierung zu Beginn der Frage löst den Wunsch zur freiwilligen Beantwortung aus und ein gesetzter Fokus kanalisiert die Ideen in eine Richtung, ohne zu stark einzuschränken. Die Frage müsste also in unserem Beispiel heißen:

Wie schaffen wir es, unseren Kunden weltweit vor Ort schneller dabei zu helfen, reibungslos zu produzieren, dabei erstklassig zu bleiben und jede Pumpe in sechs Stunden zum Laufen zu bringen?

Diese Frage ist lang, kompliziert und deshalb sehr schwer zu beantworten. Leichter geht es, wenn die Frage in mehrere Teile zerlegt wird, um getrennt voneinander Ideen für eine Lösung zu finden.

Eine solche Aufteilung könnte z. B. folgendermaßen aussehen:

Wie schaffen wir es, ...

1. unseren Kunden weltweit vor Ort schneller dabei zu helfen,
2. reibungslos zu produzieren,
3. dabei erstklassig zu bleiben und
4. in sechs Stunden jede Pumpe zum Laufen zu bringen?

Durch diese Aufteilung in vier Fragen mit unterschiedlichem Fokus bilden sich jetzt zur Ideengenerierung verschiedene Arbeitsgruppen. Die Fragen werden einzeln beantwortet (Tipp: *World-Café-Methode* oder *1-2-4-all* für die Durchführung). Die Antworten sind verschiedene Ideen für eine Strategie zur Erreichung unserer Vision. Die vier getrennten Antwortbereiche werden zusammengeführt, wobei es oft Überschneidungen oder Ähnlichkeiten beim Output oder Impact der Ideen geben wird. Das ist ein gutes Zeichen für die richtige Richtung und ein gemeinsames Verständnis der Herausforderung.

Mögliche Antworten auf unsere aufgeteilte Frage wären:

Zu 1: »unseren Kunden vor Ort schneller dabei zu helfen«

- Netzwerk an Monteuren vergrößern (Ausbildung/Kooperationen)
- Monteure bei den wirklich großen Kunden direkt vor Ort lassen
- Mitarbeiter des Kunden zum »Remote-Monteur« weiterbilden, damit wir diesen remote einsetzen können (Steuerung über Telefon/Videoübertragung)
- ...

Zu 2: »reibungslos zu produzieren«

- nur beste und qualitativ hochwertige Teile verbauen und als Ersatzteile nutzen
- Überwachung der Pumpen beim Kunden – Mängel schneller erkennen
- Kunden besser in der Nutzung ausbilden und Bedienfehler minimieren
- ...

Eine erste, grobe Strategie für den Kundenservice könnte sich dann ungefähr so anhören: *Um unseren Kunden weltweit schneller dabei zu helfen, reibungslos zu produzieren, werden wir unser Netzwerk an Monteuren erweitern, diese besser ausbilden und Kooperationen eingehen. Wir werden neue Formen der digitalen Anlagenüberwachung für eine noch bessere Wartung erproben und schrittweise einführen.*

Die Ideen werden anschließend mit konkreten Maßnahmen hinterlegt, die bereits jetzt auf Risiken oder Divergenzen geprüft werden sollten.

Wenn der Nutzen der Nordstern ist, dann ist die Strategie (das *How*) die Sternenkarte, mit deren Hilfe wir den Nordstern finden.

3. Schritt: Was ist eine erste Strategie zur Erreichung der Vision? Hier kommen die Maßnahmen in unseren Golden Circle. Was sind erste konkrete Maßnahmen oder Initiativen in der Veränderung? Wie wirkt sich das digitale Konzept auf unsere Strukturen aus? Was wird sich für einzelne Abteilungen ändern? Wann wird begonnen und wer steuert was?

Beispiele für Maßnahmen aus einem Maßnahmenplan:

- Die IT (Abt. P4.17) wird ab Januar alle Papierdokumentationen für jede noch eingesetzte Pumpengeneration digitalisieren und mit zoombaren Grafiken und Explosionszeichnungen versehen, um den Technikern vor Ort alle Informationen und Teilenummern digital zur Verfügung zu stellen.
- Ab April werden die ersten freiwilligen Teams in den Ländern X, Y und Z mit verschiedenen neuen Notebooks und Holo-Brillen für den Einsatz beim Kunden vor Ort ausgerüstet. Die Testphase läuft unter Leitung von Herrn Peters (IT, Hannover) bis Ende Juni, dann wird an die Geschäftsleitung berichtet. Es folgt die Entscheidung für ein Gerät auf Basis der Erfahrungen und Vorschläge im internationalen Einsatz durch die Monteure und Techniker.
- Die Idee, eine weltweite Zentrale für hoch spezialisierte Technikeranfragen oder schnelle Hilfe für unerfahrene Kollegen einzurichten und unsere Experten bei Bedarf live über eine Videoverbindung zu den jungen Kollegen zu schalten, wird geprüft. Erste Ideen zur Umsetzung sollen im Mai vorliegen und durch die IT zeitnah bewertet werden. Wir suchen Freiwillige, die bei der Erprobung ab dem 2. Halbjahr ihre Ideen aktiv einfließen lassen wollen.
- ...

! **Praxistipp: Maßnahmen richtig definieren**

Je ausführlicher eine Maßnahme definiert wird, desto wahrscheinlicher ist eine reibungslose Umsetzung. Es bietet sich das bekannte SMART(e) an, was durch ein (e) für »eigenverantwortlich« ergänzt werden sollte.

Beispiel-Maßnahmenplan für die Einführung von Notebooks und holografischen Brillen:
Die Teams MD1.4, MB2.1 und MC2.0 aus den Standorten Hannover, Sao Paulo und Wuhan werden mit Toughbooks und holografischen Brillen verschiedener Hersteller zum Testen ausgerüstet. Die Gesamtleitung hat Hans Peters (IT im HQ in Hannover), seine Stellvertreterin ist Anja Brause (Expat in unserer IT in Wuhan). Ab dem 24.3.2020 werden gemeinsame Mitarbeitertrainings für die Gerätesätze in Hannover durchgeführt. Nach dem Training nehmen die Teams die Sätze mit in ihre Standorte und führen ab dem 1.4.2020 die individuelle Testphase für den Vor-Ort-Einsatz beim Kunden durch. Ziel ist es, das Gerät mit der höchsten Zufriedenheitsbewertung für unsere Mitarbeiter zu finden, das innerhalb der vereinbarten TCO-Grenzen liegt, damit unsere Kunden weltweit reibungslos weiterproduzieren können. Einzelheiten zu den Tests werden durch Herrn Peters am 25.3.2020 in Hannover während des Trainings besprochen. Die Testphase läuft bis zum 30.6.2020, die Auswertung der Daten und Interviews mit den Nutzern vor Ort bis zum 12.6.2020. Die Präsentation der Ergebnisse mit allen Testern findet am 2.7.2020 in Hannover statt.
Diese sehr ausführlich beschriebene Maßnahme hat die notwendige Tiefe für das Verständnis und einen Abgleich auf Risiken in der Durchführung (z. B. Termine oder Zuständigkeitsfragen). Alle SMART-Kriterien sind erfüllt: spezifisch, messbar, aktivierend, realistisch und terminiert. Die Maßnahme wurde mit Herrn Peters besprochen und er als Experte hat seine Einwilligung zur Leitung gegeben, die auch mit seinen Vorgesetzten abgestimmt wurde. Somit ist die Maßnahme realistisch und eigenverantwortlich durch Herrn Peters durchführbar.

Ein übersichtlicher Maßnahmenplan in den Abteilungen hilft, den Überblick bei der Planung und Umsetzung zu behalten. Das hier gezeigte Beispiel können Sie mit der smARt-Haufe-App direkt herunterladen und loslegen.

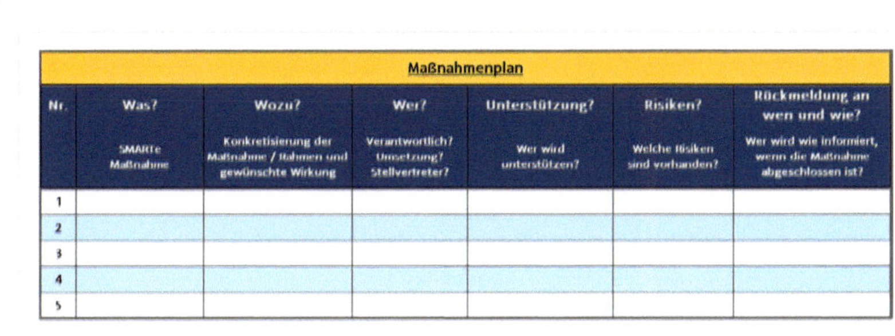

Maßnahmenplan

Nr.	Was? SMARTe Maßnahme	Wozu? Konkretisierung der Maßnahme / Rahmen und gewünschte Wirkung	Wer? Verantwortlich? Umsetzung? Stellvertreter?	Unterstützung? Wer wird unterstützen?	Risiken? Welche Risiken sind vorhanden?	Rückmeldung an wen und wie? Wer wird wie informiert, wenn die Maßnahme abgeschlossen ist?
1						
2						
3						
4						
5						

Abb. 17: Beispiel Maßnahmenplan (eigene Darstellung)

Nach dem Ansatz des *Product-Backlog* im *Scrum*-Framework (Sutherland/Schwaber, 2017) ist es ausreichend, wenn die ersten umzusetzenden Maßnahmen konkret und detailliert vorliegen und auch so detailliert kommuniziert werden. Je weiter entfernt die geplanten Maßnahmen auf der Zeitachse liegen, desto unschärfer (und flexibler) sind sie formuliert. Am Ende sind sie nur noch Stichpunkte und Ideenschnipsel. So wird der aufwendige »Planungswasserkopf« zu Beginn von klassischen (Change-)Projekten vermieden und die Energie in die Umsetzung, statt in die Planung und Absicherung jeglicher Eventualitäten in zwölf Monaten gesteckt.

Dieser zielgerichtete und positive Aktionismus ist zu Beginn jedes Change-Vorhabens wichtig, um den Stein der Veränderung ins Rollen zu bringen und ein Zeichen für den Aufbruch zu setzen. Ein Zeichen, das den Mitarbeitern den Weg zeigt, ohne zu stark einzuschränken, und so die aktive Mitarbeit und eigene Ideen fördert.

Wichtig: Keine Energie ohne starke Vision !

Ohne starke Vision und klare Ausrichtung der Energie auf *ein* Ziel wird keine Veränderung umgesetzt werden. Die Organisation braucht einen sinnstiftenden Nordstern zur Ausrichtung des gemeinsamen Handelns aller Abteilungen. Die Mitarbeiter (die Umsetzer der Vision) brauchen eine verständliche Sternenkarte, die ihnen zeigt, wie dieser Nordstern zu erreichen ist. Beides ist durch eine iterativ und gemeinsam entwickelte Vision mit abgeleiteter Strategie für die ersten Schritte greifbar. Beides wird durch das Leitungsteam unter Beteiligung von Mitarbeitern erarbeitet.

Mit dem *Golden Circle* als Instrument zur Visionsentwicklung für die Veränderung werden der Nutzen, die grobe Strategie und erste Maßnahmen dargestellt.

3.2.3.2 Checkliste »Effektive Vision«

- **Vorstellbar:** Klares Bild der Zukunft nach dem Change?
- **Erstrebenswert:** Langfristige Interessen der Beteiligten angesprochen?
- **Machbar:** Ist die Vision grundsätzlich machbar?
- **Fokussiert:** Erkennbarer Fokus als Entscheidungshilfe im Change?
- **Flexibel:** Gute Flexibilität, um auf Änderungen zu reagieren?
- **Vermittelbar:** Gut zu transportieren und ggf. bildhafter Vergleich?

3.3 How: Gestaltung der Change-Architektur

Thomas Fischer

3.3.1 Prinzipien einer Veränderungsarchitektur

Planvolles Entwerfen, Gestalten und Konstruieren von Bauwerken ist der zentrale Inhalt einer Architektur, behauptet zumindest Wikipedia. Bei einer Change-Architektur im digitalen Wandel geht es nicht um Bauwerke, sondern um den Ablauf und Aufbau von Prozessen oder Projekten zur Einführung digitaler Veränderungen. Digitalen Change zu managen bedeutet, Veränderungsprozesse auf Unternehmens- und persönlicher Ebene zu planen, zu initiieren, zu motivieren, zu realisieren, zu steuern und zu stabilisieren. Es wäre natürlich schön, wenn man das alles mit einem kontinuierlichen und bewussten Steuerungsprozess sowie einem systematischen und geplanten Vorgehen durchführen könnte. Noch vor einigen Jahren hätten wir auch noch eine flammende Rede für einen geplanten und systematischen Veränderungsprozess gehalten. Heute sitzen wir teilweise mit Unternehmen zusammen und sprechen über einen digitalen Wandel, dessen Ziel wir nur in groben Zügen kennen. Oder wir erleben Unternehmen, die äußerst vorsichtig eine sehr regulierte Form des Homeoffice einführen und dann durch ein Ereignis wie die COVID-19-Pandemie überrannt werden und innerhalb einer Woche Homeoffice-Arbeit ermöglichen müssen, wo es nur geht. Unter anderem auch deshalb ist ein systematisches und geplantes Vorgehen nur noch in begrenztem Umfang möglich. Das heißt keinesfalls, dass Sie sich ohne Planung in einen digitalen Wandel begeben sollten. Im Gegenteil: Natürlich ist eine Planung erforderlich. Eine Planung, die den Zufall durch den Irrtum ersetzt. Eine Planung, die Lernschleifen beinhaltet und agile Prinzipien berücksichtigt. In diesem Sinn plädieren wir für ein systematisches und geplantes Vorgehen, nur soweit es möglich ist. Letztendlich also ein anpassungsfreudiges Vorgehen mit vielen iterativen Schleifen.

Das Vorgehen beschreibt dabei in der Regel den Ablauf der Einführung einer digitalen Veränderung. Zusätzlich zum Ablauf benötigen Sie auch den organisatorischen Aufbau und die Gremien, mit denen Sie einen digitalen Wandel einführen möchten. Diese beiden Bausteine sind erforderlich, egal ob Sie eine digitale Veränderung auf Basis eines klassischen oder eines agilen Vorgehens einführen. In beiden Fällen benötigen Sie für die Change-Architektur sowohl eine Aufbau- als auch eine Ablauforganisation.

Achtung: Die klassische Planung ist nicht mehr zeitgemäß !

Früher hätte und hat man für die Einführung digitaler Veränderungen langfristige Projektplanungen aufgesetzt. Immer wieder ist man dabei mehr oder weniger bewusst dem Wasserfallmodell gefolgt, das einen sequenziellen Ablauf vorsieht. Der Ablauf erstreckt sich dabei schrittweise über viele Monate, teilweise über Jahre: Zunächst wird ein Fachkonzept erstellt, dann ein Systemkonzept, dann werden Programmierungen vorgenommen, danach wird getestet, schließlich erfolgt eine Implementierung und ein Roll-out der digitalen Veränderung. Oder es wurde eine umfangreiche Analyse durchgeführt, danach wurden ein Grob-, dann ein Feinkonzept und schließlich sehr viele Dokumente erstellt, bis man dann einen ersten Piloten umsetzen und schließlich – nach weiteren Konzeptanpassungen – vorsichtig eine schrittweise Umsetzung versuchen konnte.
Bis dahin hat ein Wettbewerber heutzutage schon die Markteinführung geschafft und sein digitales Produkt sogar schon wieder verbessert und optimiert. Ein solches Vorgehen ist heute oftmals nicht mehr zeitgemäß.

Man sagt, jeder Plan stirbt mit seiner ersten Feindberührung. Na ja, er stirbt nicht gleich. Und der erste Kontakt eines Plans mit der Wirklichkeit ist auch nicht immer eine Feindberührung. Aber Sie müssen darauf vorbereitet sein, dass Sie Ihren Plan nach der ersten Konfrontation mit der Realität modifizieren müssen. Das gilt besonders für die Einführung digitaler Veränderungen, da hier die Entwicklungszyklen oft sehr schnell sind und die Realität manchmal die Planungen überholt.

Deshalb muss eine Change-Architektur heutzutage folgende agile Prinzipien berücksichtigen:

- Das Design der Ablauforganisation sollte **Reflexionsschleifen** enthalten. Im Verlauf der Einführung digitaler Veränderungen ergeben sich immer wieder unvorhersehbare Ereignisse: Der Betriebsrat ist mit dem geplanten Datenschutz nicht einverstanden, die ärztlichen Gutachter wollen ihre Gutachten nicht einer Spracherkennungssoftware, sondern nach wie vor einem Menschen diktieren, im Verlauf der Einführung stellt sich heraus, dass die Software gar nicht alle Funktionalitäten beherrscht, von denen man ausgegangen ist. Solche Ereignisse sind nicht immer vorhersagbar und man muss situativ angemessen darauf reagieren können. Da auch nicht alle derartigen Ereignisse sofort entdeckt werden, ist es wichtig, dass systematisch regelmäßige Reflexionsschleifen in der Change-Architektur vorgesehen sind, die eine flexible Reaktion sicherstellen. Dafür sind Reviews und Retrospektiven aus dem agilen Projektmanagement hervorragend geeignet.

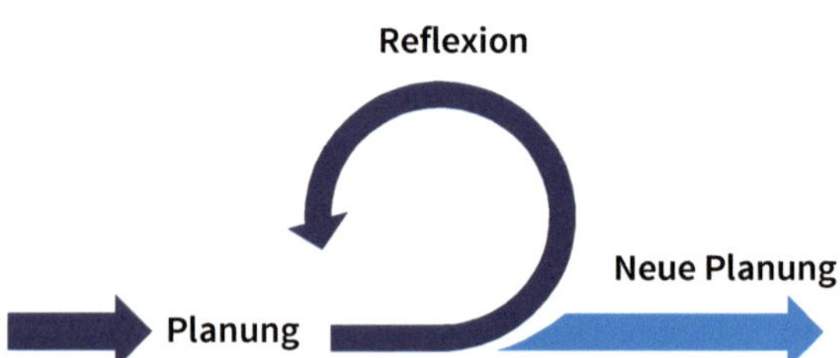

Abb. 18: Ablauforganisation mit Reflexionsschleifen (eigene Darstellung)

- Nach einer überschaubaren Zeit müssen erste Ergebnisse sicht- und überprüfbar sein. Bei vielen Prozessen des digitalen Wandels braucht es längere Zeit, bis man erste Ergebnisse sieht und »ausprobieren« kann. Das führt oft dazu, dass die Belange und Bedürfnisse der Nutzer viel zu spät, zu wenig oder gar nicht berücksichtigt werden. Das fördert natürlich nicht gerade die Akzeptanz bei der Einführung digitaler Veränderungen. Zur Berücksichtigung dieser frühen Überprüfbarkeit von Teilergebnissen ist es wichtig, auch tatsächlich einzuplanen, dass **früh erste Ergebnisse** geliefert werden. Die Überprüfung kann dann mittels agiler Reviews geleistet werden.
- Für einen gelungenen digitalen Wandel ist es wichtig, die **Rückmeldungen der Betroffenen zu berücksichtigen**. Eine Change-Architektur für digitale Veränderungen muss also Möglichkeiten für ein direktes Feedback von Stakeholdern schaffen. Das kann durch Sounding Boards, Reviews, schriftliche (*15five*, Umfragen über *MS Teams / Yammer* etc.) oder mündliche Befragungen oder auch nur einfaches Testen geschehen. Wichtig ist dabei, dass die wichtigen Stakeholder und unter ihnen selbstverständlich auch die Betroffenen zu Wort kommen.

3.3.2 Erfolgsfaktoren des Change-Managements als Grundlage einer Veränderungsarchitektur

Eine gute Veränderungsarchitektur berücksichtigt immer auch die grundsätzlichen Erfolgsfaktoren des Change-Managements (vgl. Abb. 19).

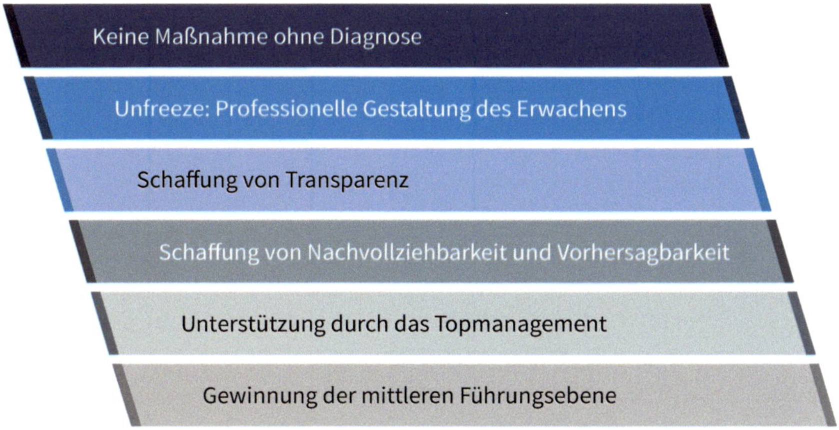

Keine Maßnahme ohne Diagnose

Unfreeze: Professionelle Gestaltung des Erwachens

Schaffung von Transparenz

Schaffung von Nachvollziehbarkeit und Vorhersagbarkeit

Unterstützung durch das Topmanagement

Gewinnung der mittleren Führungsebene

Abb. 19: Erfolgsfaktoren des Change-Managements 1 (eigene Darstellung)

- Am Anfang eines unterstützenden Change-Managements sollte immer eine **Analysephase** stehen. Hier geht es darum, Daten zu sammeln und auszuwerten. Dafür können Tools wie das St. Galler Management-Modell, die SWOT-Analyse, Change-Readiness-Einschätzungen, Befragungen, soziometrische Methoden wie zum Beispiel Aufstellungen, Kulturanalysen, Kraftfeldanalysen, Stakeholderanalysen, eine Feature-Advantage-Benefit-Matrix und Dokumenten- oder Systemanalysen eingesetzt werden. Die Zahl der möglichen Analysen ist hier heutzutage Legion.
  Leider haben wir allzu oft erlebt, dass bei der Einführung digitaler Neuerungen die Ausgangslage zu wenig berücksichtigt wurde. Auf manchen Projekten liegen Altlasten, die mit in die Planung hätten einfließen müssen. Manche Projekte starteten mit einer viel zu geringen Kapazitätsausstattung. Manche Projekte berücksichtigten die Unternehmenskultur nicht ausreichend. Es ist wichtig, die Ist-Situation gut zu kennen, um davon ausgehend einen erfolgreichen digitalen Wandel zu gestalten.

Achtung: Vorsicht vor zu umfangreicher Analyse! !

In einigen Change-Projekten und -Prozessen haben wir schon erlebt, dass viel zu umfangreiche und vor allem viel zu lange Analysephasen durchgeführt wurden. Vorsicht: Es ist wichtig, dass die Analyse nicht zu lange dauert. Es gibt hier zwar keine Faustregel, da die Analysephase auch immer von Umfang der digitalen Neuerung abhängt. Heutzutage sollte man sich allerdings schon sehr gut überlegen, ob man eine Analyse länger als drei Monate laufen lassen kann.

- **Unfreeze:** Laut einem alten Modell von Kurt Lewin aus den 1940er-Jahren ist »Unfreeze« der erste Schritt in Richtung Change (Lewin, 1963), der eine Art Erwachen, ein bewusstes Aufrütteln der Beteiligten beinhaltet. Menschen stehen digitalen Veränderungen anfänglich oft skeptisch gegenüber, weil sie auch Risiken bergen und zunächst immer auch Aufwand bedeuten. Sie müssen geplant, konzeptioniert, vorbereitet und umgesetzt werden. Menschen sind Wesen, die genau wie andere biologische Organismen zur Aufwandsminimierung neigen. Daniel Kahnemann (2016) hat dieses Verhalten umfangreich und eindrucksvoll analysiert und beschrieben. Das menschliche Gehirn ist immer darauf aus, es sich bequem zu machen. Es möchte effizient sein und damit Energie sparen. Deshalb neigen wir zu Bequemlichkeit und tun uns mit Veränderungen so schwer.

Aus diesen Gründen ist für die Einführung einer digitalen Veränderung oftmals zunächst ein **Erwachen** erforderlich, das uns aufrüttelt und aus der Bequemlichkeit führt. Das lässt sich auch mit einem Prinzip aus der Physik vergleichen: Wenn man eine große und damit träge Masse bewegen möchte, ist ein starker Anfangsimpuls hilfreich. Die COVID-19-Pandemie hat zum Beispiel einen solchen massiven Impuls gegeben, aufgrund dessen viele Menschen ihre skeptische Haltung zu Videomeetings, Online-Trainings und anderen digitalen Geschäftsmodellen überdacht haben. Unfreeze bedeutet hier also eine professionelle Gestaltung des Erwachens. Das geschieht meist durch eine klare Kommunikation der Ausgangslage sowie des Sinns und der Notwendigkeit des anstehenden digitalen Wandels.

- **Klare Kommunikation der Zielrichtung von Veränderungen:** Sowohl die Nutzer als auch die Menschen bzw. Mitarbeiter, die digitale Veränderungen einführen, müssen wissen und verstehen, wohin es gehen soll. Deshalb ist es wichtig, klar und deutlich zu vermitteln, warum es wohin geht und was dafür wie und voraussichtlich wann getan werden wird. Dabei geht es nicht um weichgespülte und wohlklingende Marketingkommunikation.

!

Tipp: Klarheit vor Werbung

Achten Sie darauf, dass die Klarheit der Kommunikation nicht darunter leidet, dass Sie für die Veränderung werben möchten.

- Manchmal werden digitale Veränderungen großartig angekündigt und dann kommt nichts oder nur ein laues Lüftchen. Damit alle bei der Stange bleiben und der Anfangsimpuls nicht verpufft, empfiehlt es sich, regelmäßig über Zwischenstände und Fortschritte zu informieren. Das schafft **Nachvollziehbarkeit und Vorhersagbarkeit**, was für alle Betroffenen wichtig ist.
- **Unterstützung durch das Topmanagement:** Sie können versuchen, digitale Veränderungen auch ohne die Unterstützung des Topmanagements einzuführen. Wir kennen allerdings nur wenige Fälle, in denen das gelungen ist. Dagegen sind uns deutlich mehr Fälle bekannt, bei denen digitale Veränderungen gegen den Widerstand der Belegschaft eingeführt wurden, nur weil das Topmanagement sie einführen wollte. Nicht alle dieser Veränderungen waren erfolgreich, aber auch nicht alle sind gescheitert. Letztendlich ist es immer hilfreich und sinnvoll, sich die Unterstützung des Topmanagements für einen digitalen Wandel zu sichern. Eine Change-Architektur muss also durch einen geschickten Aufbau oder Ablauf sicher-

stellen, dass es Kontaktpunkte gibt, bei denen das Topmanagement entscheidend miteingebunden ist.

- **Gewinnung des mittleren Managements:** Wenn eine mittlere Führungsebene geschickt agiert, kann sie jede digitale Veränderung ausbremsen. Gerade in dieser Ebene gibt es zahlreiche Möglichkeiten, Veränderungen zu verzögern oder sie gar zu verhindern. Es werden Informationen nicht weitergegeben, es wird gezielt Stimmung gemacht, es werden unterstützende Handlungen unterlassen oder den Mitarbeitern sogar verboten oder es werden mikropolitische Ränkespiele gespielt.

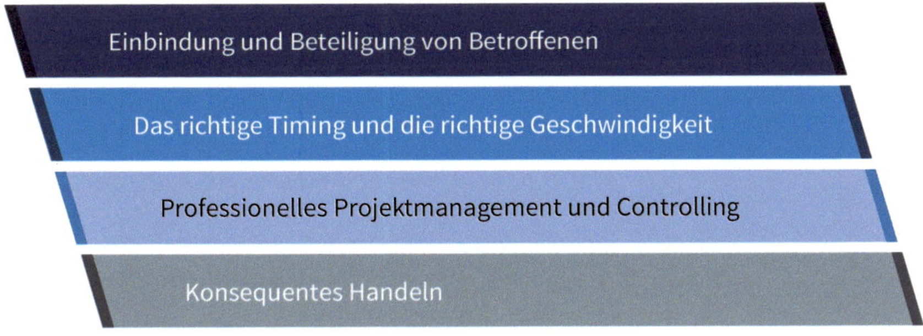

Abb. 20: Erfolgsfaktoren des Change-Managements 2 (eigene Darstellung)

- **Einbindung und Beteiligung von Betroffenen:** Im digitalen Wandel bedeutet das »Not invented here«-Syndrom, dass wir der Meinung sind, dass etwas, das wir nicht selbst erfunden haben, auch nicht gut sein kann. Menschen trauen eher Sachen, die sie sich selbst ausgedacht haben. Außerdem fühlt es sich gut an, wenn man bei der Einführung von etwas beteiligt war. Deshalb ist die Einbindung von Mitarbeitern bei digitalen Veränderungen wichtig. Es empfiehlt sich, Betroffene durch Möglichkeiten zur Mitgestaltung zu beteiligen.
- **Das richtige Timing und die richtige Geschwindigkeit:** Wer zu viele Veränderungen in zu kurzer Zeit zu bewältigen hat, mag nicht gerne mitmachen. In der Psychologie gibt es das Konzept der kritischen, Stress auslösenden Lebensereignisse (Holmes/Rahe, 1967). Es besagt, dass Menschen bei zu vielen kritischen Veränderungen überfordert sind und Stress empfinden. Deshalb müssen Sie sich immer gut überlegen, wie viele digitale Veränderungen Sie einem Unternehmen und den Mitarbeitern in welcher Zeitspanne zumuten möchten – auch wenn die Zeit drängt und der in solchen Situationen viel beschworene Markt die Einführung digitaler Veränderungen unbedingt benötigt. Wenn die Mitarbeiter dabei nicht mitziehen, wird aus der Sache nichts. Gras wächst nicht schneller, wenn man daran zieht. Wir kennen reichlich Situationen in Unternehmen, in denen die Einführung viel zu vieler digitaler Veränderungen in viel zu kurzer Zeit geplant war. Nicht wenige Mitarbeiter denken sich in solchen Situationen: »Ich mache einfach mal weiter wie bisher und schaue dann mal, was passiert.«

- **Professionelles Projektmanagement und Controlling:** Auch wenn heutzutage viele Projekte zur Einführung digitaler Veränderungen auf der Basis eines mehr oder weniger agilen Scrum-Frameworks geplant und durchgeführt werden, ist nach wie vor eine saubere und professionelle Planung und Steuerung erforderlich. In vielen Fällen würde das Ziel des digitalen Wandels das auch hergeben. Wir sind jedoch überrascht, wie oft hier unprofessionell und chaotisch vorgegangen wird.

3.3.3 Die Change-Phasen nach Kotter als Basis einer Veränderungsarchitektur

Eine Change-Architektur sollte unbedingt die acht Phasen nach J. P. Kotter (1996) berücksichtigen.

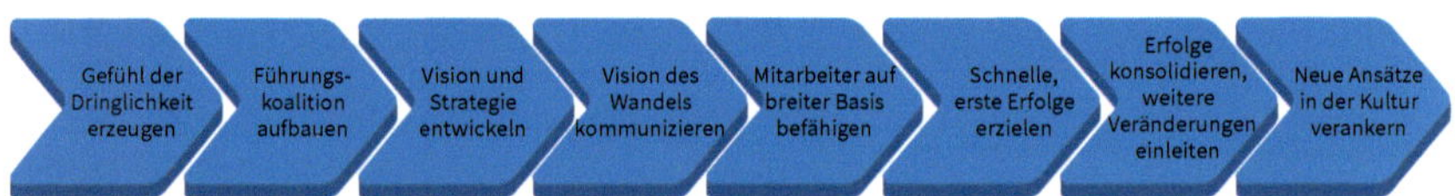

Abb. 21: Die acht Phasen nach J. P. Kotter (in Anlehnung an Kotter, 1996)

1. **»Need of urgency« oder die Notwendigkeit und Dringlichkeit für die Veränderung darlegen:** Zu Beginn der Einführung digitaler Veränderungen ist es wichtig, den Sinn, die Dringlichkeit und Notwendigkeit des Wandels zu erläutern. Hierbei ist in der Tat kein »happy talk« mehr gefragt, sondern es geht darum aufzurütteln. Dafür sind Zahlen, Daten und Fakten zur Geschäftsentwicklung gut geeignet. Zudem können hierfür auch externe Rückmeldungen herangezogen werden. Wichtig ist, dass dabei trotzdem auch Bewährtes und das, was bisher gut war, anerkannt wird.
2. Keine digitale Veränderung kann von einer Person allein eingeführt und bewältigt werden. Deshalb ist es wichtig, sich schon in der frühen Phase eines digitalen Wandels Verbündete und Mitstreiter zu suchen. Es gilt, sich eine Lobby aufzubauen, der man vertrauen kann. Diese **Koalitionspartner** können Multiplikatoren sowohl auf Führungs- als auch auf Mitarbeiterebene sein und sollten möglichst viel Einfluss im Unternehmen haben.
3. Es ist wichtig, eine klare und attraktive **Vision** zu formulieren, die das zukünftige Bild des digitalen Wandels nachvollziehbar und motivierend beschreibt (siehe hierzu vor allem Kapitel 3.2). Eine solche Vision hilft dabei, die Richtung der Veränderung aufzuzeigen und Widerständen vorzubeugen. Sie soll alle Beteiligten inspirieren und motivieren.

Tipp: Wie sollte eine Vision sein? !

Vor ca. 40 Jahren sagte Helmut Schmidt: »Wer Visionen hat, soll zum Arzt gehen!« Er wuchs im klassischen Arbeitermilieu auf und hat dessen Gedankenwelt und Einstellungen oft gut auf den Punkt gebracht. Auch wenn dieser Satz zunächst sehr burschikos klingt, darf man ihn nicht unterschätzen. Er beschreibt sehr gut, was viele Menschen von Visionen halten. In Teilen der produktionsnahen Belegschaft werden Visionen oftmals als wilde Fantasien des Managements abgetan: Die da oben haben sich mal wieder etwas ausgedacht. Wenn Visionen dann auch noch die übliche Managementprosa enthalten (»Wir wollen die Besten, Günstigsten, Serviceorientiertesten, Schnellsten, Größten und Tollsten sein!«), verlieren sie schneller an Kraft, als Eis in der prallen Sonne schmilzt. Deshalb müssen Visionen so formuliert werden, dass sie in der gesamten Belegschaft anschlussfähig sind. Mehr dazu finden Sie im Kapitel 3.2.

4. **Kommunizieren der Veränderungsvision:** Eine Vision kann nur erfolgreich sein, wenn sie alle beteiligten Personen erreicht. »Gesagt« heißt dabei noch lange nicht »gehört«; »gehört« heißt nicht »verstanden«; »verstanden« heißt nicht »einverstanden sein«; »einverstanden sein« heißt noch nicht »umgesetzt«, »umgesetzt« heißt noch nicht »beibehalten«.
   Eine Vision muss also wiederholt kommuniziert werden, bis sie alle erreicht hat und bei allen verankert ist. Dafür sind vor allem Dialogsituationen gut geeignet, bei denen Interaktion und Austausch möglich sind. Aufgrund der Wichtigkeit haben wir der Information in Change-Prozessen ein eigenes Kapitel gewidmet. Lesen Sie mehr dazu im Kapitel 3.6.
5. **Empowerment auf breiter Basis:** Ein digitaler Wandel wird nicht durch wenige Personen erreicht, sondern erfordert das Vorantreiben der Vision durch das Mitwirken einer großen Menge an Beteiligten. In der Regel benötigt man also die Betroffenen für die Einführung digitaler Veränderungen. Deshalb muss man sie auch einbeziehen und ihre Interessen berücksichtigen. Hier geht es darum, Betroffene einzubinden, zu aktivieren und zu mobilisieren. Es gilt, »Beiträge« zu fordern und zu fördern. Das kann Mitarbeit, Multiplikatorentätigkeit, Information, die Teilnahme an Trainings und vieles mehr sein. Es kann hilfreich sein, Mitarbeitern in dieser Phase sowohl Freiheit als auch verpflichtende Verantwortung zu geben, sie also zu »empowern«. Gleichzeitig ist es wichtig, demotivierende Rahmenbedingungen (z. B. formale Strukturen, Kompetenzdefizite, »Bremser«) abzubauen und Stolpersteine veränderungsfördernd zu modifizieren oder zu beseitigen. Zum Empowerment gehört es folglich auch, solche bremsenden Faktoren abzubauen.
6. **Realisierung kurzfristiger Erfolge:** Manche Menschen glauben etwas erst, wenn sie es sehen. Gerade skeptische Mitarbeiter und Betroffene lassen sich durch erste sichtbare Erfolge vom richtigen Kurs digitaler Veränderungen überzeugen. Deshalb ist es wichtig, dass sogenannte echte Quick Wins realisiert und vor allem auch kommuniziert werden. Attraktive Erfolge motivieren und verursachen im Idealfall einen Wunsch nach mehr.

7. **Konsolidieren und die Veränderung weiter vorantreiben:** Manche Menschen sind schon mit Teilerfolgen so zufrieden, dass sie gerne dabei bleiben und nicht weitergehen möchten. Stillstand bedeutet beim digitalen Wandel allerdings gleichzeitig auch Rückschritt. Deshalb ist es auf der einen Seite wichtig zu konsolidieren. Das lässt sich durch ein professionelles Controlling der digitalen Veränderungen und durch die Kommunikation der weiteren Fortschritte und Teilerfolge bewerkstelligen. Auf der anderen Seite ist es wichtig, auf das weitere Vorankommen bei digitalen Veränderungen zu beharren. Nicht nachlassen ist hier die Devise. Es gilt, die eingeschlagene Richtung der digitalen Veränderung weiterzuverfolgen und zu forcieren.
8. **Verankern der neuen Ansätze:** Es ist wichtig, die digitalen Veränderungen auch in der Unternehmenskultur zu verankern. Dazu müssen rückläufige Entwicklungen konsequent unterbunden werden. Genauso müssen die Zusammenhänge zwischen Erfolgen und Veränderungen weiter aufgezeigt und bewusst gemacht werden.

3.3.4 Die sieben Basisprozesse des Change-Managements als Basis einer Veränderungsarchitektur

Auch wenn es ein klassisches Modell ist, haben die sieben Basisprozesse des Change-Managements nach Friedrich Glasl (et al., 2008) in den letzten Jahren nichts von ihrer Aktualität verloren.

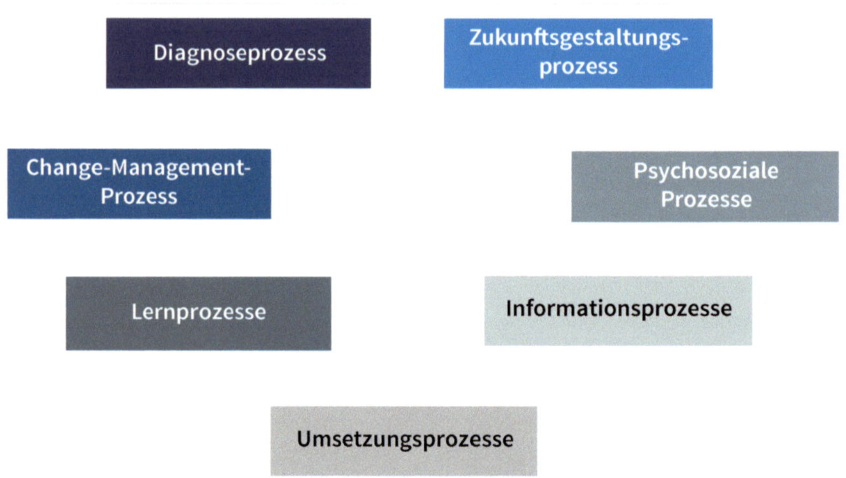

Abb. 22: Die sieben Basisprozesse nach Friedrich Glasl (in Anlehnung an Glasl et al., 2008)

Bei der Einführung digitaler Veränderungen sind alle unten aufgeführten Prozesse im Verlauf des Wandels in unterschiedlich starkem Umfang auszuführen. So kann es sein, dass der Diagnoseprozess zu Beginn stärker ausgeprägt ist, im Verlauf der Konzeption einer digitalen Veränderung zurückgeht und in der späteren Umsetzungsphase noch mal zur Fortschrittsmessung erforderlich ist. Ebenso kann es sein, dass der Zukunftsgestaltungsprozess zu Beginn stärker ausgeprägt ist als in der Realisierungsphase einer digitalen Veränderung. Lernprozesse sind in der Regel kurz vor und in der Umsetzungsphase digitaler Veränderungen in größerem Umfang erforderlich und stärker ausgeprägt.

Im Folgenden erklären wir kurz die einzelnen Prozesse:

1. **Diagnoseprozess:** Grundsätzlich gilt: Keine Maßnahme ohne Diagnose. Eine Diagnosebringt Erkenntnissen darüber, wie die aktuelle Lage aussieht und welche Ursachen zur gegenwärtigen Situation geführt haben. Diese Erkenntnisse sind nötig, um die Maßnahmen und die Konzeption einer digitalen Veränderung entsprechend anzupassen und zu gestalten. Zur Diagnose gehören dabei das Sammeln, Untersuchen und Analysieren von Daten und Fakten. Es gilt, Hypothesen aufzustellen, zu interpretieren und diese mit den Betroffenen und Beteiligten zu besprechen. Die Einführung eines neuen Customer-Relationship-Management-Systems wird z. B. erheblich davon beeinflusst, ob die Kultur eines Unternehmens bereit dafür ist, dass Vertriebsmitarbeiter jeden Kundenbesuch dokumentieren.
   Beliebte Tools: Befragungen, Interviews, Beobachtungen, SWOT-Analyse, Kraftfeldanalysen, Self Assessments, Kundenkonferenzen, Culture-Readiness-Fragebögen, Kulturdiagnosen, Messungen etc.
2. **Zukunftsgestaltungsprozess:** Hier geht es darum, Aussagen darüber zu treffen, wo es hingehen soll. Es gilt, Modellvorstellungen für die Zukunft, Visionen, Leitbilder, Strategien und Ziele zu entwickeln. Ein tiefgreifender Veränderungsprozess wird nur erfolgreich sein, wenn Führungsebenen auf authentische und glaubwürdige Art ihre Zukunftspläne vorbringen und gegenüber Mitarbeitern glaubhaft und motivierend zum Ausdruck bringen.
   Beliebte Tools: Mission, Vision, Leitbild, Balanced Scorecard, Zielvereinbarungen, Szenariotechnik, Future Time Line etc.
3. **Change-Management-Prozess:** Bei diesem Prozess geht es um das Management der digitalen Veränderung. Dazu gehört, die Veränderungsprozesse zu bilden, zu budgetieren, zu planen, zu koordinieren, zu lenken und zu steuern. Zudem gehört dazu, eine Veränderungsarchitektur und eine Change Roadmap für den digitalen Wandel aufzubauen. Dazu gehört auch die Einrichtung von Lenkungs- und (agilen) Projektgremien. Es müssen Ressourcen organisiert und zur Verfügung gestellt werden. Es muss eine Change-Organisation aufgebaut werden, die auch eine Projektorganisation sein kann. Schließlich muss der digitale Wandel auch kontrolliert und evaluiert werden.
   Beliebte Tools: klassisches oder agiles Projektmanagement, Change-Architektur,

Daily Stand-ups, Kanban, Lenkungsausschuss, Steering Committee, Sounding Board, Change Agents etc.

4. **Psychosoziale Prozesse:** Letztendlich muss im digitalen Wandel auch die emotionale Seite berücksichtigt und begleitet werden. Das ist nicht einfach und erfordert im Rahmen der Konzeption einer Change-Architektur viel Kreativität und Flexibilität. Dabei sind Spannungen und Konflikte zu bearbeiten, Missverständnisse zu klären, bisherige Rollenauffassungen zu überwinden und neue Rollenbilder zu entwickeln. Manchmal kann es hierbei auch dazugehören, zu konfrontieren und zu irritieren. Manchmal kann es auch dazugehören, negative Emotionen zu bearbeiten, Verluste zu überwinden und Menschen mit ihren Emotionen zu begleiten. Es kann auch sein, dass bisherige Machtbeziehungen besprochen und bearbeitet werden müssen. Dieser Prozess ist äußerst vielfältig und nicht vorhersehbar. Deshalb wird insbesondere hierbei viel Flexibilität und Agilität benötigt.
   Beliebte Tools: Rollenverhandlungen, Supervisionen, Aufstellungen, Skulpturen, Trauerrituale, Konfliktgespräche und -moderationen, Teamentwicklungen etc.
5. **Lernprozesse:** Wenn digitale Veränderungen eingeführt werden, ist natürlich auch Lernen angesagt. Alles – jedes ERP-System, SAP, Smart-Home-Systeme, virtuelle Lernprogramme, selbst Office 365 – erfordert Lernen. Dabei müssen Wissen, Können, Fähigkeiten und Fertigkeiten vermittelt, trainiert und auf den neuesten Stand gebracht werden. Es gilt, alte Handlungsmuster und Gewohnheiten zu verlernen. Gerade bei der Einführung digitaler Veränderungen ist dabei auch die möglichst sofortige Anwendbarkeit des Gelernten wichtig. Das erfordert häufig ein Lernen durch Tun sowie die Verbindung von Seminar-Lernen mit praktischem Erfahrungslernen.
   Beliebte Tools: Konferenzen, Trainings, Seminare, Rollenspiele, Simulationen, Workshops, Coachings, Supervisionen, Video-Tutorials, Webinare, Lernnuggets oder Podcasts etc.
6. **Informationsprozesse:** Die Einführung digitaler Veränderungen löst immer einen hohen Bedarf an Information aus. Dabei geht es darum, einen möglichst kontinuierlichen Fluss an Informationen über die digitalen Veränderungen an sich, die Gründe und Hintergründe sowie den Sinn und Zweck sicherzustellen. In manchen Phasen eines digitalen Wandels gibt es nicht so viel zu berichten. Doch selbst dann ist Information wichtig. Während der Einführung digitaler Veränderungen haben die Betroffenen oft den Eindruck, nicht ausreichend informiert zu sein. Dadurch entsteht ein Gefühl von Unsicherheit. Auch hier ist es wichtig, weiter zu informieren. Der Mensch hat ein mehr oder weniger stark ausgeprägtes Kontrollbedürfnis. Eine Form der Kontrolle ist Information. Sie ermöglicht Vorhersagbarkeit. In diesem Sinn reduziert Information die Unsicherheit, weil sie wenigstens ein bisschen Vorhersagbarkeit und damit ein Minimum an Kontrolle ermöglicht – oder zumindest vorgaukelt. Da wir diesen Prozess als einen der größten Hebel für die erfolg-

reiche Einführung digitaler Neuerungen ansehen, finden Sie hierzu umfangreiche Inhalte im Kapitel 3.6.

Beliebte Tools: Mailings, Informationsblätter, Aushänge, Flyer, Informationsmärkte, Präsentationen, Dialoge, Townhall-Meetings, Firmenzeitschriften, Videos, Intranet, Web-Konferenzen, Besprechungen, Blogs, Business-TV oder Radio, Stand-up-Meetings, Brown Bag Meetings, Lean Coffee etc.

7. **Umsetzungsprozesse:** Natürlich müssen digitale Veränderungen irgendwann auch einmal umgesetzt bzw. realisiert werden. Agilen Prinzipien folgend gilt es dabei, rasche erste Schritte zu tun. Auch wenn zunächst eine Diagnose und eine Konzeption erforderlich sind, dürfen sich diese nicht über lange Monate – oder wie in manchen Fällen sogar über Jahre – erstrecken. Deshalb startet man möglichst schnell mit Piloten, Tests oder ggf. sogar nur symbolhaften Handlungen. Man realisiert erste fachliche Anforderungen in den jeweiligen Systemen oder der jeweiligen Software, testet sie und führt sie in ausgewählten Bereichen probehalber ein, um erste Erfahrungen zu sammeln. Das hat den Vorteil, dass hierfür besonders aufgeschlossene Personen gewählt werden können, die sich voraussichtlich positiv über die digitale Änderung äußern werden. Es gilt also, geeignete Rahmenbedingungen zu schaffen, die die Umsetzung eines digitalen Wandels fördern. Die Einführung dieser digitalen Veränderung muss dann weiter durch Strukturen, Prozesse, Feedback-Instrumente, Technik, Software etc. verankert werden. Eine Change-Begleitung der Umsetzungsphase beinhaltet auch Rituale, die bei der alltäglichen Anwendung digitaler Neuerungen helfen und unterstützen. Ein professionelles Controlling zur Steuerung der Umsetzung gehört ebenfalls zu diesem Prozess. Mehr dazu finden Sie im Kapitel 4.

   Beliebte Tools: Stand-ups, Action-Point-Listen, Ablaufpläne, Kanban Boards, Monitoring der Veränderungen, Quick-Win-Liste, Umsetzungs- und Wirkungscontrolling etc.

Zunächst muss der Ablauf der Einführung einer digitalen Veränderung konzeptioniert werden. Im nächsten Schritt wird dann der ungefähre Umfang des jeweiligen Basisprozesses im Verlauf der Einführung des digitalen Wandels bestimmt. Im folgenden Schritt kann dann überlegt werden, welche konkreten Maßnahmen im Rahmen der jeweiligen Basisprozesse im Verlauf der Zeit geplant und später umgesetzt werden sollen.

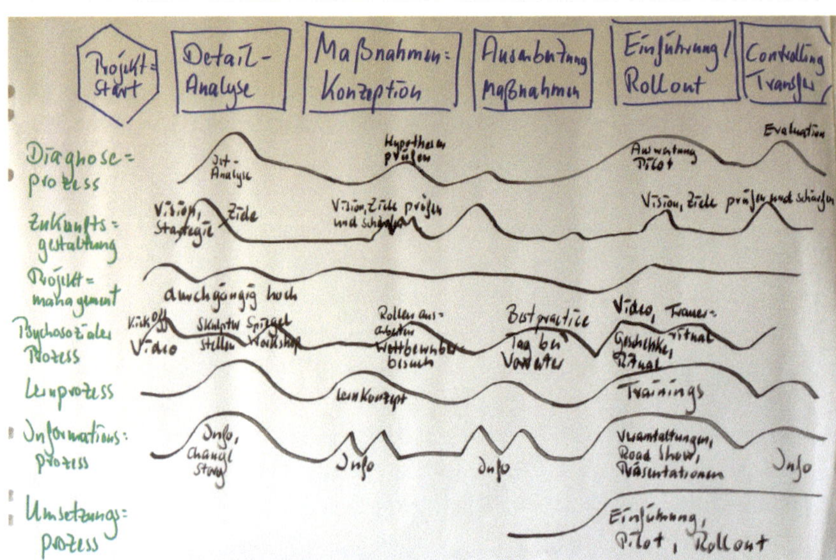

Abb. 23: Die sieben Basisprozesse im Verlauf eines Change-Projektes (eigene Darstellung)

3.3.5 Rollen und Aufbauorganisation bei der Einführung digitaler Veränderungen

Digitale Veränderungen werden in der Regel in Projektform eingeführt. Für uns ist es immer wieder überraschend, wie wenig in der Praxis dabei die Rollen geklärt werden. Mitarbeitern und Führungskräften wird dann aus höheren Führungsebenen mitgeteilt, dass sie sich mal um die ERP-Einführung »kümmern« sollen, dass sie das Thema »übernehmen« sollen, dass sie die Einführung »koordinieren« sollen. Eigenartigerweise werden viel zu selten Projektleiter, Product Owner oder Scrum Master benannt. Es ist, als würde man vor der Klärung von Verantwortlichkeiten zurückschrecken oder als wäre man zu bequem dazu. Dies führt natürlich zu ungeklärten Zuständigkeiten und Schwierigkeiten im Verlauf der jeweiligen Digitalisierungsprojekte.

In einigen Fällen wird die Digitalisierung auch als ein über die Zeit andauernder Prozess angegangen. Selbstverständlich ist es hierbei genauso wichtig, die Zuständigkeiten und Rollen zu klären.

Die klassischen Rollen bei der Einführung digitaler Veränderungen in Projektform sind in Abbildung 24 aufgeführt.

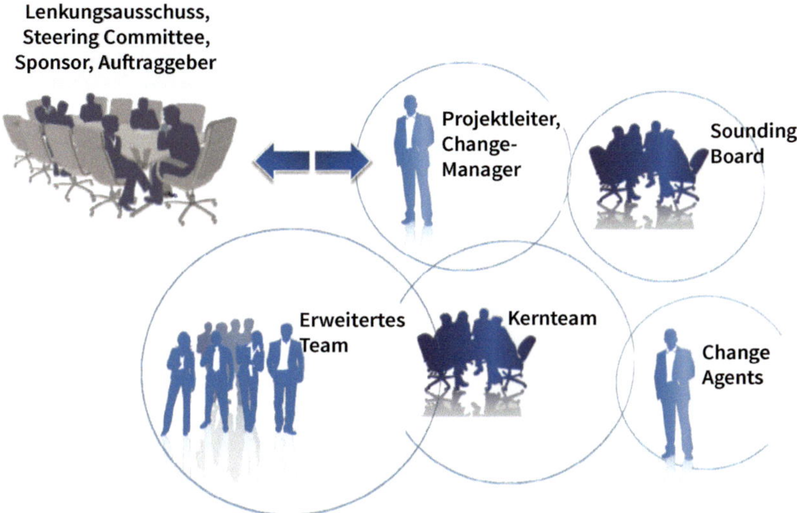

Abb. 24: Klassische Rollen in Veränderungsprojekten (eigene Darstellung)

Da wir davon ausgehen, dass die klassischen Rollen des Projektmanagements bekannt sind, sollen hier nur noch die beiden zusätzlichen Rollen beschrieben werden: Change Agents und Sounding Boards.

Change Agents als »Betreiber des Wandels«:

- Es bietet sich an, einflussreiche Mitarbeiter als Change Agents zu nominieren.
- Change Agents haben die Funktion von Multiplikatoren.
- Ihre Aufgaben sind z. B.:
  - Informationen über eine anstehende digitale Veränderung weitergeben
  - Ansprechpartner für den geplanten digitalen Wandel sein
  - Durchführen von Workshops und Veranstaltungen zum anstehenden digitalen Veränderungsprozess
  - Besprechung und Klärung von Problemen (die aus dem Change resultieren) im Kollegenkreis
  - »Wühlmaustätigkeiten« etc.

Sounding Boards haben dagegen eher die Funktion eines Fieberthermometers:

- Es bietet sich an, kritische Mitarbeiter in ein Sounding Board aufzunehmen, die dem Unternehmen aber trotzdem wohlgesinnt sind.

- Das Sounding Board gibt Rückmeldungen darüber, wie ein Veränderungsprozess von Mitarbeitern im Unternehmen aufgenommen und beurteilt wird.
- Es dient einem Lenkungsausschuss, Auftraggeber, Sponsor oder Projektleiter als Feedback-, Gesprächs- und Diskussionspartner.
- Die Rolle beinhaltet, (auch kritische) Rückmeldungen zu geben sowie auf Probleme, Versäumnisse und Fehlentwicklungen hinzuweisen.

Selbstverständlich können Einführungen digitaler Veränderungen auch als agile Projekte aufgesetzt werden. Dort gibt es dann andere Rollen, die dementsprechend auch mit anderen Funktionen versehen sind.

3.3.6 Gestaltung einer Change-Architektur und einer Change Roadmap

Meistens beschreibt der Begriff »Change-Architektur« die Aufbauorganisation und die »Change Roadmap« die Ablauforganisation einer digitalen Veränderung. Wenn es gelingt, beides in einem Schema darzustellen, kann das durchaus von Vorteil sein. Wir wollen hier im Folgenden einige Beispiele für Change-Architekturen zeigen.

Ein Beispiel zur Change-Begleitung bei der Einführung eines Dokumentenmanagementsystems sehen Sie in Abbildung 25.

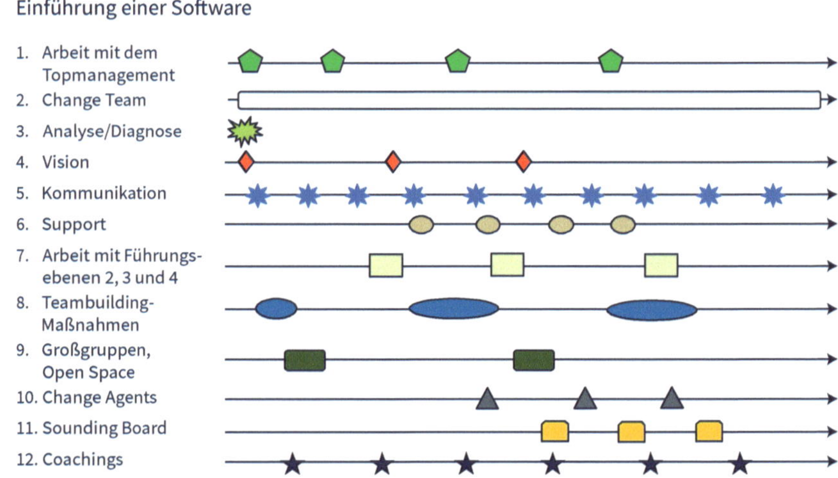

Abb. 25: Change-Begleitung für die Einführung einer Software (eigene Darstellung)

Letztendlich kann man eine Change-Architektur als ein Change-Projekt innerhalb eines digitalen Veränderungsprojekts verstehen. Das wird am besten durch das Schaubild in Abbildung 26 verdeutlicht. Auch wenn das gezeigte Modell vermeintlich dem klassischen Vorgehen folgt, kann man den im unteren Bereich dargestellten Change-Ansatz selbstverständlich auch agil gestalten.

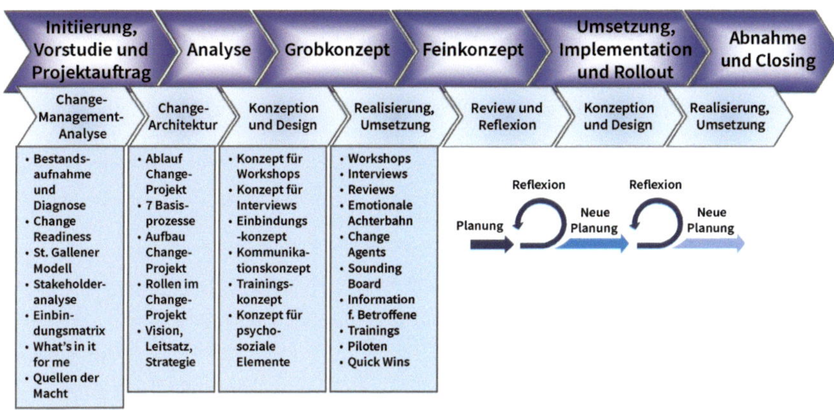

Abb. 26: Change-Architektur als Change-Projekt innerhalb eines digitalen Veränderungsprojekts (eigene Darstellung)

Im Rahmen der Change-Architektur sollte auch die Aufbauorganisation eines Projektes zur Einführung digitaler Neuerungen beschrieben werden. Abbildung 27 zeigt ein Beispiel aus dem klassischen Projektmanagement.

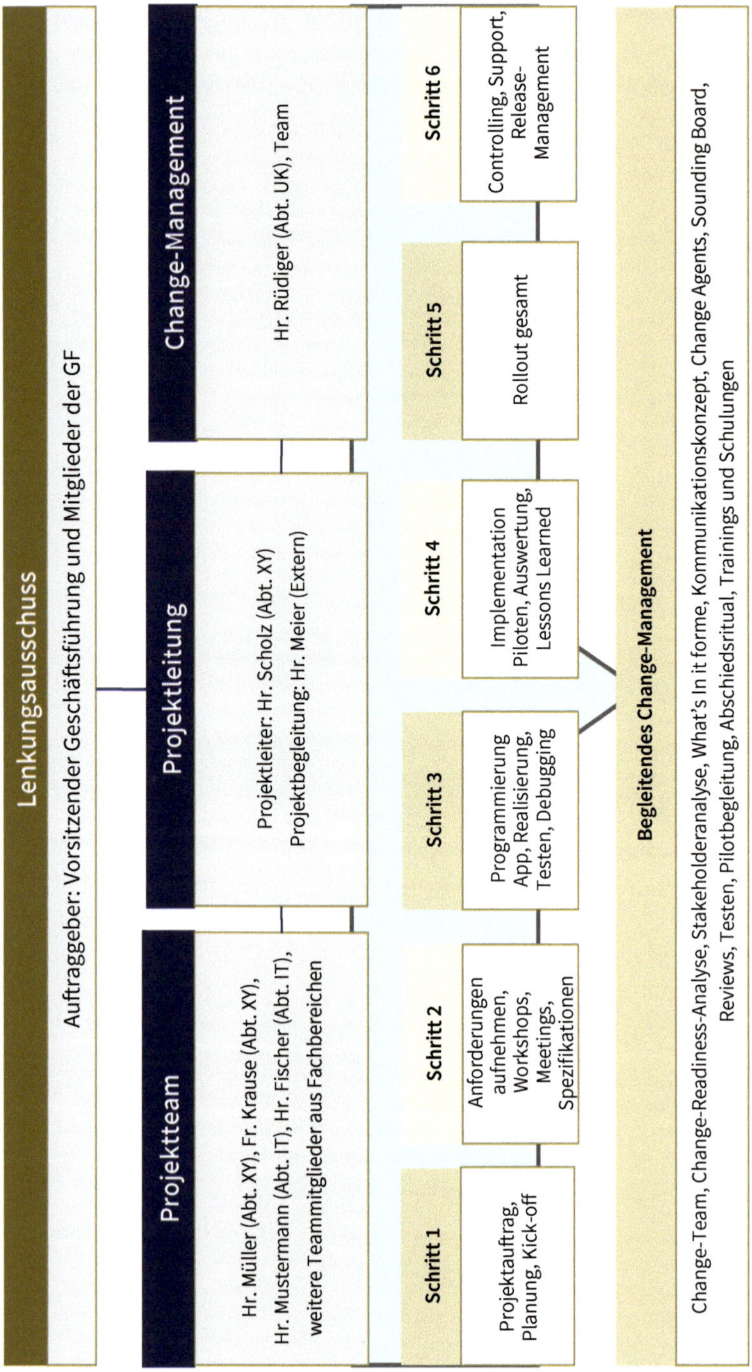

Lenkungsausschuss

Auftraggeber: Vorsitzender Geschäftsführung und Mitglieder der GF

Projektteam

Hr. Müller (Abt. XY), Fr. Krause (Abt. XY), Hr. Mustermann (Abt. IT), Hr. Fischer (Abt. IT), weitere Teammitglieder aus Fachbereichen

Projektleitung

Projektleiter: Hr. Scholz (Abt. XY)
Projektbegleitung: Hr. Meier (Extern)

Change-Management

Hr. Rüdiger (Abt. UK), Team

Schritt 1
Projektauftrag, Planung, Kick-off

Schritt 2
Anforderungen aufnehmen, Workshops, Meetings, Spezifikationen

Schritt 3
Programmierung App, Realisierung, Testen, Debugging

Schritt 4
Implementation Piloten, Auswertung, Lessons Learned

Schritt 5
Rollout gesamt

Schritt 6
Controlling, Support, Release-Management

Begleitendes Change-Management

Change-Team, Change-Readiness-Analyse, Stakeholderanalyse, What's In it forme, Kommunikationskonzept, Change Agents, Sounding Board, Reviews, Testen, Pilotbegleitung, Abschiedsritual, Trainings und Schulungen

Abb. 27: Aufbau- und Ablauforganisation für die Einführung einer App (eigene Abbildung)

Wenn man in den agilen Bereich schaut, sind die Change-Architekturen wesentlich offener und flexibler gestaltet (siehe Abb. 28).

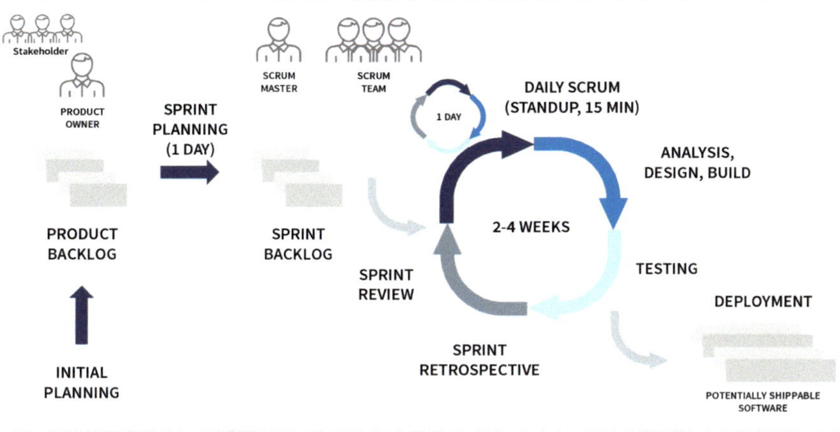

Abb. 28: Agile Change-Architektur (eigene Darstellung)

Für das Aufsetzen von agilen Change-Architekturen finden Sie darüber hinausgehend ausgesprochen gute Beispiele bei http://less.works und https://www.scaledagile.com.

3.3.7 Quellen der Macht

Bisher haben wir die formalen und konzeptionellen Elemente einer Change-Architektur und einer Change Roadmap beschrieben. In der Realität werden Sie schnell merken, dass die formelle Seite nur für die Theorie, aber nicht für die Praxis ausreicht. Wenn Sie digitale Veränderungen einführen möchten, müssen Sie sich auch mit dem Einsatz von Macht und dem Umgang mit Gefühlen der Ohnmacht auseinandersetzen. »Macht« ist im deutschen Sprachraum häufig negativ besetzt. Sie wird spontan oft mit Machtmissbrauch assoziiert. Daher hat man sie im besten Fall und spricht nicht weiter darüber. Damit wird aber auch eine tiefer gehende Betrachtung und Analyse verhindert. Gar nicht selten müssen Sie Macht auch bewusst einsetzen, um die Einführung digitaler Veränderungen erfolgreich auf den Weg zu bringen. Christine Bauer-Jelinek hat 2007 in einem interessanten Modell acht Quellen der Macht beschrieben (vgl. Abb. 29). Scannen Sie die Abbildung auf der folgenden Seite mit der smARt-Haufe-App, um sich ein kurzes Video zu den Quellen der Macht anzusehen.

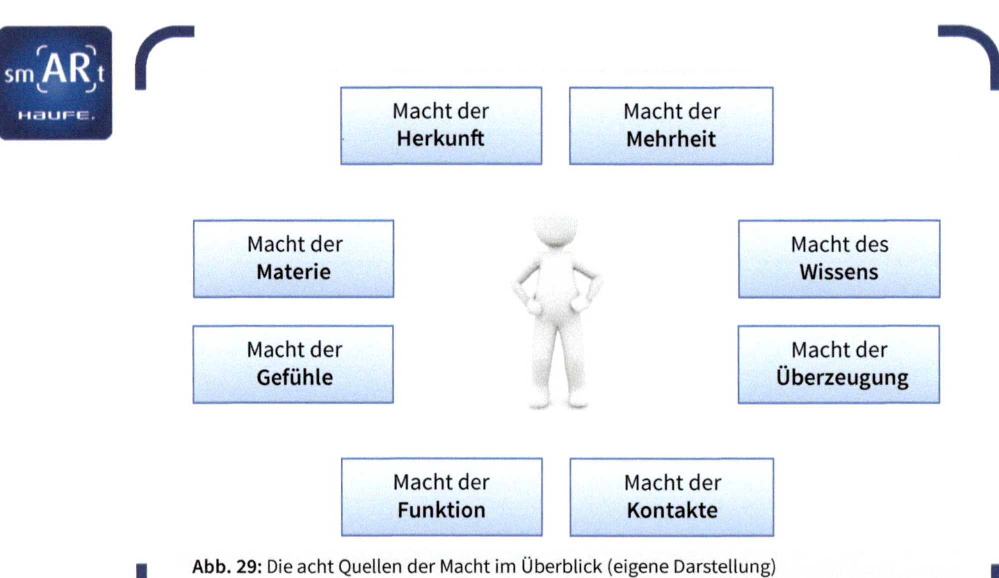

Abb. 29: Die acht Quellen der Macht im Überblick (eigene Darstellung)

1. **Die Macht der Mehrheit:** Der Zusammenhalt von Menschen bündelt Kräfte. Viele sind oft stärker als der Einzelne. Wenn von 80 Ärzten nur noch vier einer Assistentin diktieren, statt die Spracherkennungssoftware zu nutzen, dann kann hier die Macht der Mehrheit zur Durchsetzung des digitalen Wandels eingesetzt werden. Das Problem dabei ist oft, dass eine Mehrheit allein wenig nützt. Sie muss sich auch formieren. Und sie muss organisiert werden können, um sie auszuüben. Sonst ist sie wenig wert und bleibt eine schweigende Mehrheit. Im Wertesystem von Demokratien gilt die Mehrheit oft als die einzig legitime Macht, die öffentlich gebraucht und eingesetzt werden darf. Die Macht der Mehrheit zeigt sich oft in Parteien, Bündnissen, Initiativen und Gemeinschaften. Ihre Symbole sind Abzeichen, Grußformeln, Parolen oder Demonstrationen.
2. **Die Macht der Materie:** Das kann z. B. die physische Stärke oder auch Besitz in jeder Form sein. Hier sind auch Geld, Ressourcenverfügbarkeit und Budgethoheit anzuführen. Früher hat man gesagt, wer zahlt, schafft an. Heute gilt das sicher auch noch in vielen Situationen.
3. **Die Macht der Funktion:** Grundsätzlich kann jeder diese Macht ausüben, der aufgrund seiner Bestellung dazu berechtigt ist, Anweisungen zu geben. Das können Beamte, Lehrer, Manager, Führungskräfte, Richter, Ärzte etc. sein. Solche Funktionen werden verliehen und können auch wieder entzogen werden. In der Regel sind sie in eine Hierarchie eingebunden. Interessanterweise beginnt der Träger der Funktion seine eigene Persönlichkeit bald mit dieser Macht zu identifizieren. Diese Personen glauben dann häufig, andere würden aufgrund ihrer Persönlichkeit und nicht aufgrund der Funktion bzw. Rolle auf sie hören. Heutzutage ist diese

Quelle der Macht in Unternehmen oft nicht mehr ausreichend, um Ziele zu erreichen. Diese Macht entsteht durch Ämter, Befugnisse, Aufgaben und Rollen. Ihre Symbole sind z. B. Amtsbezeichnungen, Dienstgrade, Türschilder, Uniformen oder Berufskleidungen.

4. **Die Macht der Kontakte:** Diese Einflussquelle entspringt Netzwerken, Seilschaften, Vereinen oder Logen. Gleichzeitig können auch Vertraute, Förderer, Mentoren oder Informanten die Grundlage für diese Machtquelle bilden. Auch bei der Einführung digitaler Veränderungen war es schon immer hilfreich, gute Kontakte zu möglichst vielen Beteiligten und Betroffenen zu haben. Die Symbole sind dezente Abzeichen oder z. B. Vereins- oder Verbindungsrituale.
5. **Die Macht des Wissens:** Hier geht es darum, über Informationen, Kenntnisse, Erfahrungen oder Fertigkeiten zu verfügen. Früher war der Zugang zu Wissen mehr oder weniger beschränkt, heute haben wir einen sehr freien Zugang zu Wissen. Der Zugang zu Informationen ist zwar besser als früher, aber hier kommt es nach wie vor sehr auf die jeweilige Unternehmenskultur an. Die Mittel dieser Machtquelle sind Informationen, Bildung, Gerüchte, Erfahrung, Vernunft, Sachverstand, Zielorientierung oder strategisches Denken. Ihre Symbole sind akademische Titel, Listen von Veröffentlichungen etc.
6. **Die Macht der Gefühle:** Menschen sind leicht über Gefühle zu steuern. Gier, Loyalität, Angst, Sehnsucht, Eitelkeit, Stolz, Ehrgeiz, Liebesentzug und viele mehr werden tagtäglich im sozialen Kontext mehr oder weniger bewusst zur Ausübung von Einfluss eingesetzt. Was von manchen Menschen als authentisches Verhalten beschrieben wird, ist mitunter nichts anderes als der Einsatz von Macht. Manchmal trickreich, manchmal unbewusst. Dabei können sowohl positive Emotionen wie Lob, Zuwendung oder Vertrauensbeweise als auch negative Emotionen wie Tadel, Abwertungen oder unsachliche Angriffe zum Einsatz kommen.
7. **Die Macht der Überzeugung:** Sie beruht auf dem, was von einem Individuum als Wahrheit betrachtet wird. Manche glauben an die Wissenschaft, an Gott, an Materialismus, an Idealismus. Viele halten ihre Überzeugung für die einzig wahre und zweifeln nicht an ihrer Gültigkeit. Diese Machtquelle findet ihren Ausdruck häufig in der Kommunikation. Man tritt total überzeugt oder sogar »heftig« für etwas ein. Man beruft sich auf Autoritäten und demonstriert seine Überzeugung mit glasklarer Haltung. Diese Machtquelle findet ihren Ausdruck in Werten, Normen, Regeln, Gesetzen, Glaubensbekenntnissen oder auch Paradigmen in der Wissenschaft. Die Ausübenden sind sich oft nicht klar darüber, dass sie ihre Macht einsetzen, sondern sind oft einfach nur »absolut überzeugt«.
8. **Die Macht der Herkunft:** Sie kann auf (einst) berühmten Adelsgeschlechtern und deren Nachkommen, berühmten Schauspielernamen und deren Kindern oder der Abstammung aus einem Volk beruhen. Ihre Symbole sind klingende Namen, Adelstitel, Siegelringe oder Fahnen.

! **Umgang mit Macht bei der Einführung digitaler Veränderungen**

Bei der Einführung digitaler Veränderungen ergibt es durchaus Sinn, sich näher mit diesen Quellen der Macht zu beschäftigen. Wir empfehlen, intensiv zu reflektieren, welche dieser Quellen Sie als Führungskraft, Manager, Auftraggeber, Sponsor, Projektleiter, Change Manager, Product Owner, Scrum Master oder Change Agent in welcher Situation zur Verfügung haben. Es empfiehlt sich auch zu überlegen, in welchen Feldern Sie besonders talentiert sind, und diese weiter auszubauen. Ebenso lässt sich an den Quellen arbeiten, in denen Sie vielleicht noch nicht über so viele Ressourcen verfügen, indem Sie sie systematisch auf- und ausbauen. Insgesamt werden Sie an einigen Stellen eines digitalen Wandels nicht darum herumkommen, Quellen der Macht einzusetzen.

3.3.8 Die wichtigsten Spielregeln einer Change-Architektur kurz zusammengefasst

Im Folgenden wollen wir noch mal die wichtigsten Spielregeln einer Change-Architektur für digitale Veränderungen aus unserer Perspektive zusammenfassen:

- Keine Maßnahmen ohne Diagnose.
- Die Change-Architektur sollte sowohl die Ablauf- als auch die Aufbauorganisation beinhalten.
- Eine moderne Change-Architektur muss agile Prinzipien berücksichtigen.
- Wo immer möglich und sinnvoll sollte die Beteiligung des Top- und Mittelmanagements sowie der Mitarbeiter und anderer wichtiger Stakeholder und Betroffener eingeplant werden.
- Es ist wichtig, dass es klar benannte, namentlich bekannte Auftraggeber und Sponsoren für einen digitalen Wandel gibt.
- Die Mitbestimmungsgremien wie z. B. Betriebsrat, Personalrat etc. müssen immer im erforderlichen Umfang beteiligt werden.
- Die acht Phasen nach Kotter und die sieben Basisprozesse nach Glasl bieten wichtige Anregungen dafür, welche Change-Elemente in die digitalen Veränderungsprozesse und -projekte miteingearbeitet werden sollten.
- Es ist wirklich wichtig zu klären, wer welche Rollen in der digitalen Veränderung übernimmt und welche Aufgaben, Kompetenzen und Verantwortlichkeiten diese Rollen in dem digitalen Wandel haben. Das gilt sowohl für klassische als auch für agile Scrum-Veränderungsprojekte und -prozesse.
- Wer glaubt, dass digitale Veränderungen sich einfach einführen lassen, wenn man die Prozesse oder Projekte ordentlich aufgesetzt hat, täuscht sich erheblich. Wie überall »menschelt« es selbstverständlich auch hier. Aus diesem Grund empfiehlt es sich, sich intensiv mit den acht Quellen der Macht auseinanderzusetzen und sie ggf. auch verantwortungsvoll einzusetzen.

3.4 How: Akzeptanz erzeugen, Betroffene mobilisieren

Sandra Lengler

Akzeptanz zu erzeugen und betroffene Mitarbeiter zu mobilisieren sind wesentliche Erfolgsfaktoren für einen gelungenen digitalen Change. Mit anderen Worten: Es gilt, bei den betroffenen Mitarbeitern Awareness für die digitalen Veränderungen zu erreichen und Lust auf die Erneuerungen zu machen.

Akzeptanz beruht auf Freiwilligkeit, Einsicht und Einverständnis. Betroffene Mitarbeiter sollen geplanten digitalen Veränderungen freiwillig und aufgrund von Einsicht zustimmen. In digitalen Veränderungsprozessen ist es essenziell, diesen Schritt so zielgruppenbedürfnisorientiert wie möglich zu gestalten. Denn wenn hier Widerstände und weitere Symptome des Nichtakzeptierens auftreten, ist es dringend erforderlich, diese Widerstände aufzunehmen und im direkten Austausch aufzulösen. Dadurch entsteht erheblicher Mehraufwand. Zur Vorbeugung von Widerständen gibt es verschiedene Formate, die in den Kapiteln 3.5 und 3.6 näher beleuchtet werden. Damit es von Anfang an ein positives Commitment gibt und weniger Widerstände entstehen, braucht es bei den betroffenen Mitarbeitern Awareness für die digitalen Veränderungen. Sollte es bereits viel Kritik und Widerstände in Ihrem Change-Projekt geben, finden Sie in Kapitel 4.4 viele Anregungen, wie Sie diese schwierigen Situationen sicher meistern.

Deshalb sollte jedes digitale Change-Projekt auch mit einem Kick-off beginnen. Grundsätzlich kann zwischen dem Kick-off für das eigentliche Projektteam und dem Kick-off für die Einführung digitaler Neuerungen unterschieden werden. Das Letztere wird in der Regel als Launch-Veranstaltung für einen größeren Kreis von Betroffenen durchgeführt und ist in diesem Sinn ein Startschuss.

Damit die Mitarbeiter an die Startlinie gehen, brauchen sie eine erste klare Ziellinie. Diese Ziellinie ist die erste Etappe des digitalen Veränderungsprojektes. Da die betroffenen Mitarbeiter unterschiedlich »trainiert« sind und unterschiedliche Ausgangsbedingungen haben, ist es auch wichtig, den Mitarbeitern auf dem Weg zum Ziel entsprechende »digitale Fitnessprogramme« anzubieten.

Wie ein Kick-off als Launch für die digitale Veränderung aufgebaut sein kann, zeigt Abbildung 30.

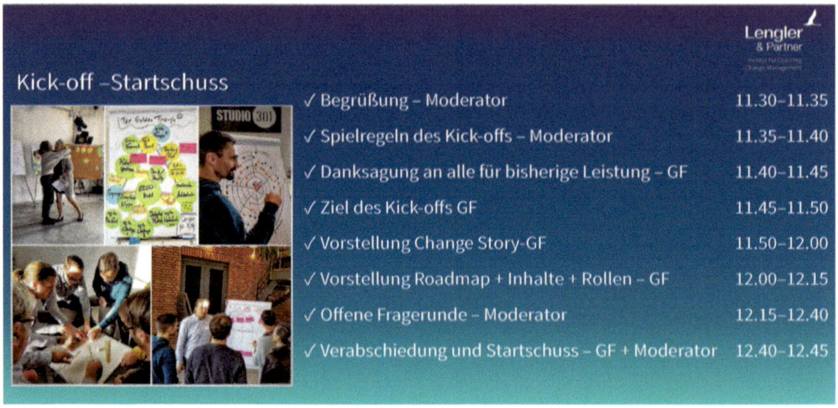

Abb. 30: Praxisbeispiel für ein Kick-off (eigene Darstellung)

Ein Kick-off für das eigentliche Projektteam kann zwischen zwei Stunden und zwei bis drei Tagen dauern. Das Kick-off, das als Launch für einen größeren Kreis durchgeführt wird, dauert in der Regel zwischen einer und zwei Stunden. Es kann digital oder in einem Townhall-Meeting mit allen betroffenen Mitarbeitern und Zielgruppen durchgeführt werden. Unser Tipp: Ein externer Moderator sorgt für die Einhaltung der Struktur und der Spielregeln und hält offene Fragen fest. Andere wichtige Punkte, die durch die Belegschaft genannt werden, werden aufgenommen. Die Geschäftsführung kann sich voll und ganz auf ihre Danksagung, Change-Story und auf die Beantwortung der Fragen konzentrieren.

Die Change-Story, visuelles Storytelling und die Heldenreise sind nützliche Tools, um betroffene Mitarbeiter zu aktiven Mitgestaltern des Change zu machen. Diese drei Tools können im Kick-off genutzt werden.

3.4.1 Change-Story

Eine Change-Story verbindet alle relevanten Fakten und Eckpunkte der Veränderung (Umfeldanalyse, Interessengruppen, Stakeholdererwartungen, Vision/Nutzen und Strategie) zu einer **emotionalen Geschichte**, die beim Kick-off den Auftakt der Veränderung einläutet und **allen Mitarbeitern** bekannt sein muss. Denn ohne Ziellinie tritt keiner der Mitarbeiter an der Startlinie an.

Die Führungskräfte müssen Inhalte (besonders Nutzen und erste Maßnahmen) in den klärenden Gesprächen nach dem Kick-off im Dialog mit ihren Mitarbeitern erläutern, um Ängste und Sorgen abzubauen. Die wichtigsten Multiplikatoren sollten unbedingt vorher über die Inhalte der Change-Story informiert werden, z. B. in einem Führungskreis, in dem die Story auf Risiken (z. B. mögliche Missverständnisse bei den Zuhörern) überprüft wird und noch angepasst werden kann. In Unternehmen mit flacher Hierarchie erarbeitet der Führungskreis die Change-Story gemeinsam mit der Geschäftsführung. Damit steigt auch im Führungsumfeld die emotionale Akzeptanz der anstehenden digitalen Veränderungen.

Die Change-Story ist ein ideales Vehikel für das Topmanagement bzw. für diejenigen, die die Digitalisierung im Unternehmen oder einzelnen Abteilungen vorantreiben möchten. Wenn Sie Abbildung 31 mit der smARt-Haufe-App scannen, können Sie sich den Leitfaden »Change-Story entwickeln« herunterladen.

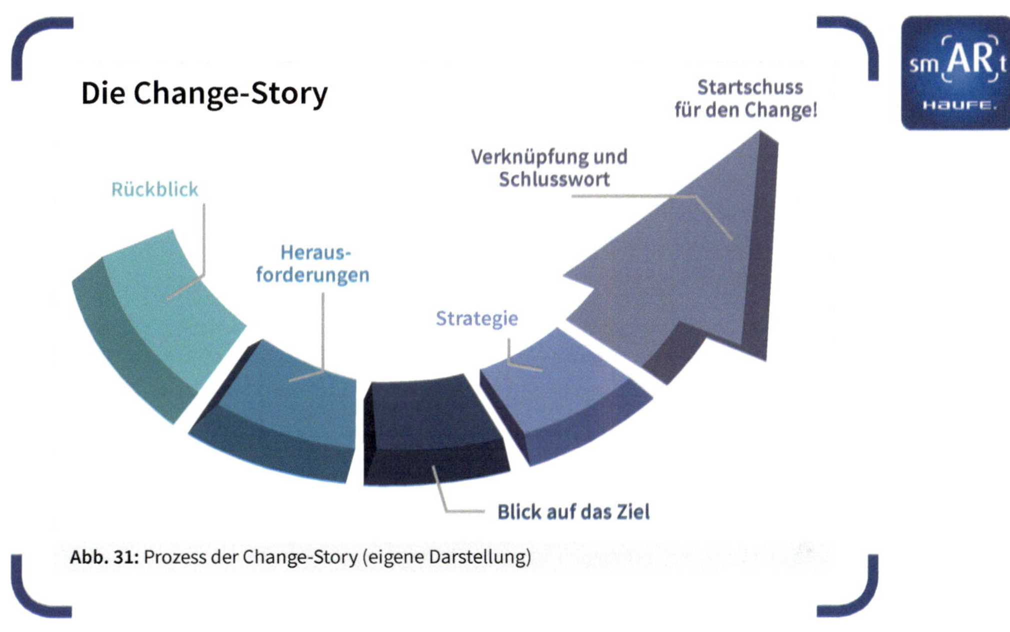

Abb. 31: Prozess der Change-Story (eigene Darstellung)

Damit die Geschichte bei den Hörern haften bleibt, gelten folgende Spielregeln:

- an gemeinsames aus der Vergangenheit/Gegenwart anknüpfen
- Altes würdigen, neue Wege begrüßen
- eine positive Perspektive für die unsichere Zukunft schaffen
- die konkrete erste Etappe – Zwischenziel – benennen
- die nächsten konkreten messbaren Schritte skizzieren
- authentisch bleiben
- schwelende Konflikte und Risiken ansprechen
- mögliche Lösungswege nennen bzw. Raum für eine gemeinsame Lösungsfindung schaffen
- Nutzen der digitalen Veränderung aufzeigen
- klare und positive Botschaft am Ende der Story

Aufbau der Change-Story

1) Einstieg
Kernbotschaft: Ich habe euch etwas Wichtiges zu erzählen.

Hier kurz skizzieren, warum ...

- das Change-Projekt jetzt angegangen wird.
- das Vorhaben so einen hohen Stellenwert hat.
- es für die Hörer der Geschichte eine große Bedeutung hat.
- ...

2) Rückblick auf gemeinsame erfolgreiche Zeiten
Kernbotschaft: Gemeinsam haben wir schon (einige) Krisen erfolgreich gemeistert!

- Beispiele bringen, in denen die Organisation oder bestimmte Bereiche vor großen Herausforderungen standen – und wie diese gemeinsam erfolgreich bewältigt wurden
- Unsere Helden waren ...
- Wertschätzung vermitteln und Danke sagen an alle
- Was haben wir daraus Positives mitgenommen?
- ...

3) Die Herausforderungen der VUKA-Welt, die aktuell vor uns liegen
Kernbotschaft: Die Welt ist anders geworden – nichts ist, wie es war, oder wird sein, wie wir es kennen.

Die Ausgangssituation und die vorhandenen und zukünftigen Problembereiche skizzieren:

- Was kennzeichnet die neue Situation (untermauert mit Zahlen, Daten und Fakten – digitale Herausforderungen, digitale Techniken, Kunden/Nutzer, Anforderungen ...)?
- typische veränderungsbedürftige Prozesse/Abläufe oder Auswirkungen charakterisieren
- mögliche (schwelende) Konflikte aus der Vergangenheit beschreiben, die sich grob abzeichnen und absehbar sichtbarer werden
- klar benennen, welche unschönen Zustände in der Organisation fortbestehen, obwohl der Frust darüber bei den Beteiligten allen klar ist
- Bewusstsein über Alt und Neu schaffen und kommunizieren
- ...

4) Blick auf das Ziel
Kernbotschaft: Gemeinsam werden wir es schaffen!

Hier wird der angestrebte Zielzustand beschrieben:

- Beamen Sie sich und die Zuhörer in die angestrebte Zukunft.
- Die Beteiligten und sonstige Stakeholder sollen positive Gefühlsassoziationen entwickeln und Lust auf die anstehenden digitalen Veränderungen bekommen.
- Positiv-realistisches Bild skizzieren: Was hat sich verändert? Was ist besser geworden? Welche Erwartungen haben sich erfüllt? Was ist auch geblieben, wie es war?
- Versetzen Sie sich in die Rolle von beteiligten Mitarbeitern/Nutzern: Welchen Nutzen und welche Vorteile hat die jeweilige Gruppe von den Veränderungen? Was wird möglicherweise von dieser Gruppe bedauert, wenn es nicht erreicht wird? Was wird sehr begrüßt?
- Schildern Sie im Rückblick den Prozessverlauf der Veränderung: Wie ist diese erfolgreiche digitale Veränderung ermöglicht worden? Was ist passiert? Warum war dieser Prozess so erfolgswirksam?
- ...

5) Was wir jetzt tun werden, um diese Zukunft zu erreichen, und was uns auf dem Weg dorthin passieren kann

Kernbotschaft: Wir kennen das Ziel, wir kennen den Weg / die ersten Schritte und wir wissen, was uns erwartet und wie wir damit umgehen werden.

- Geben Sie einen Überblick über die wesentlichen Themen, Projekte und Inhalte, die auf den Weg gebracht werden und wurden, und – soweit bekannt – die ersten erreichten Meilensteine auf dem Weg zum Ziel und wann diese erreicht werden sollen.
- Konkretisieren Sie die Notwendigkeit der geplanten Veränderungen durch Zahlen, Daten, Fakten (ZDF).
- Machen Sie deutlich, dass Sie durchaus damit rechnen, dass es zwischen dem Status quo und der Zukunft teilweise divergierende Bestrebungen, Interessen und Handlungen geben wird und sich Konflikte zuspitzen/eskalieren können.
- Ähnlich wie in einem Theaterstück können in dieser Phase des Wandels die Dinge durcheinandergeraten und sich überstürzen. Es gibt Intrigen, Machtdemonstrationen, »Machtkämpfe« und Szenen, die einer einfachen Lösung im Wege stehen und Beteiligte aufwühlen.
- Im digitalen Change-Prozess der Organisation geht es jetzt darum, aus den für alle spürbaren Schwierigkeiten und dem Leidensdruck aufrüttelnde und motivierende positive Impulse zu gewinnen und die Energie auf die Erreichung des Ziels zu lenken, anstatt davon weg und wieder hin zur Komfortzone.
- ...

6) Verknüpfung zwischen 2), 3) und 4) zur Verbindung der Gegenwart mit Zukunft und Vergangenheit
Kernbotschaft: Wir können an die Vergangenheit anknüpfen, um gemeinsam die Zukunft aktiv zu gestalten.

Hier werden die drei Zeithorizonte miteinander verbunden, um die Change-Story als roten Faden darzustellen. Steht diese Struktur, dann gilt es, diesen roten Faden weiterzuerzählen und mit Personen, Gegebenheiten und Besonderheiten emotional auszustatten, die Geschichte erlebbar zu machen:

- Welche Verhaltensmuster standen damals / stehen aktuell an der Stelle, an der jetzt der Veränderungsbedarf steht?
- Gab es in der Organisation früher Dinge, die Ähnlichkeiten oder Bezugspunkte zur aktuellen Situation hatten? Welche Personen/Geschichten verbinden sich damit? In welcher Weise? Welche Ereignisse/Auswirkungen lassen sich damit verbinden? Gibt es Analogien oder Lösungsansätze?
- Wie ist es dazu gekommen, dass die Dinge heute so veränderungsbedürftig sind? Was hat sich wann angedeutet? Wo wurden die ersten Symptome sichtbar und spürbar? Welche Reaktionen wurden ausgelöst? Gab es Vorfälle, die damit in Zusammenhang stehen?
- Vielleicht werden wir in Zukunft sagen: »Worauf hätten wir (vom Ergebnis her betrachtet) mehr achten müssen, was mehr berücksichtigen sollen? Was hätte besser, schneller oder reibungsärmer laufen können und was hätte dazu geschehen oder unterbleiben müssen (Anker zwischen der Vergangenheit und der Zukunft)?
- ...

7) Schlusswort
Kernbotschaft: Wir beginnen – und niemand wird uns davon abbringen, diesen Weg gemeinsam zu gehen.

Verweisen Sie auf die gute Basis in der Organisation und versprechen Sie, dass Sie das weitere Vorgehen im Prozess offen, transparent und zeitnah auf allen Kommunikationskanälen im Unternehmen kommunizieren werden. Stehen Sie darüber hinausgehend auch weiterhin für persönliche Dialoge zur Verfügung. Hier gibt es kreative Möglichkeiten für persönliche Dialoge. Es gibt z. B. Speeddating-Formate, in denen Mitarbeiter sich für einen 10- bis 15-minütigen Talk mit Geschäftsführung (GF) und Topmanagement im Rotationsprinzip eintragen können. Andere haben feste Lunch-Breaks. Hier können Mitarbeiter sich digital für einen Lunch-Termin mit GF oder Topmanagement anmelden. Diese persönlichen Dialog-Formate dienen dazu, ehrliches Feedback von der Mannschaft zu erhalten. Dieses Feedback ist wichtig für die Führungskräfte und die GF-Ebene, um entsprechend reagieren zu können, wenn bestimmte Kollegen und Mitarbeiter den

Weg zur ersten Ziellinie nicht schaffen oder andere Hindernisse erkannt werden, die von der GF-Ebene auf dem Weg zum digitalen Champion ausgeräumt werden müssen.

Um eine Change-Story zu entwickeln, sollten Sie zwischen zwei und sechs Stunden einplanen. Es ist hilfreich, sich nach dem ersten Entwurf Feedback von einem Sparringspartner einzuholen und ggf. Änderungen einzupflegen, bevor die Change-Story auf dem Kick-off erzählt wird.

Fallbeispiel aus der Praxis für die Zielgruppe Führungskräfte

Ausgangssituation:

- Mitarbeiterbefragung mit dem Ergebnis einer Zufriedenheit von 2–3 auf einer Skala von 1–10 (1 = unzufrieden, 10 = sehr zufrieden)
- Das Ergebnis der 7-Felder-Radaranalyse zeigt hohen Veränderungsbedarf im Punkt Kultur – z. B. empfinden die Mitarbeiter die Kommunikation durch die Führungskräfte als nicht wertschätzend, die Kommunikation erfolgt nicht auf Augenhöhe, wenn Fehler gemacht werden, gibt es eine überdeutliche FK-Ansage
- Krankenstand von durchschnittlich 19,7 Tagen in den Jahren 2018/2019
- Ungeplante Stillstände der Teeproduktion von 700 Stunden 2018/2019 an zwei Maschinen
- Absinken der Marktpreise für Instanttee um 17 % in den ersten beiden Quartalen 2019
- Diagnosebild:
  - Mindset der Führungsmannschaft braucht Entwicklung
  - Verbesserung der Arbeitsprozesse würde mehr Transparenz schaffen und das Konfliktpotenzial verringern
  - Verbesserung der Einarbeitung neuer Mitarbeiter in der Produktion ist notwendig
- Ziel: Anstehende digitale Erneuerungen vom Mutterkonzern sollen Arbeitsprozesse am eigenen Standort erleichtern. Dafür braucht es unterstützende und befähigte Führungskräfte, die diesen digitalen Change mittragen und in ihren Abteilungen umsetzen.

Change-Story für die Führungskräfte – Geschäftsführungsebene spricht:
1) Einstieg – Kernbotschaft: »Ich habe euch etwas Wichtiges zu erzählen.«

Vielen Dank, dass wir uns heute alle die Zeit nehmen, ein wichtiges Thema zu besprechen.

Das vorliegende digitale Projekt der Prozessoptimierung mit Jira ist für uns sehr wichtig und liegt mir persönlich sehr am Herzen. Für die Einführung braucht es ein positives Arbeitsklima sowie eine gute Mitarbeiterzufriedenheit. Denn das wird der entscheidende Wettbewerbsvorteil in unserer Branche sein. Warum spreche ich das an?

Aktuell nehme ich eine sehr angespannte Arbeitsatmosphäre wahr, die sich auch in unserer Mitarbeiterbefragung widerspiegelt. Hinzu kommt, dass auf dem weltweiten Teemarkt gerade neue Fabriken entstehen und dadurch mehr Konkurrenten in den Markt eintreten. Diese Fabriken in Lateinamerika und Sri Lanka sind durch niedrige Lohn- und Instandhaltungskosten starke Wettbewerber für uns in Deutschland. Deshalb sind auch schon die Marktpreise gesunken.

Wir möchten unsere Arbeitsplätze in der Region sichern und weiter ausbauen. Denn wir wollen in Mecklenburg produzieren. Zudem möchten wir eure Löhne und Gehälter stabilisieren.

Wir möchten eine Jobsicherheit garantieren und zusammen mit euch an einer guten Work-Life-Balance arbeiten. Das Arbeiten mit dem neuen Programm Jira wird uns dabei helfen, unsere Arbeitsprozesse durch Transparenz und weniger Abstimmungsaufwand zu erleichtern. Jeder Einzelne von euch ist wichtig, damit wir gemeinsam unsere Geschichte in Rostock weiterschreiben können.

2) Rückblick auf erfolgreiche Zeiten – Kernbotschaft: »Wir waren schon immer gut und haben einige Krisen erfolgreich gemeistert.«

Erinnert ihr euch noch an die schwere Zeit im Jahr 2013?

Viva Tea International, ein anderes Tochterunternehmen aus unserer Gruppe, war insolvent – somit also zahlungsunfähig. Es konnten keine Löhne und Gehälter ausgezahlt und auch keine Rohstoffe eingekauft werden. Auch die folgenden Jahre waren unsicher für uns. Unser Mutterkonzern glaubt an uns und hat insgesamt 8 Millionen Euro in unser Werk investiert, um uns wieder marktfähig zu machen.

Ihr habt auch dazu beigetragen, dass wir heute da sind, wo wir sind. Euer freiwilliger Verzicht auf Urlaubs- und Weihnachtsgeld und zehn unentgeltliche Zusatzstunden pro Woche für drei Monate haben wesentlich zur Rettung beigetragen.

Wir möchten uns persönlich bei euch bedanken, dass wir diese schwere Zeit gemeinsam geschafft haben.

3) Die Herausforderungen, denen wir aktuell gegenüberstehen – Kernbotschaft: »Die Welt ist anders geworden. Nichts ist, wie es war, oder wird sein, wie wir es kennen.«

Die Schließungen von Teefabriken auf verschiedenen Kontinenten zeigen uns deutlich, dass der Preiskampf auch an uns nicht vorüberzieht.

Wir stehen gemeinsam den Herausforderungen gegenüber, dass unser Mutterkonzern, Löwen Group, im Jahr 2018 ein Werk in Guatemala geschlossen hat. Zudem hat auch unser stärkster Mitbewerber Unilever Ende 2018 ein Teewerk in Königswusterhausen mit 100 Mitarbeitern geschlossen.

Dadurch wird aktuell der Fokus der Löwen Group auf unser Unternehmen am Standort Rostock gelenkt. Sie sehen in uns ein sehr hohes Potenzial und wollen dieses Potenzial auch dementsprechend mit uns auf die Fahrbahn bringen.

Unsere Rostocker Tea-Muster-Firma soll weiter fortbestehen. Deswegen müssen wir gemeinsam wegkommen von Aussagen wie »Irgendwie geht das schon«, »Noch sind wir gut«, »Ich habe keine Wünsche oder Änderungsvorschläge«, »Es ist einfacher, es so zu lassen«, »Das geht einfach so, keiner muss was ändern«. Wir müssen weg von »Ich höre viel, sehe aber nichts, denn ich kann das sowieso nicht ändern« und »Ich mache alles richtig, die anderen machen immer alles falsch« hin zu einer offenen und ehrlichen Kommunikation.

4) Blick auf das Ziel (»das gelobte Land«) – Kernbotschaft: »Wir werden es schaffen.«

Stellt euch vor, wir befinden uns am Ende des Jahres 2020, in der letzten Mitarbeiterversammlung. Wir sitzen in einer gemütlichen Runde zusammen mit allen Abteilungen und vielen Kolleginnen und Kollegen aus diesen Abteilungen (Produktion, Technik, Verwaltung). Ihr stellt einen positiven Effekt bezüglich der Zusammenarbeit mit den Kollegen/Abteilungen fest und Jira funktioniert wunderbar. Eure Sorgen, Probleme und Nöte werden von den direkten Vorgesetzten ernst genommen und zum größten Teil gelöst. Die Kommunikation zwischen den Kollegen hat sich zu einem Miteinander – statt Übereinander – entwickelt. Ihr bemerkt, dass eure Verbesserungsvorschläge wahrgenommen und zeitnah umgesetzt werden. Wir als Geschäftsleitung sehen eine ausgelassene und vergnügte Belegschaft, die wieder gerne zur Arbeit kommt und sich wertgeschätzt fühlt. Zufriedene Mitarbeiter sind das Fundament für eine steigende Produktivität. Weniger Konflikte und verbesserte Absprachen schaffen Effizienzsteigerungen von bis zu 20 %, wovon wir alle profitieren.

Woran können wir das messen?
Zum Beispiel erhalten unsere Kolleginnen und Kollegen aus der Produktion Informationen direkt von ihren Vorgesetzten, planbare Aufgaben werden rechtzeitig bekannt gegeben. Ihr erfahrt eure Aufgaben nicht über den »Buschfunk«. Schulungen sowie Versammlungen werden frühzeitig, am besten persönlich vom Vorgesetzten, bekannt gegeben. Die Schichtübergaben werden vollständig und wertschätzend durchgeführt.

Unsere Kolleginnen und Kollegen von der Technik finden, dass die Arbeitsabläufe aufeinander abgestimmt sind, dass sie ausreichende Informationen erhalten, damit sie ihre Arbeit gut verrichten können, und dass der Vorgesetzte seine Anerkennung zeigt, wenn sie ihre Aufgaben sehr gut erledigt haben. Sicherlich ist das nicht gleich von heute auf morgen umsetzbar. Gleichwohl ist jeder einzelne Schritt vom ersten Tag an wertvoll, um diesen Weg zu unserem gemeinsamen Ziel zu schaffen.

5) Was wir jetzt tun werden, um diese Zukunft zu erreichen, und was dabei passieren kann – Kernbotschaft: »Wir kennen das Ziel und wir wissen, was uns erwartet und wie wir damit umgehen werden.«

Wir wollen nicht nur reden, sondern auch etwas tun. Deshalb beginnen wir zeitnah in den kommenden Wochen. Es werden Termine stattfinden. Diese werden von unseren Führungskräften wahrgenommen:

- 17. Juli 2020 – Tagesworkshop »Führungsmindset stärken« – Teilnahme alle Führungskräfte und Geschäftsführung
- 23.–24. Juli 2020 – 2-Tages-Training »Menschen mit Leichtigkeit durch die VUKA-Welt führen« – Teilnahme alle Führungskräfte und Geschäftsführung
- 6. August 2020 – Status quo »Wo stehen wir jetzt in der emotionalen Achterbahn?« – Teilnahme alle Führungskräfte und Geschäftsführung
- 18. August 2020 – Erste Trainings mit Jira – Teilnahme Führungskräfte und Geschäftsführung
- 1. September 2020 – Erste Reviews der Erfahrungen, Ergebnisse nutzen für die Anpassung der kommenden Trainings – Teilnahme Führungskräfte und Geschäftsführung
- 2.10.2020 – Townhall-Meeting: Wo stehen wir aktuell auf unserem Weg zum Ziel, was ist uns bisher sehr gut gelungen, was haben wir gelernt, was brauchen wir für die nächsten Monate, um den Weg gemeinsam weiterzugehen?
- 09.10.2020 – Gemeinsam die ersten Erfolge mit der Führungsmannschaft feiern – Grillen mit allen Mitarbeitern

Uns als Geschäftsleitung ist sehr wohl bewusst, dass der vorliegende Veränderungsprozess zwischen dem Status quo und der Zukunft mit abweichenden Bestrebungen und Interessenkonflikten einhergehen wird. Ebenso werden oder können sich versteckte Konflikte zuspitzen oder sogar ggf. eskalieren. Der Veränderungsprozess wird alle Beteiligten aufwühlen und ähnlich wie in einem Theaterstück wird es zu Machtdemonstrationen und »Machtkämpfen« kommen, die einer einfachen Lösung im Wege stehen.

Wir werden alle mit spürbaren Schwierigkeiten konfrontiert. Jedoch werden durch die Leidenschaft, die die Schwierigkeiten hervorrufen, motivierende positive Impulse freigesetzt – und diese Impulse sollten wir auf die Erreichung unseres Zieles lenken, anstatt uns wieder davon wegzubewegen und uns in unsere Komfortzone zurückzuziehen.

6) Verknüpfung Phasen 2), 3) und 4): Verknüpfung der Gegenwart mit Zukunft und Vergangenheit – Kernbotschaft: »Wir bewegen uns nicht in absolutem Neuland, sondern können an die Vergangenheit anknüpfen, um die Zukunft aktiv zu gestalten.«

Der vor uns liegende Weg ist nichts Unbekanntes für uns. Wir haben im Jahr 2013 schon mal eine schwere Phase überwunden. Aus dieser positiven Energie können wir den Neuanfang gemeinsam wagen. Lasst uns unsere Zukunft gemeinsam gestalten!

7) Schlusswort – Kernbotschaft: »Das war der Startschuss. Niemand wird uns aufhalten, diesen Weg gemeinsam zu gehen.«

Ich möchte persönlich Danke sagen. Danke an ... (Vornamen der anwesenden Personen).

(Pause)

Ich freue mich, gemeinsam mit euch diesen Weg zu gehen. Klarheit und Transparenz sind zwei wesentliche Erfolgsfaktoren für unseren Weg, deshalb wird der gesamte Veränderungsprozess von uns allen offen, rechtzeitig und im Dialog kommuniziert.

Fazit: Strategische Ziele geben im Change die Richtung vor. Zahlen, Daten und Fakten machen die Wichtigkeit und Dringlichkeit des Wandels deutlich. Menschen, Emotionen und Gefühle tragen und unterfüttern den Prozess, sie führen und begleiten ihn durch Höhen und Tiefen. Deshalb ist es wichtig, die Change-Story zielgruppenspezifisch zu entwickeln. Denn jede Zielgruppe hat unterschiedliche Ängste, Sorgen, Interessen und Wünsche. In unserem Beispiel war die Zielgruppe die Führungsmannschaft. Gleichzeitig wurden für die Belegschaft in der Produktion und in der Verwaltung noch leicht geänderte Change-Storys entwickelt. Die Ziellinie war hierbei jeweils identisch. Die nächsten Schritte für Belegschaft und für die Verwaltung sind andere gewesen.

Entscheidend sind Kommunikationsstärke und die gelingende emotionale Integration, die den Prozess spürbar machen und ihn weitertreiben. Und genau diesen Teil als Geschichte zu gestalten und damit emotional für alle Beteiligten erlebbar zu machen – das ist das Ziel Ihrer Change-Story. Ob als Podcast, Videobotschaft oder live in einer Mitarbeiterversammlung oder einem Kick-off: Alle Kommunikationskanäle können für die Change-Story genutzt werden.

3.4.2 Visuelles Storytelling

Ein weiteres Tool, um emotionale Akzeptanz bei den betroffenen Mitarbeitern zu erzeugen, ist visuelles Storytelling. Nach den Autorinnen Walter und Gioglio (2014) bedeutet visuelles Storytelling »... die Verwendung von Bildern, Videos, Infografiken, Präsentationen und anderen visuellen Elementen, um die wichtigsten Kernaussagen auf den Punkt zu bringen. Denn das menschliche Gehirn verarbeitet Bilder und Filme 60.000 × schneller als Text.« Menschen auf den visuellen und auditiven Sinnesebenen abzuholen erzeugt grundsätzlich eine höhere Akzeptanz bei den betroffenen Zuhörern (Storch, 2015). Wir alle kennen diesen Spruch: Ein Bild sagt mehr als tausend Worte. Deshalb lassen sich komplexe Sachverhalte oder schwierige Herausforderungen in Bildern klar zusammenfassen und die Kernbotschaft lässt sich einfacher zum Ausdruck bringen. Bilder, Filme und Infografiken lassen Ihre »digitale Veränderung« lebendig werden. Visuelles Storytelling kann beim Kick-off genutzt werden. Darüber hinaus ist es aus unserer Sicht förderlich, visuelles Storytelling an vielen Stellen in der Organisation zu verwenden – sei es auf einem Plakat in der Kantine, wo alle Mitarbeiter täglich hinströmen, oder auf einem digitalen TV-Screen am Eingang des Unternehmens. So kann sich die visuelle Story kontinuierlich und stetig ins Gedächtnis der Mitarbeiter einprägen.

Kernbotschaft der Veränderung emotional visualisieren

Beginnen Sie wieder mit Schritt 1

1. Verstehen

Welche klare Botschaft soll am Ende beim Zuhörer hängenbleiben?

2. Definieren

Das Ziel klar definieren. Wer ist die Zielgruppe? Welche Interessengruppen gibt es? Wen kann ich noch ins Boot holen? Begründen Sie das Anliegen sinnvoll. Tragfähigkeit der Story prüfen.

3. Ideen entwickeln

Entwickeln Sie ein visuelles Konzept. Die zentralen Botschaften sollten transportiert sein. Holen Sie im Team Ideen ein.

4. Visualisieren

Visualisieren Sie ihre Storyline.

Klassisch – das Publikum gewinnen.

Partizipativ – aktive Einbeziehung der Zielgruppe.

5. Teilen

Die Zuhörer können Feedback geben. Teilen Sie Ihre Ideen in sozialen Medien, Gruppenbeiträgen etc..

6. Reflektieren

Feedback annehmen, Perspektiven Anderer einnehmen. Wovon mehr oder weniger Inhalte?

7. Anpassen

Verbessern. Eine visuelle Storyline bedarf einen mehrfachen Überarbeitung.

Abb. 32: Entwicklungszyklus visuelles Storytelling (eigene Darstellung)

In der Abbildung sehen Sie den Entwicklungszyklus für das Erarbeiten einer visuellen Storyline (Brand, 2019). Dieser erklärt Ihnen Schritt für Schritt, wie Sie eine visuelle Story lebendig und spannend aufbauen. Herausragende Praxisbeispiele für visuelles Storytelling sind auf der folgenden Webseite zu sehen: www.marketinginstitut.biz/blog/storytelling. Insbesondere »Enter Sandbox« von *Audi* ist eine Meisterleistung für visuelles Storytelling im Produktmarketing. *McKinsey* hat zum Thema Transformation auch visuelles Storytelling angewendet. Scannen Sie Abbildung 32 und sehen Sie ein visuelles Storytelling zum Thema digitale Transformation.

! **Hilfreiche Tools für Erklärvideos**

Damit Sie solche Erklärvideos einfach selbst bauen können, finden Sie hier hilfreiche Tools: https://www.gruenderkueche.de/fachartikel/erklarvideos-selber-machen-die-besten-tools-uebersicht/.

Wer sich vertiefend mit der Kraft von visuellem Storytelling auseinandersetzen möchte, dem empfehlen wir »The Power of visual Storytelling« von Ekaterina Walter und Jessica Gioglio (2014).

3.4.3 Die Heldenreise

Eine weitere Möglichkeit, »Awareness« und »Desire« für die Veränderung zu aktivieren, ist, eine Heldenreise der Organisation zu entwickeln.

Nach Müller (Müller/Erlach 2020) ist die Heldenreise eine »narrative Methode, die digitale Projekte und strategische Prozesse lebendiger erlebbar und erfahrbar macht, indem eine Erzählung über diese Abläufe gelegt wird«. Dank bekannter Spielfilme wie *Star Wars* ist die Heldenreise eine beliebte Methode und vielseitig einsetzbar in digitalen Veränderungsprojekten. Grundsätzlich verläuft die Heldenreise in fünf Stufen/Stationen, die im Folgenden näher beleuchtet werden.

Station 1: Ruf des Abenteuers

Der Held (es können auch mehrere sein) lebt in seiner bekannten Welt sein alltägliches Leben. Doch ein Teil von ihm ist nicht zufrieden. Etwas beschäftigt ihn. Er möchte an seiner Situation im Leben etwas ändern. Eine unbekannte Sehnsucht überkommt ihn und löst den Ruf nach Abenteuer aus. Gleichwohl kann der Ruf des Abenteuers hier auch von außen kommen. Etwas verändert sich in der Welt, das den Helden zum Handeln herausfordert.

Station 2: Aufbruch ins Unbekannte

Anfänglich noch zögerlich und unsicher, verlässt der Held nun doch seine bekannte Welt. Die innere Sehnsucht ist stärker als der Verstand. Hier kann ein Mentor dabei unterstützen, die Reise auf der Suche nach dem »Schatz« zu beginnen.

Station 3: Weg der Prüfungen/Herausforderungen

Der Held muss nun unzählige Abenteuer bestehen, um schließlich den Schatz zu bekommen. Unentdeckte Stärken werden sichtbar. Niederlagen werden durchlebt, Krisen und Zweifel überwunden. Dann gilt es noch die letzte Hürde zu nehmen, im finalen Kampf den entscheidenden Gegenspieler zu bezwingen. Dann wird die Ziellinie erreicht.

Station 4: Der Schatz

Der Held verwirklicht seinen Wunsch. Der Schatz ist entdeckt. In der Drehbuchtheorie können es verschiedene Arten von Schätzen sein, sei es »aus den Klauen der bösen Mächte« seine Freiheit wiederzuerlangen oder Macht, Reichtum, ein innerer Reifungsprozess, der »Übergang ins Erwachsenenalter etwa, den der Held dank seiner Reise erwirbt« (Müller/Erlach, 2020, S. 173 ff.).

Station 5: Die Rückkehr

Ende gut, alles gut? Ist die Heldenreise vorüber? Nicht unbedingt, denn der Held befindet sich immer noch im unbekannten Land. Jetzt muss er noch gesund und mitsamt seinem Schatz in seine bekannte Welt zurückkehren. Bisweilen geht der Schatz auf dem Rückweg verloren. Dann gilt es, diesen wieder zurückzuholen. Schließlich muss der Held nun noch beide Welten vereinen. Unzählige Filme bedienen sich dieses Schrittes – beispielsweise »Zurück in die Zukunft«, »Die Rückkehr der Jedi-Ritter« oder »Der Herr der Ringe« (Rebillot, 1993).

Die Heldenreise lässt sich wunderbar nutzen, um Menschen auf die unbekannte Reise der digitalen Veränderungen mitzunehmen. Denn Veränderungen brauchen Perspektiven, Mut, Kreativität und Sinnhaftigkeit.

In Abbildung 33 werden die PM-Phasen mit den Schritten der Heldenreise auf der Zeitachse verglichen. Scannen Sie die Abbildung auf der folgenden Seite, um sich die einzelnen Stufen der Heldenreise am Beispiel der Kaiser SE aus Kapitel 3.1 anzusehen.

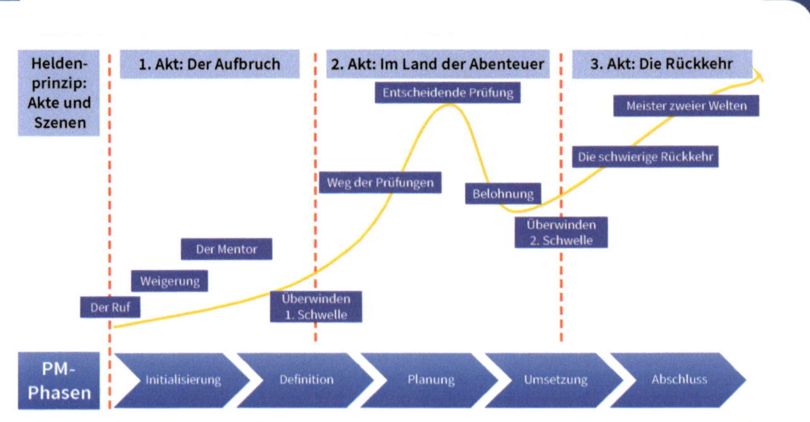

Abb. 33: Übertragung der Stationen der Heldenreise auf die PM-Phasen (in Anlehnung an Luhmann, 2011)

Diese Heldenreise kann idealerweise im Workshop oder auch in einem digitalen Format mit den beteiligten Stakeholdern und/oder betroffenen Mitarbeitern in der Initialisierungsphase erarbeitet werden. Das hat mehrere Vorteile – zum Beispiel, dass die betroffenen Mitarbeiter ihre Heldenfiguren selbst definieren können. Das schafft emotionales Commitment. Ein weiterer Vorteil ist, dass die Geschäftsführungsebene durch die Wahl der Heldenfiguren erkennt, welche Werte den Mitarbeitern wichtig sind. Denn die Mitarbeiter der Organisation sind selbst die Helden auf dem Weg in die Welt der digitalen Abenteuer. Sie können gemeinsam Geschichten schreiben und erleben. Sie sind die Akteure der digitalen Veränderungen. Sie teilen ihr Wissen, ihre Sorgen, Ängste und Erfahrungen. Das schweißt die betroffenen Mitarbeiter zusammen. In der Form eines Open-Space-Formats können Sie bis zu 500 Mitarbeiter gleichzeitig auf die Heldenreise mitnehmen und diese gemeinsam mit ihnen er- oder bearbeiten. Wir empfehlen, den Prozess durch einen externen Coach oder auch ein Coaching-Team vor Ort begleiten zu lassen. Die Botschaft der Heldenreise ist klar: *Gemeinsam mutig sein und die Abenteuer der digitalen Welten erleben.*

Folgende Fragen unterstützen die fünf Stationen der Heldenreise im Business:

- Ruf des Abenteuers:
  - Was wollten wir schon immer mal erleben?
  - Wer sind derzeit unsere Vorbilder?
  - Wen bewundern wir?
  - Was macht sie besonders?
  - Was möchten wir auch so gut können wie unser Vorbild?
  - Was bedrückt oder belastet uns aktuell?
  - Was fällt uns im Unternehmen schwer?
  - Wo liegt die Unzufriedenheit im Team, in der Organisation?

- Schatz:
  - Was wollen wir erreichen?
  - Was ist unser Schatz – für den Einzelnen, für das Team, für die Organisation?
  - Wo ist unsere größte Sehnsucht?
- Aufbruch ins unbekannte Land der digitalen Welten:
  - Wollen wir im aktuellen »gelobten« Land (Komfortzone) bleiben?
  - Was genau wollen wir im gelobten Land behalten?
  - Was wollen wir überhaupt ändern?
  - Worauf könnten wir in unserer aktuellen Welt verzichten?
  - Was müssen wir ändern?
- Der Weg der Prüfungen:
  - Wie kommen wir zu diesem Schatz?
  - Welche Hindernisse und Risiken befinden sich auf dem Weg?
  - Welche Prüfung wird die schwierigste für die Mitarbeiter, das Team, die Organisation werden?
  - Was haben wir auf dem Weg dorthin schon alles erreicht?
  - Was lernen wir aus den Erfolgen und Niederlagen?
  - Wie wollen wir unsere Erfolge zelebrieren?
  - Was ist unsere Belohnung für die schwierigste Prüfung?
  - Wie sichern wir das Lernen aus unseren Niederlagen?
- Rückkehr:
  - Was kann jeder Einzelne, das Team, der Bereich tun, damit es uns allen in 3, 6, 9 Monaten oder einem Jahr besser geht?
  - Was können wir aus den bisherigen Erfahrungen lernen?
  - Was macht uns für die nächsten Abenteuer stark?

Diese Fragen dienen als Richtschnur bei der Ausarbeitung der Heldenreise. Abhängig vom Mindset der Mitarbeiter im Unternehmen kann die Reihenfolge der Heldenreise unterschiedlich sein. Einige beginnen mit dem Schatz des Helden und haben erst dadurch den Mut, die Schwelle ins unbekannte Land zu überschreiten. Einige Organisationen behelfen sich mit »Helden« aus Gesellschaft, Wirtschaft und Kultur. Hier werden die »echten Helden«, die gewollt – oder möglichweise auch ungewollt – die Schwelle ins unbekannte Abenteuer der digitalen Welten überschritten haben, zu Vorbildern für die Mitarbeiter. Diese Vorbildpersönlichkeiten werden zu einem bestimmten Thema der Veränderung im Unternehmen eingekauft. Da sie zugleich Helden und Experten auf ihrem Gebiet sind, ist die Akzeptanz und Glaubwürdigkeit hoch. Sie erzählen die Heldenreise oder erarbeiten interaktiv mit den Zielgruppen die Heldenreise zum »digitalen Champion« für das Unternehmen.

Fazit: Es lohnt sich, gemeinsam mit der Führungsmannschaft oder den »digitalen Botschaftern« in der digitalen Transformation eine Heldenreise zu entwickeln. Sie hilft der Belegschaft und allen Beteiligten zu verstehen, warum die nächsten Schritte in der digitalen Transformation getan werden müssen und warum die aktuelle Komfortzone nicht mehr ausreicht. Dadurch wird die Veränderungsbereitschaft aktiviert. Durch die Heldenreise begreifen und fühlen die Teilnehmer die Notwendigkeit der digitalen Veränderungen. Das Erkennen der Notwendigkeit und die Veränderungsbereitschaft sind zwei der drei Säulen, die die nachhaltige Veränderungskompetenz eines Unternehmens tragen (siehe dazu auch Kapitel 1).

Beispiele für Heldenreisen finden Sie im Netz auf YouTube oder auf der Vimeo-Plattform.

3.5 How: Mitgestaltung sichern, Betroffene beteiligen

Thomas Fischer

Aus der Psychologie wissen wir, dass Menschen ein Kontrollbedürfnis haben (Bandura, 1977; Grawe, 2000; White, 1959). Sie streben danach, Zustände und Ereignisse kontrollieren zu können. Jede Form von Kontrolle reduziert dabei den subjektiv empfundenen Stress. Wer gar keine Kontrolle hat, ist seiner Umgebung hilflos ausgeliefert. Im Extremfall bedeutet das, einen Kontrollverlust zu erleben. Es ist offensichtlich, dass das eine zumindest unangenehme, wenn nicht sogar sehr schlimme Erfahrung ist. Folgende Formen der Kontrolle können unterschieden werden:

- Die schwächste Stufe der Kontrolle ist die **Erklärbarkeit**. Menschen möchten verstehen und nachvollziehen können, warum etwas passiert oder geschehen soll. Vor allem brauchen sie diese Erklärbarkeit dann, wenn eine Situation ihnen bedrohlich erscheint. Diese Erklärung kann übrigens auch im Nachhinein erfolgen.
- Die zweite Stufe der Kontrolle ist die **Vorhersagbarkeit**. Sie kann unter anderem durch Information, Kommunikation und Erläuterungen erreicht werden. Ganz nebenbei gesagt kann eine Vorhersagbarkeit auch aus dem Glauben an »magische« Handlungen entstehen. Das nennt man dann »Kontrollillusion« (siehe z. B. Langer/Roth, 1975). Man kann z. B. glauben, dass man Würfel mit der rechten Hand werfen und vorher in die Hand pusten muss, um einen Sechserpasch zu bekommen. Kontrollillusionen sind – vereinfacht gesagt – eine erfolgreiche Art, mit Stress umzugehen. Nur über Vorhersagbarkeit zu verfügen ist nicht viel, aber es ist besser als gar nichts. Man ist immerhin vorbereitet, wenn man weiß, dass z. B. im Pflegeheim demnächst ein Roboter bestimmte Aufgaben im Kontakt mit den Patienten übernehmen wird. Man kann sich gedanklich und emotional darauf einstellen. Untersuchungen haben gezeigt, dass Menschen Vorhersagbarkeit immer dann schätzen, wenn sie adaptiv auf den anstehenden Wandel reagieren können (Frey, 2011).
- Die dritte Stufe der Kontrolle ist, die **eigene Meinung** zur digitalen Veränderung **beisteuern** zu dürfen. Man wird gehört. Das muss jedoch noch nicht zwingend

bedeuten, dass diese Meinung auch mit in die Gestaltung der digitalen Veränderungen einfließt. Gerade dieser Aspekt ist sehr heikel. Für viele ist es nicht einfach zu verstehen, dass sie ihre Meinung zwar sagen können, sie aber nur in Teilen oder manchmal auch gar nicht in das Ergebnis miteinfließt. Dem kann ein Unternehmen eigentlich nur entgegenwirken, indem es den Prozess der Entscheidungsfindung transparent macht oder die Betroffenen an der Entscheidungsfindung teilhaben lässt.

- Die vierte Stufe der Kontrolle ist, dass die **eigene Meinung** auch **berücksichtigt** wird. Man hat in Teilbereichen Einfluss auf die Gestaltung der Ergebnisse und bestimmt mit. Bei vielen, aber nicht allen Menschen entstehen dadurch ein gutes Gefühl und eine positive Haltung gegenüber der digitalen Veränderung.
- Die letzte Stufe der Kontrolle ist, dass man die digitale Veränderung **steuert und bestimmt**. Es wird das umgesetzt, was man selbst möchte. Für einen selbst ist das natürlich eine gute Sache. Bei dieser Form der Kontrolle sind in der Regel die wenigsten Widerstände beim digitalen Wandel zu erwarten. Man hat es schließlich selbst miterfunden.

Je mehr Beteiligung, desto weniger Widerstand !

Grundsätzlich gilt: Je mehr Beteiligung, desto weniger Widerstand. Das ist allerdings nur als grobe Richtlinie zu verstehen, von der es, wie bei Regeln üblich, immer auch Ausnahmen gibt. Wir haben es selbst erlebt, wie Mitarbeiter in digitale Veränderungen eingebunden wurden, in Workshops ihre Wünsche und Anforderungen einbringen konnten, diese Anforderungen weitestgehend berücksichtig wurden und die entsprechenden Mitarbeiter später trotzdem mit erheblichem Widerstand auf die digitale Veränderung reagiert haben. Allerdings haben wir es deutlich häufiger erlebt, dass Mitarbeiter durch Beteiligung für den digitalen Wandel gewonnen werden konnten.

Wir können also festhalten: Je stärker die Betroffenen an den digitalen Veränderungen beteiligt werden, desto weniger Befürchtungen, Sorgen, Ängste und Widerstände sind zu erwarten.

In der Praxis erleben wir leider oft, dass die Betroffenen bei digitalen Veränderungen nicht oder nur sehr rudimentär beteiligt werden. Wenn man nicht allen Beteiligten mangelnde Cleverness oder schlechtes Verständnis für Veränderungsprozesse unterstellen möchte, muss es dafür mehr oder weniger gute Gründe geben, z. B.:

- Ein guter Grund könnte sein, dass es sich bei der Einführung einer digitalen Veränderung um eine krisennahe Turnaround-Situation handelt, bei der schnell gehandelt werden muss und Gefahr im Verzug ist. Das war zum Beispiel während der COVID-19-Pandemie der Fall. Die Einführung von Homeoffice, Videokonferenzen, Online-Trainings sowie die weitere Digitalisierung von Geschäftsprozessen in diesem Zusammenhang resultierte aus einer Krisensituation, in der eine langwierige Beteiligung der Betroffenen schon allein aus Zeitgründen nicht mehr möglich war.

- Ein weniger guter Grund wäre, dass die Situation und digitale Veränderung so komplex und/oder kompliziert ist, dass man die Komplexität/Kompliziertheit nicht noch weiter erhöhen möchte.
- Es gibt auch heutzutage noch Führungskräfte, die aus einem allzu traditionellen Führungsverständnis heraus eine Beteiligung von Betroffenen ablehnen. Sie meinen z. B., die Beteiligung von Betroffenen wäre ein Zeichen von Schwäche. Oder sie glauben, als Führungskraft wisse man fachlich sowieso besser Bescheid als die Betroffenen. Oder sie halten es einfach nicht für erforderlich. Mit diesen altmodischen Einstellungen sind Sie bei der Einführung digitaler Veränderungen heute schlecht beraten. Mehr zum Thema »Führung in der Veränderung« lesen Sie in Kapitel 4.3.
- Man glaubt, zu wenig Zeit, Kapazitäten oder Möglichkeiten für Beteiligung zu haben. Meistens ist es schwer einzuschätzen, wie einschränkend diese Gründe in der Realität wirklich sind oder wie sehr sie vielleicht auch vorgeschoben sind.
- Es wird schlichtweg nicht bedacht oder einfach vergessen, dass Beteiligung hilfreich sein kann, was wir für sehr ungünstig halten, aber durchaus häufig beobachten.

! **Vier Augen sehen mehr als zwei**

Auch wenn die Praxis hier manchmal anders gestaltet wird, sind wir vom Prinzip der Beteiligung überzeugt. Vier, sechs oder acht Augen sehen einfach mehr als zwei. Durch Beteiligungskonzepte werden Risiken und Widerstände reduziert, wird die Qualität der Ergebnisse erhöht und digitaler Wandel letztendlich sogar schneller umgesetzt. Nicht zuletzt sind bei vielen digitalen Veränderungen die Mitbestimmungsrechte von Gremien wie z. B. dem Betriebs- oder Personalrat betroffen, sodass eine Beteiligung von Betroffenen schon allein aus diesem Grund häufig angeraten ist.

Lassen Sie Beteiligung aber nicht zu einer Absicherungsbeteiligung ausarten. Wenn etwas nicht so läuft wie geplant, darf es nicht dazu kommen, dass der Satz »Ihr habt ja alle draufgeschaut ...« als Ausflucht verwendet wird. Verantwortung ist nicht teilbar – Informationen und Meinungen schon.

3.5.1 Prinzipien und Spielregeln der Mitgestaltung und Einbindung von Betroffenen

Aus unserer langjährigen Praxis der Begleitung und Unterstützung von digitalen Veränderungsprojekten und -prozessen haben wir einige grundlegende Spielregeln und Prinzipien abgeleitet:

- **Klare Entscheidungsstrukturen und -prozesse:** Entscheidungsstrukturen oder -prozesse sollten geklärt sein. In der Regel wird die Qualität von Lösungen bei digitalen Veränderungen durch die Einbindung von Betroffenen deutlich höher. Digitaler Wandel erstreckt sich heute meist über mehrere Bereiche eines Unternehmens.

Die Einführung einer digitalen Rechnungsstellung durch Zulieferer betrifft den Einkauf, die Buchhaltung und beauftragende Fachbereiche. Die Einbindung der Betroffenen ermöglicht es, die Bedarfe aller relevanten Beteiligten bei der Erarbeitung der digitalen Lösungen zu berücksichtigen. Das ist zwar nicht immer einfach und kostet Zeit, führt aber fast immer zu besseren Lösungen als bei einem isolierten Vorgehen. In seltenen Fällen führt die Einbindung der Betroffenen zu schlechten oder zeitlich stark verzögerten Ergebnissen. Das ist oft dann der Fall, wenn die Zusammenarbeit schlecht läuft, die Beteiligten sich nicht einigen können, Bereichsegoismen im Vordergrund stehen oder erforderliche Entscheidungen im Team oder Management nicht gefällt oder verzögert werden. In allen Fällen, insbesondere bei Problemen, ist es wichtig, dass Entscheidungsstrukturen oder -prozesse geklärt und vorhanden sind, angewendet werden und funktionieren.

- **Multiplikatorenmodelle bei zahlreichen Beteiligten:** Bei großen Mengen von Mitarbeitern stellen sich Unternehmen oft die Frage, wie hier eine Beteiligung der Betroffenen möglich ist. Bei der Einführung fahrerloser Transportsysteme lassen sich nicht so einfach alle 600 Mitarbeiter der Produktion und Logistik einbinden. Wenn ein CRM-System eingeführt wird, das von mehr als 2000 Vertriebsmitarbeitern genutzt werden soll, kann nicht jeder einzelne Vertriebsmitarbeiter beteiligt werden. Je mehr Menschen von einer digitalen Veränderung betroffen sind, desto mehr muss auf Multiplikatorenmodelle zurückgegriffen werden. Es ist immer besser, wenigstens einen repräsentativen Teil der Betroffenen zu beteiligen als gar keinen. Ausnahmen bestätigen wie immer die Regel. In Turnaround-ähnlichen Krisensituationen ist eine Einbindung der Betroffenen oft nicht oder nur äußerst eingeschränkt möglich.
- **Erwartungen nicht enttäuschen:** Beteiligung schafft immer auch Erwartungen. Wenn betroffene Mitarbeiter beteiligt werden und ihre Vorstellungen und Erwartungen einbringen, möchten sie natürlich, dass mit ihrem Input auch etwas geschieht. Und zwar soll sich dieser Input möglichst umfassend in den Ergebnissen der digitalen Veränderung widerspiegeln. Wenn das nicht oder nur in geringem Umfang der Fall ist, sind die Beteiligten enttäuscht. Enttäuschte Erwartungen sind oftmals die Grundlage für Frustration. Frustration wiederum ist eine gute Grundlage für Widerstände und sogar Aggression. Wenn man bei der Einführung digitaler Veränderungen den Input von Beteiligten nicht berücksichtigt, sollte man die Gründe dafür klar und nachvollziehbar erläutern.
- **Gegner miteinbeziehen:** Je mehr jemand gegen eine digitale Veränderung eingestellt ist, desto stärker sollte diese Person bei der Einführung beteiligt werden. Auf Dauer ist es schwer, gegen etwas zu sein, das man selber »miterfunden« und eingeführt hat. Natürlich ist darauf zu achten, dass mehr Personen beteiligt sind, die der digitalen Veränderung gegenüber positiv eingestellt sind.
- **Wichtige Meinungsmacher einbinden:** Je mehr Einfluss jemand in einem Unternehmen hat, desto stärker sollte er beteiligt werden. In jedem Unternehmen gibt

es mehr oder weniger einflussreiche Personen. Dabei kann es sich um formalen oder auch informellen Einfluss handeln. Deshalb betrifft dieses Prinzip sowohl Führungskräfte als auch Mitarbeiter. Bei digitalen Veränderungen gilt es also, wichtige Meinungsmacher in den Change-Prozess einzubinden.

- Die Grundlage für die Einbindung von Betroffenen sollte immer eine saubere Stakeholderanalyse sein. Näheres zur Stakeholderanalyse erfahren Sie im Kapitel 3.1.

!

Hände weg von einer Scheineinbindung

Lieber keine als eine Scheineinbindung. Betroffene riechen es auf 500 Meter gegen den Wind, wenn die relevanten Entscheidungen eigentlich schon gefällt wurden und im Nachhinein durch eine scheinbare Beteiligung legitimiert werden sollen. Bei der Einführung digitaler Veränderungen erleben wir es in der Praxis aber immer wieder, dass die Einbindung von Betroffenen Ergebnisse liefern soll, die das Management vorher schon festgelegt hat. Wenn Sie Betroffene einbinden, müssen Sie auch damit rechnen, dass etwas anderes herauskommt, als Sie ursprünglich dachten. Sollte das Management sowieso schon wissen, wie das Ergebnis aussehen soll, ist es sinnvoller, ein Feedback einzuholen, als die Einbindung durch gemeinsame Erarbeitung vorzugaukeln.

3.5.2 Kraftfeldanalyse

Die Kraftfeldanalyse ist eine weitere Möglichkeit, die Ausgangslage bezüglich der von den Stakeholdern ausgehenden Kräfte zu analysieren. Aus den Ergebnissen kann dann wiederum abgeleitet werden, welche Maßnahmen in Bezug auf welche Stakeholder zu planen und durchzuführen sind. Das zugehörige Tool können Sie mit der smARt-Haufe-App direkt downloaden und loslegen – einfach Abbildung 34 scannen.

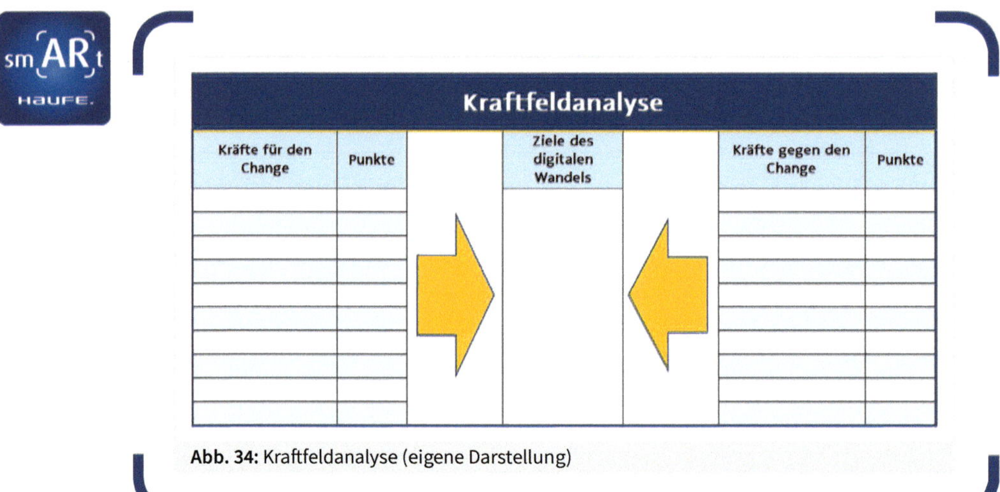

Kraftfeldanalyse

Kräfte für den Change	Punkte		Ziele des digitalen Wandels		Kräfte gegen den Change	Punkte

Abb. 34: Kraftfeldanalyse (eigene Darstellung)

In den Spalten auf beiden Seiten werden jeweils die von den Stakeholdern ausgehenden Kräfte für und auch gegen den digitalen Wandel eingetragen. Zum Beispiel kann man hier aufführen, dass Krankenversicherte bei der Einführung einer elektronischen Gesundheitskarte in Deutschland Bedenken bezüglich der Sicherheit ihrer Daten haben. Das sind dann Kräfte gegen den Wandel. Ebenso könnte man auf der anderen Seite aufführen, dass die elektronische Gesundheitskarte Prozesse und Verwaltungsabläufe bei Ärzten und Krankenkassen vereinfacht. Das sind dann Kräfte für den Wandel. Diese Kräfte kann man dann noch mit Punkten (z. B. von 1 bis 10) versehen, die ihre Stärke darstellen sollen.

3.5.3 Möglichkeiten der Einbindung

Nicht jeder Stakeholder muss gleichermaßen eingebunden werden. Wie bei allen Tätigkeiten im Leben gilt es auch hier, Prioritäten zu setzen. Je nach Einfluss und Betroffenheit sollten die Stakeholder auch unterschiedlich beteiligt werden. Wenn Stakeholder einen hohen Einfluss haben und stark betroffen sind, sollten sie auch umfangreich bei der Planung und Umsetzung digitaler Veränderungen eingebunden werden. Wenn sie einen hohen Einfluss haben, allerdings nur gering betroffen sind, kann man sie mit Augenmaß aktiv beteiligen. Wenn sie einen geringen Einfluss haben, aber stark betroffen sind, sollten sie informiert und bei der Kommunikation über den digitalen Wandel berücksichtigt werden. Wenn sie sowohl einen geringen Einfluss haben als auch nur wenig betroffen sind, reicht es aus, sie punktuell zu informieren.

Grundsätzlich kann man bei der Einbindung von Stakeholdern einen Unterschied machen zwischen Informieren, Interagieren und Involvieren. Beim Informieren geht es darum, die Stakeholder »mit-wissen« zu lassen. Beim Interagieren geht es darum, Stakeholder »mit-beraten« und »mit-entscheiden« zu lassen. Beim Involvieren geht es darum, Stakeholder »mit-tun« zu lassen. Der Grad der möglichen Einbindung unterscheidet sich also in der Stärke, in der Stakeholder mit in den digitalen Wandel hineingezogen werden.

Dieser Unterschied lässt sich auch gut über die Einbindungsmatrix erläutern (vgl. Abb. 35).

Stakeholder	Information	Verständnis	Akzeptanz	Mitgestalten lassen	Verantwortlich machen

Abb. 35: Einbindungsmatrix (eigene Darstellung)

Mit der Einbindungsmatrix legen Sie fest, welche Stakeholder in welchem Umfang eingebunden werden. Dabei gibt es fünf Stufen der Einbindung:

- **Information:** Hierbei geht es um eine einfache »One way«-Information von Stakeholdern, die z. B. über Mails, Intranet-Informationen, Flyer, Aushänge, Artikel in Firmenzeitschriften, Podcasts, Firmenradio oder Business-TV erfolgen kann.
- **Verständnis:** Bei manchen Stakeholdern ist über die reine Information hinausgehend wichtig, dass sie den digitalen Wandel verstanden haben. Verständnis setzt immer die Möglichkeit für Fragen voraus und bedeutet somit eine Zweiwegekommunikation. In der operativen Umsetzung können das Präsentationen, Mailbriefkästen, Chats, Informationsmärkte, Besprechungen, Jour fixes, Besichtigungen oder Stand-ups sein.
- **Akzeptanz:** Bei manchen Stakeholdern reicht Verständnis nicht aus, sondern man benötigt Akzeptanz. Der kleine, aber feine Unterschied ist hierbei, dass die vorherige Stufe »Verständnis« eben nicht »Einverständnis« bedeutet. Akzeptanz hingegen beinhaltet, dass die Stakeholder mit der digitalen Veränderung einverstanden sind. In der operativen Umsetzung läuft das auf ähnliche Maßnahmen hinaus: Präsentationen, Mailbriefkästen, Chats, Informationsmärkte, Jour fixes oder Besprechungen. Diese müssen allerdings deutlich werbender gestaltet werden. Eine Möglichkeit dafür kann sein, dass höhere Managementebenen, Projektsponsoren, Auftraggeber oder das Topmanagement »in die Bütt« gehen. Gleichzeitig geht es hierbei darum, den digitalen Wandel auch zu verkaufen und nicht einfach nur zu erläutern. Während bei der Stufe »Verständnis« zum Beispiel nur erläutert wird, wie das neue ERP-System oder die digitale Rechnungsstellung funktioniert, wird bei der Stufe »Akzeptanz« auch erläutert, welche Vorteile und welchen Nutzen die Neuerungen haben, wie hilfreich sie sind und warum sie erforderlich sind. Hier geht es um Werbung anstelle neutraler Darstellung.
- **Mitgestalten lassen:** Manche Stakeholder möchte man in begrenztem Umfang mitgestalten lassen, ohne sie dauerhaft in den gesamten Prozess des digitalen Wandels einzubinden. Bei der Einführung einer digitalen Rechnungsstellung müssen zum Beispiel rechtliche Aspekte berücksichtigt werden. Dafür kann man im Verlauf der Einführung Input der Rechtsabteilung einholen, muss sie aber nicht über das gesamte Projekt beteiligen. In der operativen Umsetzung geht es bei

dieser Stufe um Interviews, Workshops oder Reviews, durch die die betroffenen Stakeholder eingebunden werden können.

- **Verantwortlich machen:** Diese Stufe beinhaltet, dass die Stakeholder über den gesamten Zeitraum des digitalen Wandels durch Mitarbeit eingebunden sind. Das geht nur, wenn sie Mitglieder der Projektgremien werden. Das heißt also, dass sie als Projektsponsor, Auftraggeber, Mitglied des Steuerungskreises oder Lenkungsausschusses, Product Owner, Scrum Master, Projektleiter oder Projektteammitglied fungieren.

Wenn Sie die Einbindungsmatrix als Tool nutzen möchten, listen Sie zunächst alle Stakeholder in der ersten Spalte auf. Im Folgenden kreuzen Sie zunächst an, welche Stufen der Einbindung Sie für die jeweiligen Stakeholder nutzen möchten. Dabei sind natürlich immer auch Kreuze in mehreren Spalten möglich. Im nächsten Schritt überlegen Sie sich, welche operativen Maßnahmen Sie für den jeweiligen Stakeholder in der jeweiligen Spalte durchführen möchten, und schreiben diese Maßnahmen in die jeweilige Spalte. Daraus können Sie nun eine Planung für die Change-Kommunikation ableiten, indem Sie sich die zeitliche Anordnung der jeweiligen Maßnahmen überlegen. Im nächsten Schritt muss nun nur noch die Visualisierung dieser zeitlichen Anordnung vorgenommen werden. Das kann mittels *MS Project* oder auch *PowerPoint* erledigt werden.

Tipps zu Nutzung der Einbindungsmatrix !

Grundsätzlich gilt: Je einflussreicher und je stärker ein Stakeholder betroffen ist, desto stärker muss er auch eingebunden werden. Ebenso kann man sagen: Je negativer ein Stakeholder gegenüber dem digitalen Wandel eingestellt ist, desto stärker sollte er eingebunden werden.

3.5.4 Formen der Einbindung und zugehörige Tools

Ein- und Zweiwegekommunikationen sind die ersten Stufen der Einbindung und Beteiligung. Sie bewirken sehr viel, reichen aber in vielen Fällen nicht aus. Wie die Information sowie das Erzeugen von Verständnis und Akzeptanz bei den Stakeholdern erfolgen sollen, wird in der Regel in einem Kommunikationsplan festgelegt (siehe auch Kapitel 3.6). Formen der Information können dann zum Beispiel Informationsmärkte, Videos, Flyer, Podcasts, Jour fixes, Lean Coffee etc. sein. Hier konzentrieren wir uns auf die Tools des Interagierens und Involvierens, also des Mit-Beratens, Mit-Entscheidens, Mit-Tuns und Mit-Gestaltens. Viele Stakeholder empfinden das auch erst als »richtige« Einbindung.

3.5.4.1 Interviews

Wenn Interviews im Rahmen der Einbindung bei einer digitalen Veränderung eingesetzt werden, dienen sie in der Regel folgenden Zwecken:

- Klärung der Ausgangslage, auf die man bei der Einführung der digitalen Veränderung trifft
- Besprechung und Klärung von fachlichen, technischen oder prozessualen Anforderungen und Wünschen an die digitale Veränderung
- Einholen von Meinungen, Einschätzungen und Bewertungen zur geplanten, anstehenden oder (teilweise) umgesetzten digitalen Veränderung
- Vermittlung des Gefühls der Beteiligung und Einbindung der Interviewpartner

Dabei können verschiedene Formen des Interviews zum Einsatz kommen:

- schriftliche und mündliche Interviews
- quantitative und qualitative Interviews

Wenn eine größere Anzahl von Stakeholdern einbezogen werden soll, sind schriftliche Befragungen sinnvoll. Bei schriftlichen Befragungen wird häufig die quantitative Form bevorzugt. Das sind dann meistens Fragen mit vorgegebenen Antworten, die angekreuzt oder bei denen Einschätzungen auf Skalen vorgenommen werden müssen. Quantitative Befragungen sind vor allem bei zahlreichen Beteiligten einfacher auswertbar. Oftmals wird noch eine begrenzte Menge an qualitativen Fragen (z. B. »Welche Ideen haben Sie zur Gestaltung der digitalen Baumappe?« oder »Welche Verbesserungen können wir an der digitalen Baumappe noch vornehmen?«) miteingestreut.

Mündliche Interviews sind meistens dann sinnvoll, wenn tiefer gehende Analysen gefragt sind und wenn einer bestimmten Thematik auf den Grund gegangen werden soll. Sie erfordern viel Zeit und werden deshalb eher bei wenigen oder besonders wichtigen Stakeholdern eingesetzt. Sie können zu Beginn, im Verlauf oder zum Ende der Einführung digitaler Veränderungen durchgeführt werden. Bei mündlichen Befragungen werden dann oft vor allem qualitative Fragen genutzt.

Beispiel: Der Einsatz von Interviews

Die Variationsbreite der Fragen, die man in Interviews stellen kann, ist nahezu unendlich. Deshalb möchten wir den Einsatz von Interviews anhand eines Beispiels darstellen.

Ein Unternehmen aus der Energieversorgungsbranche führt eine Software ein, die die Abwicklung von Projekten für den Bau von Umspannanlagen vereinfachen soll. Die Einführung wird so gestaltet, dass man zunächst in einigen Regionen mit Piloten startet. Um aus diesen Piloten zu lernen und um die Praxiserfahrungen der Betroffenen zu berücksichtigen, führt man Interviews durch. Mit diesen Interviews möchte man

- Feedback einholen, das zur Verbesserung der Software führt,
- erfahren, ob noch weitere Schulungen erforderlich sind,
- wichtige Rückmeldungen zur Software einholen, um diese bei den nächsten Einführungen zu berücksichtigen,
- erfahren, ob die Digitalisierung durch die Software wirklich die gewünschte Wirkung bringt,
- den Betroffenen das Gefühl vermitteln, dass man ihr Feedback und ihre Wünsche hören möchte und auch berücksichtigt.

Vor der Durchführung der Interviews wird festgelegt, welche Messkriterien verwendet werden sollen. Das sind in diesem Fall unter anderem:

- Reduktion des Papierbedarfs durch digitalen Workflow
- Reduktion Time to Cash, also des Zeitbedarfs vom Bauende bis zur Rechnungsstellung
- Reduktion der Durchlaufzeiten, z. B.
  - Reduktion der Zeit, die vergeht, bis die Dokumentation eines Mitarbeiters beim Projektleiter vorliegt
  - Reduktion der Zeit, die vergeht, bis die Dokumente nach Auftragseingang beim Projektleiter vorliegen
  - Reduktion des Zeitbedarfs für die Aufmaßerfassung oder die Erfassung der sogenannten Stundenzettel, die zukünftig digital erfolgen soll
- Verfügbarkeit, Antwortzeiten und Zuverlässigkeit der Software
- User Experience und Nutzerzufriedenheit
- Zufriedenheit mit den Schulungen zur Einführung der Digitalisierung

Zur Erfassung dieser Messkriterien werden sowohl mündliche als auch schriftliche Interviews durchgeführt, die u. a. folgende Fragen beinhalten:

- Wie reibungslos empfanden Sie den Übergang zum digitalen Workflow?
- Sind alle Funktionalitäten vorhanden, die Sie für die Ausübung Ihrer Arbeit benötigen?
- Wie aufwendig ist die Bedienung des Systems?
- Wie selbsterklärend empfinden Sie die Benutzeroberfläche?
- Wie bewerten Sie die Arbeitserleichterung durch das System?
- Wie bewerten Sie die Zeitersparnis durch die Einführung des Systems?
- Benötigen Sie weniger Papier als früher?
- Wurden alle relevanten Aspekte in der Schulung behandelt?

Manche Kriterien, wie z. B. die Reduktion Time to Cash, die Reduktion der Durchlaufzeiten oder die Antwortzeiten, werden zusätzlich zu den Interviews durch die Messung objektiver Daten erfasst. Dabei muss bedacht werden, dass Interviews eben nicht nur die Funktion der Erfassung von Daten, Einschätzungen und Meinungen haben, sondern eben auch Einbindung und Beteiligung ermöglichen und vermitteln.

Insgesamt halten wir Interviews für eine sehr gute Möglichkeit zur Einbindung und Beteiligung von Betroffenen. Je persönlicher diese Interviews werden, umso mehr erfüllen sie diese Funktion. Persönliche bzw. mündliche Interviews vermitteln ein starkes Beteiligungsgefühl. Man denkt sich: »Ich war dabei.«

In mündlichen Interviews wird zudem häufig eine persönliche Beziehungsebene zu den Betroffenen hergestellt, auf der auch Anerkennung und Wertschätzung vermittelt werden können. Nicht selten kommt es in unseren Interviews zu Dialogen, in denen auch der Interviewer etwas gefragt wird und dann Ansichten und Einschätzungen vermittelt. Hier kann die Chance genutzt werden, nicht nur Input vom Interviewten einzuholen, sondern auch etwas zu geben. Gerade bei der Einführung digitaler Veränderungen kann das sehr wertvoll sein. Ein Interviewer ist also immer auch Botschafter des digitalen Wandels.

3.5.4.2 Digitale Befragungen

Wer digitale Veränderungen einführt, sollte zumindest darüber nachdenken, digitale Tools zur Einbindung von Betroffenen einzusetzen. Die Einführung digitaler Veränderungen hat in den letzten Jahren deutlich an Geschwindigkeit gewonnen und betrifft immer mehr Unternehmensbereiche und Mitarbeiter. Zudem hat die Digitalisierung unsere Arbeitswelt bereits erheblich verändert. Von allem geschieht immer mehr in immer kürzerer Zeit: Man erhält viel mehr Mails, Dokumente und Anrufe. Man nimmt ständig an Telkos, *Skype*-Calls, *MS-Teams*-Meetings und Besprechungen teil. Die heutige Arbeit hat sich gegenüber der Arbeit vor zehn Jahren erheblich verdichtet.

!

Einsatz digitaler Befragungstools

Wenn Sie digitale Tools zur Einbindung von Betroffenen einsetzen möchten, sollten diese bestimmte Kriterien erfüllen:

- Es sollten große Gruppen von Betroffenen, Führungskräften oder Mitarbeitern erreichbar sein.
- Es muss eine schnelle bzw. kurzfristige Einbindung möglich sein.
- Es sollten Kurzbefragungen mit wenigen gezielten Fragen möglich sein, in die der Einzelne nicht mehr als zwei bis drei Minuten investieren muss.
- Es sollten kontinuierlich mehrere kurze Befragungen zum gleichen Themenfeld in kurzen Zeitintervallen realisierbar sein.
- Eine schnelle und einfache Erstellung von Fragenkatalogen sollte möglich sein.

Inzwischen gibt es viele digitale Tools und Apps, die für die Befragung und damit Einbindung von Betroffenen eingesetzt werden können. Darunter sind zum Beispiel *Crowdsignal, 2ask, SurveyMonkey, askallo, Netigate, Survmetrics, SurveyGizmo, easyfeedback* oder *Peakon*. Mit diesen Tools lassen sich relativ einfach und kontinuierlich standardisierte digitale Mitarbeiterbefragungen durchführen. Je nachdem, welches Tool Sie einsetzen, sind sogar sehr zeitnahe Auswertungen möglich, die vom einen oder anderen Anbieter als »Echtzeit-Analysen« bezeichnet werden. Diese Tools erlauben es, kontinuierlich Feedback einzuholen. Gerade dieser kontinuierliche Ansatz ermöglicht eine sehr gute Einbindung und Beteiligung von Betroffenen. Mithilfe dieser digitalen Feedbacks ist es möglich,

- zu verstehen, welche Befürchtungen die Betroffenen beschäftigen.
- aufgrund der digitalen Daten tiefer gehende Analysen vorzunehmen, um zu schauen, in welchen Bereichen oder in Abhängigkeit von welchen Faktoren die Sorgen stärker oder geringer sind.
- Verbesserungspotenzial für den digitalen Wandel zu identifizieren.
- Maßnahmen zur Optimierung der digitalen Veränderung zu planen, umzusetzen und auch gleich wieder deren Wirkung zu evaluieren.

Manche dieser digitalen Tools eröffnen sogar die Möglichkeit für »Rules and Alerts«. Wird z. B. ein bestimmter Zustand erreicht, erhält der Ersteller der Umfrage direkt eine Benachrichtigung. Sie können sich z. B. über das Überschreiten einer Teilnehmergrenze oder Unterschreiten einer Mindestzufriedenheit benachrichtigen lassen. In manchen Tools können Sie auch direkt mit Nutzern kommunizieren, wenn diese negatives Feedback oder Ähnliches abgeben. Auf diese Weise ermöglichen die Tools auch eine Interaktion und den Austausch mit Betroffenen. Das ist ein Aspekt, den wir in jeder digitalen Veränderung für sehr wichtig halten.

3.5.4.3 Workshops

Die Gestaltung von Workshops ist ein schwieriges Thema und wird in der Regel deutlich unterschätzt. Jeder hat schon an Workshops teilgenommen und irgendwie hat es immer geklappt. Na ja, jedenfalls meistens. Viele haben auch schon selbst Workshops geplant und durchgeführt und da hat es auch immer irgendwie funktioniert. Bis man dann einmal erlebt, dass ein solcher Workshop auch richtig in die Hose gehen kann.

Wir möchten nicht wissen, zu wie vielen Workshops mit einer sehr einfachen Agenda wie z. B. »Besprechung der Funktionalitäten«, »Anforderungen an das digitale Mitarbeitergespräch« oder einfach nur »Neue Rechnungsstellung« heute allein im deutschen Geschäftsleben eingeladen wird. Das Thema des Workshops ist dann zugleich auch die Agenda. Oft wird noch ein Agendapunkt »Begrüßung« vorangestellt und die Agendapunkte »Maßnahmen« und »Abschluss« werden hinten drangehängt und schwups, ist die Agenda fertig.

Bei der Planung von Workshops hilft es, sich an einem grundsätzlichen Moderationsablauf zu orientieren (vgl. Abb. 36).

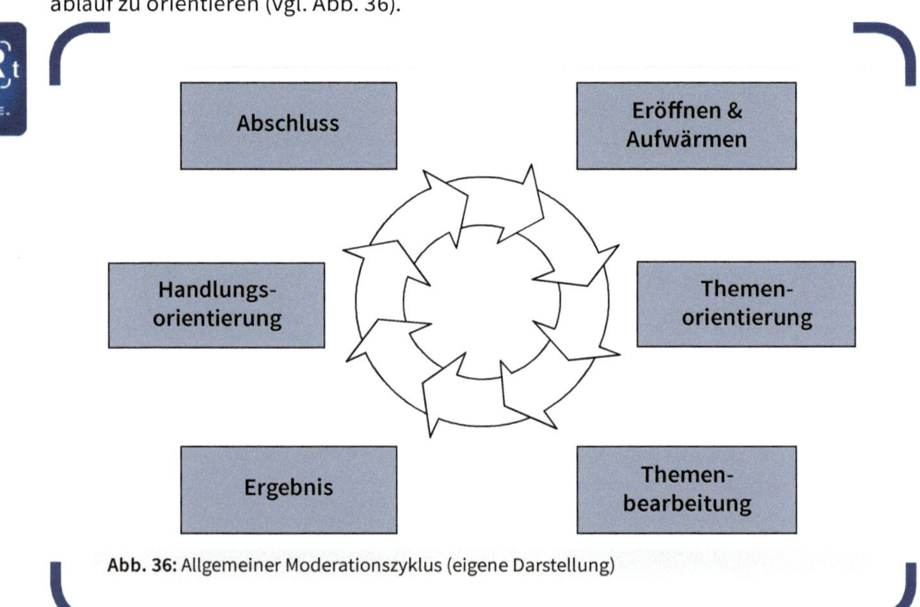

Abb. 36: Allgemeiner Moderationszyklus (eigene Darstellung)

Zu den Punkten des Moderationsablaufs gehört im Einzelnen:

- **Eröffnen und Aufwärmen**
  - Begrüßung, Anlass des Workshops, Agenda, Spielregeln
- **Themenorientierung**
  - Erwartungsabfrage
  - Themen vorstellen
  - Zieldefinition
  - Teilthemen präzisieren
- **Themenbearbeitung**
  - Problemanalyse
  - Besprechung von Hintergrundinformationen
  - Austausch von Meinungen
  - Sammeln von Lösungsideen
- **Ergebnisintegration**
  - Konsequenzen und Auswirkungen von Lösungsideen durchdenken
  - auf Realisierbarkeit prüfen

  - entscheiden
- **Handlungsorientierung**
  - Vereinbarungen treffen
  - Aktivitäten festlegen (was, wie, wer, mit wem, bis wann)
- **Abschluss**
  - Zusammenfassung, Fazit
  - Feedback

Beispiel: Workshop-Design für die Einführung einer digitalen Baumappe !

Der vorgestellte Moderationsablauf kann problemlos an die jeweilige Situation, die Ziele und die Teilnehmer eines spezifischen Workshops angepasst werden. Wie das geht, zeigen wir Ihnen gerne: Wenn Sie Abbildung 36 mit der smARt-Haufe-App scannen, können Sie einen ausgearbeiteten Workshop als Beispiel herunterladen.

3.5.4.4 Ideenmanagement

Ein systematisches Ideenmanagement gibt es heute in sehr vielen Unternehmen. Es umfasst die Generierung, Sammlung und Auswahl geeigneter Ideen für Verbesserungen und Neuerungen. Üblicherweise werden dabei das betriebliche Vorschlagswesen und der kontinuierliche Verbesserungsprozess als zwei Systeme des Ideenmanagements verstanden. Das betriebliche Vorschlagswesen (BVW) beinhaltet eine spontane Ideenfindung und einen bestimmten Bearbeitungsablauf. Der kontinuierliche Verbesserungsprozess (KVP) funktioniert mit gelenkter Ideenfindung in moderierten Gruppen.

Beim betrieblichen Vorschlagswesen gibt es verschiedene Vorgehensweisen. Manche Unternehmen gestalten es so, dass alle Verbesserungsvorschläge bei einer zentralen Stelle abgegeben werden, die dann für die Begutachtung, Entscheidung und Umsetzung sorgt. Manche Unternehmen handhaben es so, dass Führungskräfte die Vorschläge erhalten. Die Führungskräfte können dann aufgrund ihres Fachwissens über viele dieser Vorschläge selbst entscheiden und gute Ideen auch gleich umsetzen. Gleichzeitig besteht hier der Nachteil, dass manche Führungskräfte am Altbewährten festhalten wollen und Vorschläge dann nur aus diesem Grund nicht umsetzen. Es gibt aber auch Mischformen, bei denen einige Vorschläge von Führungskräften und andere Vorschläge von einem zentralen Ideenmanager oder auch einem Gremium bearbeitet werden.

Beim kontinuierlichen Verbesserungsprozess erarbeiten Beschäftigte während der Arbeitszeit Ideen zu Problemen, die häufig vom Unternehmen vorgegeben werden.

Die meisten Unternehmen arbeiten im Ideenmanagement mit Prämien, die man als Belohnung für besonders wertvolle Ideen erhalten kann. Zudem motivieren natürlich auch die Möglichkeit, bei etwas mitzuwirken, und das gute Gefühl, wenn die eigene Idee auch umgesetzt wird.

Dieses Motiv kann für die Einbindung im digitalen Wandel genutzt werden. Ideenmanagement lässt sich somit vom Grundsatz her auch als Instrument der Beteiligung bei der Einführung von digitalen Veränderungen einsetzen. Das kann in der freien Form des betrieblichen Vorschlagswesens oder in der geleiteten Form des kontinuierlichen Verbesserungsprozess geschehen. Letztendlich muss der entsprechende Prozess dann nur auf die jeweilige digitale Veränderung transferiert und fokussiert werden.

Ein solches Ideenmanagement kann natürlich auch in digitaler Form genutzt werden. Dazu gibt es mittlerweile ausreichend Tools wie z. B. *Innolytics®*, *Qmarkets*, *Idea Drop*, *MindMeister*, *Ideanote*, *clu*, *IdeaScale*, *IQX* etc. Die einfachste Möglichkeit der Digitalisierung beim Ideenmanagement ist, eine Ideenseite im Intranet einzurichten. Der Kern des klassischen Ideenmanagements bleibt beim Einsatz digitaler Tools allerdings auch in digitalen Zeiten unangetastet. Er besteht aus Einreichen, Bewerten, Prämieren und Umsetzen. Mit der Digitalisierung wird Ideenmanagement allerdings skalierbar. Es können mehr Ideen von mehr Mitarbeitern bei ähnlichem Aufwand in kürzerer Zeit bearbeitet werden.

! **Kriterien für ein sinnvolles Ideenmanagement**

In jedem Fall – ob mit oder ohne digitale Tools – ist es erforderlich, bestimmte Kriterien einzuhalten, um Ideenmanagement als sinnvolles Instrument der Beteiligung im digitalen Wandel einzusetzen:

- Die Ideen sollten bezogen auf die jeweilige digitale Veränderung gesammelt werden.
- Es sollte so einfach wie möglich sein, Ideen einzureichen.
- Folgende Inhalte sollten zusammen mit der Idee geliefert werden: Beschreibung des Anlasses, der Verbesserung und des Nutzens. Idealerweise wird dem Ideeneinreicher ein Schema für die Berechnung des Nutzens zur Verfügung gestellt.
- Jeder muss Ideen einreichen dürfen, ggf. auch anonym.
- Die Bewertung der Ideen sollte durch mehrere Personen erfolgen.
- Jede Idee sollte mit einem nachvollziehbaren und transparenten Schema bewertet werden.
- Selbstverständlich können auch Ideen prämiert werden, die sich auf Verbesserungen bei der Einführung digitaler Veränderungen beziehen.

Wenn diese Kriterien erfüllt sind, kann Ideenmanagement einen wertvollen Beitrag zur Einführung digitaler Veränderungen leisten.

3.5.4.5 Reviews

Unter einem Review versteht man die Überprüfung eines Ergebnisses. Manche verstehen darunter – deutlich weiter gehend – eine bewertende Begutachtung mit dem Zweck, eine Entscheidung über Fortbestand und Weiterentwicklung des Ergebnisses vorzubereiten (Angermeier, 2017). Welchem Verständnis man letztendlich folgen möchte, hängt sicher immer von der jeweiligen speziellen Situation ab, in der man sich befindet.

Ein Review kann sich dabei auf die Ergebnisse oder den Verlauf eines Veränderungsprojektes oder -prozesses beziehen. Im agilen Projektmanagement spricht man hier von einem Sprintreview und von einer Retrospektive.

Grundsätzlich kann man ein Review zum Ende oder im Verlauf eines Veränderungsprojektes oder -prozesses durchführen. Bei längerer Dauer können und sollten Reviews schon gleich zu Beginn miteingeplant werden. Im klassischen Projektmanagement dient ein Review meistens der Nachbetrachtung eines abgeschlossenen (Teil-)Projekts und manchmal auch einer abgeschlossenen Projektphase. Aus den gewonnenen Erkenntnissen möchte man für zukünftige Projekte lernen. Eine solche Nachbetrachtung befasst sich dabei mit dem, was im Veränderungsprojekt oder -prozess gut oder auch nicht so gut gelaufen ist. Die Ergebnisse eines Reviews werden dann meistens schriftlich als »Lessons Learned« festgehalten.

Zu den »Lessons Learned« gehören auch Erkenntnisse über Best Practices sowie Dos and Don'ts. Leider werden Lessons Learned aus Zeit- und Budgetgründen oft weggelassen. Nach dem Change-Projekt ist ja auch schon wieder vor dem Change-Projekt. Deshalb sind diese Reviews beim agilen Vorgehen auch fest im Framework verankert und werden dementsprechend auch wirklich durchgeführt.

In laufenden Change-Projekten wird ein Review meistens bei Problemen durchgeführt, um das Projekt wieder zurück in den geplanten Rahmen zu bringen. In manchen Fällen werden solche Zwischenreviews auch als »Projektaudit« bezeichnet. In agilen Projekten finden solche Reviewschleifen zu Zwischenergebnissen (Sprintreview) und Verlauf des Projektes (Retrospektive) nach jedem Sprint und damit weit häufiger als im klassischen Projektmanagement statt. Für die Qualität der Ergebnisse und des Projektverlaufs sowie die Einbindung von Betroffenen ist die agile Vorgehensweise damit deutlich vorteilhafter.

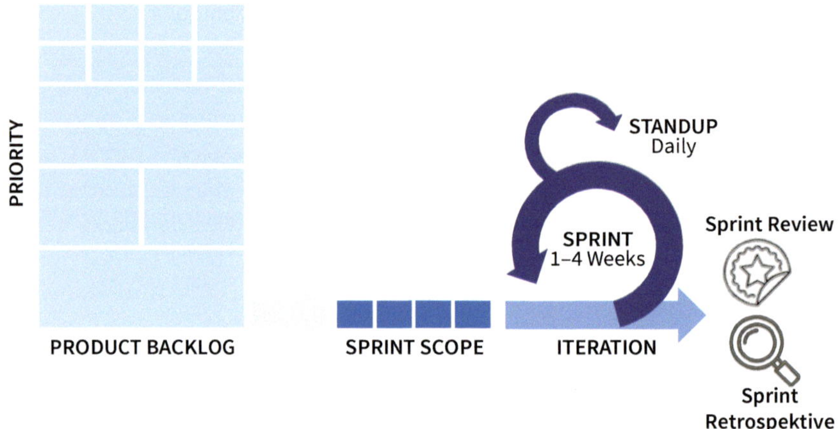

Abb. 37: Iterationen und Reviews in agilen Projekten (eigene Darstellung)

Beim agilen Vorgehen bilden die Definition of Done, das Sprint Goal und die Inhalte des Sprint Backlogs die Basis für Reviews und Retrospektiven. Beim klassischen Vorgehen werden bei manchen Reviews Kriterien vorgegeben, auf deren Basis eine Einschätzung des Projektverlaufs oder der Projektergebnisse erfolgt. Diese Kriterien können dann quantitativ oder qualitativ beurteilt werden. Bei einer solchen Vorgehensweise können Sie die Ergebnisse mehrerer Reviews vergleichen, was einen zusätzlichen Nutzen bietet.

Grundsätzlich können Sie ein Review als Umlauf- oder Meeting-Review durchführen. Bei einem Umlaufreview werden die entsprechenden Unterlagen an die Reviewer verschickt und Sie erhalten ein schriftliches oder telefonisches Feedback. Dabei bekommen Sie die Feedbacks jeweils einzeln vom jeweiligen Reviewer. Ein Meeting-Review hat meistens Workshop-Charakter und findet unter Anwesenheit der entsprechenden Beteiligten statt. Diese Beteiligten können zum Beispiel Auftraggeber, Projektsponsor, Product Owner, Projektleiter, Scrum Master, Projektmitarbeiter, Fachexperten, Stakeholder usw. sein.

Es ist grundsätzlich wichtig und hilfreich, Konzepte für digitale Veränderungen vor deren Einführung einem Review zu unterziehen. Falls man z. B. eine elektronischen Zeiterfassung für Monteure einführt, die mehr als 20 verschiedene Fahrtkostentypen enthält, ist es sinnvoll, das Konzept vor der Einführung einem Review der Monteure zu unterziehen. Falls man eine digitale Baumappe einführt, die Baupläne aber viel zu groß für die handelsüblichen Bildschirme aller Mitarbeiter sind, ist es sinnvoll, vor der Einführung das Konzept einem Review zu unterziehen. Ein Review erfüllt somit immer mindestens folgende Funktionen:

- Steigerung der Qualität des digitalen Wandels und

- Vorbeugen und Reduktion von Widerständen durch Einbindung und Beteiligung von betroffenen Personen.

Wichtig: Kein digitaler Wandel ohne Reviews !

Je später Fehler oder Probleme bei einer digitalen Veränderung entdeckt werden, desto mehr Aufwand benötigt deren Lösung. Da das Instrument des Reviews eine sehr gute Möglichkeit ist, potenzielle Schwierigkeiten und Probleme durch Feedbacks der Betroffenen oder Nutzer schon früh zu entdecken, sollte es unbedingt und gerne auch intensiv genutzt werden. Dementsprechend gilt: Kein digitaler Wandel ohne Reviews der Konzepte.

3.5.4.6 Testen

Bei der Einführung digitaler Veränderungen kann das Testen an unterschiedlichen Stellen erfolgen. Sie können dabei prüfen, ob Fehler im Code, beim Ausführen, bei den Effizienzeigenschaften oder bei Belastungstests der Software vorliegen und entstehen. Letztendlich prüfen Sie, ob bei der Software Unterschiede zwischen dem erwarteten und dem beobachteten Verhalten auftreten. Eine notwendige Voraussetzung für das Testen ist also die Definition des zu erwartenden Ergebnisses. Diese Erwartungen sind in den Anforderungen und Spezifikationen festgelegt. Beim Testen wird die Software also auf die Erfüllung von definierten Anforderungen geprüft und bewertet und ihre Qualität gemessen. Die Ergebnisse werden zur Erkennung und Behebung von Fehlern genutzt. Tests dienen dazu, die Software möglichst so in Betrieb zu nehmen, dass sie die Anforderungen der Nutzer erfüllt. Je später dabei Fehler entdeckt werden, umso aufwendiger ist deren Behebung.

Wirkung des Testens aus psychologischer Perspektive !

Aus psychologischer Sicht kann das Testen auch als Instrument der Beteiligung betrachtet und genutzt werden. Die Wirkung ist hier in zweifacher Form zu erwarten:

- Auf der einen Seite führt die Einbindung bei der Entwicklung einer digitalen Veränderung durch Testen zu einem positiven Gefühl der Beteiligung und Kontrolle bei den Betroffenen.
- Auf der anderen Seite führt die Einbindung von Betroffenen beim Testen dazu, dass die Qualität der digitalen Veränderung höher und infolgedessen die Akzeptanz bei den Nutzern größer wird.

Gerade Personen, Mitarbeiter und Führungskräfte, die gegen digitale Veränderungen sind, sollten gezielt beim Testen eingesetzt werden. Hier haben sie die Möglichkeit, die Software oder den digitalen Workflow besser kennenzulernen, die Ergebnisse und deren Qualität zu verbessern und selbst zu steuern, was später wie funktioniert.

Mit der Umsetzung von Pilotprojekten kann man das Prinzip des Testens in noch größerem Rahmen einsetzen. Als »Pilotprojekt« bezeichnet man dabei kleinere Teileinführungen digitaler Veränderungen, die vor die allgemeine Einführung für einen größeren Bereich gesetzt werden. Mehr zu Pilotprojekten und zu der Zusammenstellung der Teilnehmer finden Sie in Kapitel 4.1.3.

!

Tipp: Virtuelles Testen als Ersatz

Sollten Sie keine Pilotprojekte eingeplant haben, ist es manchmal schon hilfreich, wenn sich Betroffene die Digitalisierung bei einem anderen Unternehmen anschauen können. Auf diese Weise wird eine Art virtueller Test durchgeführt. Sollte ein digitales Bürgerterminal in der Stadt X zum Beispiel schon im Einsatz sein, können Sie als Digitalisierungsbeauftragter der Stadt Y die Betroffenen zur Besichtigung des schon im Einsatz befindlichen Bürgerterminals einladen. Diese Idee ist auch Vorbild, wenn traditionelle Unternehmen sich Start-ups anschauen, um von diesen zu lernen. In solchen Situationen können Betroffene Feedback auf Augenhöhe erhalten.

3.5.5 Einbindung in Rollen, Funktionen und Gremien

Im vorangegangenen Unterkapitel haben wir zeitlich begrenzte Einbindungsmöglichkeiten beschrieben. Interviews, Reviews und Testen sind Formen der Beteiligung, die sich nicht über den gesamten Verlauf der Einführung einer digitalen Veränderung erstrecken, sondern nur zu ausgewählten Zeitpunkten stattfinden. In manchen Fällen möchte man die Betroffenen jedoch über den gesamten Verlauf des digitalen Wandels einbinden. Das geschieht üblicherweise, indem sie in Gremien aufgenommen werden.

3.5.5.1 Key User

Key User sind in der Regel Nutzer einer digitalen Neuerung, die eine besondere Rolle übernehmen. Häufig werden hier synonym auch Begriffe wie »Power User« oder »Super User« verwendet. In der Regel stammen Key User aus Bereichen, die von der Einführung digitaler Veränderungen besonders betroffen sind. Sie übernehmen dabei vielfältige Funktionen (siehe auch Wagner, 2016):

- Eine vordringliche Aufgabe von Key Usern ist es, die Einführung digitaler Veränderungen zu unterstützen. Dies tun sie, indem sie als Ansprechpartner für Kollegen im eigenen Bereich, in der eigenen Abteilung oder im eigenen Team fungieren. In diesem Sinn sind sie ein Bindeglied und gleichzeitig auch »Übersetzer« für viele der betroffenen Kollegen. Sie beantworten fachliche Fragen und geben Auskunft darüber, wie digitale Workflows ablaufen, wie die zugehörigen digitalen Tools funktionieren, wie welche Probleme gelöst werden oder wer wofür zuständig sein wird.

- Über die Funktion des Informierens hinausgehend übernehmen Key User oft auch die Funktion der Vermittler und sogar Trainer für neue digitale Workflows und Tools. Hierbei erklären sie Abläufe, Vorgehensweisen sowie Eigenheiten des Systems und erläutern auch Hintergründe.
- Key User sind gleichzeitig auch Multiplikatoren und Change Agents. Mehr dazu im Kapitel 3.5.5.2.
- Eine weitere Aufgabe von Key Usern ist es, wohlgesinnt und zugleich kritisch Feedback zum digitalen Wandel zu geben. In dieser Funktion können sie Einfluss und auch ein gewisses Maß an Kontrolle ausüben. Meistens werden Key User auch als Tester eingesetzt oder rekrutieren sich aus den Testern der digitalen Neuerung. Sie prüfen die Funktionalitäten aus der kritischen Perspektive des Fachbereichs. Gerade für die Einbindung skeptischer Betroffener ist das eine der wichtigsten Funktionen, die ein Key User übernimmt.
- Darüber hinaus sind Key User auch Vertreter der jeweiligen Fachbereiche. In dieser Funktion bündeln sie den Input ihres Fachbereichs. Gleichzeitig werden sie damit auch Repräsentanten skeptischer Betroffener und haben die Aufgabe, stellvertretend deren kritische Rückmeldungen miteinzubringen. In diesem Sinn sorgen sie auch für die Einbindung weiterer Personen. Grundsätzlich ist es hilfreich, wenn Key User eine positive Einstellung zur digitalen Veränderung haben. Selbstverständlich ist es aber auch möglich, dass kritisch oder skeptisch eingestellte Betroffene zu Key Usern ernannt werden. Meistens erlebt man hier schnell eine Wandlung vom Saulus zum Paulus.
- Key User sind oftmals auch noch nach der Einführung der digitalen Veränderung in ihrer Rolle als Key User tätig. Man könnte sagen: Ein Key User bleibt immer ein Key User.

Es ist nicht immer leicht, eine solche Rolle zu übernehmen und auszuüben. Deshalb sollten folgende Voraussetzungen erfüllt sein (siehe auch Hießl, 2018):

- Key User sollten über fachliche Kenntnisse und Erfahrungen verfügen, einen guten Stand bei den Kollegen haben und kommunikativ sein.
- Es ist hilfreich, aber nicht erforderlich, dass sie eine positive Einstellung zum digitalen Wandel mitbringen.
- Key User sollten ausreichende Kapazitäten für ihre Key-User-Rolle mitbringen. Bei größeren digitalen Veränderungen kann eine solche Funktion nicht nebenbei ausgeübt werden. Zudem wird die Rolle häufig auch über den eigentlichen Zeitpunkt der Einführung hinausgehend beibehalten. Das sollte bei der Kapazitätsplanung mitberücksichtigt werden.
- Key User sollten bei Kollegen gut angesehen sein, da sie auch die Funktion von Multiplikatoren und Pfadfindern übernehmen.
- Es ist hilfreich, wenn Key User ein Verständnis für die Belange des gesamten Unternehmens haben.
- Key User müssen in ihrer fachlichen Rolle trainiert werden.

- Im Verlauf der Key-User-Tätigkeit können auch Schwierigkeiten auftreten. Es ist hilfreich, wenn man den Key Usern dann Formate anbietet, in denen sie ihre Erfahrungen austauschen und über Schwierigkeiten sprechen können. Der Einsatz von kollegialer Supervision oder Reflecting Teams sind hier geeignete Maßnahmen.

Am besten werden neben den reinen fachlich-inhaltlichen Trainings für Key User auch Train-the-Trainer-Kurse angeboten, damit sie auf die ungewohnte Situation gut vorbereitet sind.

!

Achtung: Frühe Einbindung von Key Usern

Je früher man Key User einbindet, desto einfacher ist es, eine positive Einstellung zum digitalen Wandel zu erzeugen, weil dieser dann aktiv mitgestaltet wurde. Eine Einbindung von Key Usern hat unter anderem das Ziel, kritisches Feedback zu erhalten. Man sollte also nicht überrascht sein, wenn Key User einen digitalen Workflow oder digitale Tools akribisch und kritisch prüfen. Nicht jeder Key User wird seine kritischen Rückmeldungen immer sanft und politisch korrekt zum Ausdruck bringen. Selbstverständlich kann es zu starken Vorbehalten und deutlicher Kritik kommen. Hier gilt es, professionell mit solchen Situationen umzugehen. Mehr dazu schreiben wir im Kapitel 4.4.

Aus der agilen Perspektive ist es von Vorteil, wenn die Entwickler digitaler Tools oder Workflows bei Meetings direkt mit Key Usern zusammentreffen. Auf diese Weise können sie die Rückmeldungen der Key User direkt – ohne Verfälschungen und ungefiltert – hören. Das ist nicht immer ganz einfach, aber für die Qualität der Ergebnisse äußerst hilfreich.

3.5.5.2 Change Agents

Keiner kann einen digitalen Wandel allein gestalten. Bei der Einführung digitaler Veränderungen benötigt man in der Regel Promotoren und Verbündete. Solche Promotoren kann man mit einer offiziellen Rolle betrauen und sie als »Change Agents« bezeichnen. Change Agents sind Schlüsselpersonen, die sowohl die Konzeption als auch die Umsetzung digitaler Neuerungen in einer besonderen Rolle unterstützen. Manchmal werden für diese Rolle die Begriffe »Multiplikator« oder seltener auch »Champion« verwendet. Grundsätzlich können Change Agents als Betreiber des Wandels verstanden werden. Sie informieren über die Neuerungen, die mit einer digitalen Veränderung einhergehen. Sie sind Ansprechpartner, führen Workshops, Veranstaltungen oder auch Trainings durch und klären Probleme. Sie geben Wissen und Botschaften an die Betroffenen und Beteiligten weiter. Sie helfen, die Veränderungsenergie so hoch zu halten, dass die Ziele eines digitalen Wandels erreicht werden können.

In diesem Sinn sind sie auch Multiplikatoren. Im Bildungsbereich werden Multiplikatoren zum Beispiel als Personen verstanden, die Informationen, Wissen, Können, Ergebnisse und Meinungen an andere weitergeben. Im Bereich der Werbung sind Multiplikatoren Personen, die auch werbend zur Verbreitung bestimmter Vorstellungen, Meinungen, Kenntnisse und Inhalte beitragen. In diesem Sinn beeinflusst ein Multiplikator als Meinungsführer auch die Meinung und Einstellung anderer. Diese Aufgaben sind auch in der Rolle eines Change Agents enthalten.

Change Agents haben in bestimmten Situationen besonders wichtige Aufgaben:

- Bei digitalen Neuerungen beschreibt ein Change Agent die zu erfüllenden Anforderungen und den Bedarf, der diesen zugrunde liegt. Er sammelt diese Anforderungen und Wünsche in seinem Einflussbereich und vermittelt sie an das Change-Projekt.
- In Entscheidungssituationen bringt sich ein Change Agent mit seinem Wissen ein und sorgt dafür, dass die Belange der Beteiligten und Betroffenen gehört und berücksichtigt werden.
- In Konfliktsituationen hilft er, diese Konflikte zu klären und Lösungen zu finden.
- Bei der Einführung digitaler Veränderungen beeinflusst er die Meinungen in seinem Einflussbereich in möglichst positiver Form.

Change Agents unterstützen den psychosozialen Prozess des digitalen Wandels !

Durch ihre Tätigkeiten unterstützen Change Agents den psychosozialen Prozess des digitalen Wandels. Zudem lässt sich durch ihre Rolle die Reichweite von Informationen und Botschaften erhöhen. Auf diese Weise können Sie große Gruppen von Betroffenen beteiligen und einbinden. Letztendlich können Sie mit Change Agents schnell und einigermaßen kostengünstig viele Mitglieder einer Zielgruppe erreichen. Der Einsatz dieser Rolle ermöglicht es, eine höhere Nachhaltigkeit bei der Einführung digitaler Veränderungen zu erzielen. Wenn die Funktion des Change Agents erfolgreich ausgeübt wird, sollte sie

- die Identifikation der Beteiligten mit der digitalen Neuerung bewirken,
- den Betroffenen Zuversicht in den Erfolg des digitalen Wandels geben und
- in den Beteiligten Zufriedenheit mit den eigenen Anteilen am Veränderungsprozess wecken.

Zudem ist es sehr wichtig, dass Change Agents in ihrer Rolle geschult werden.

Die Rolle des Change Agents kann sowohl von internen als auch von externen Mitarbeitern übernommen werden. Aufgrund der erforderlichen Funktion sind unserer Meinung nach interne Mitarbeiter häufig besser geeignet. Letztendlich benötigt man für diese Rolle Mitarbeiter, die aufgrund ihrer persönlichen Integrität, Glaubwürdigkeit und informellen Position andere Mitarbeiter im Unternehmen überzeugen und die Verbreitung einer Idee positiv beeinflussen können.

Change-Prozesse bei der Einführung digitaler Neuerungen werden in Unternehmen oftmals von Projektleitern oder Change-Managern gestaltet und gesteuert. Change

Agents werden dann vom Projektleiter oder Change-Manager ausgesucht. Natürlich ist es vor der Benennung eines Change Agents erforderlich, dass dessen Führungskraft und auch der Mitarbeiter selbst einverstanden sind und zustimmen.

3.5.5.3 Sounding Board

Beim Sounding Board geht es darum, betroffenen Mitarbeitern eine Stimme zu geben bzw. das Ohr an die Organisation zu legen (siehe auch Kraus & Partner, o. J.). Dafür wird eine Gruppe von Mitarbeitern nominiert, die die Funktion eines Fieberthermometers übernehmen. Sie geben (gerne auch kritische) Rückmeldungen dazu, wie eine digitale Veränderung von den Betroffenen im Unternehmen aufgenommen und eingeschätzt wird. In ihrer Rolle sollen die Mitglieder dieses Gremiums dann auf Probleme, Versäumnisse und Fehlentwicklungen hinweisen. Sounding Boards treffen sich regelmäßig, wobei es keine Vorgaben für die Frequenz gibt. Wenn im digitalen Wandel wenig ansteht, trifft sich auch das Sounding Board nicht so oft. In heißen Zeiten einer digitalen Neuerung trifft sich das Sounding Board dagegen häufiger.

Die Treffen finden in einem relativ offenen und wenig gelenkten Format statt. Es geht hier vor allem darum, die Feedbacks der Mitglieder aufzunehmen, zu bündeln und dann weiterzuverwerten. Der Vorteil der Methode liegt unter anderem auch darin, dass man unverfälschte Informationen erhält, da durch das offene Format fast automatisch nur Themen hervortreten, die die Mitarbeiterschaft bewegen. Bei länger andauernden Einführungsprozessen digitaler Neuerungen ist es sinnvoll, Sounding Boards über die gesamte Projektdauer einzusetzen.

! **Sounding Boards adressieren fachliche und soziale Aspekte des digitalen Wandels**

Sounding Boards sind eine hervorragende Möglichkeit, besorgte Mitarbeiter und andere skeptische Betroffene einzubinden. Diese Betroffenen haben hier eine sehr gute Plattform, um ihre Befürchtungen zu äußern und ihre Sorgen einzubringen. Das betrifft sowohl die fachlichen als auch die sozialen Aspekte des digitalen Wandels.

3.5.5.4 Einbindung in den regulären Projektgremien

Eine Einbindung und Beteiligung von Betroffenen kann natürlich immer auch über die regulären Gremien der Projektarbeit stattfinden. Das trifft für die klassischen Projektgremien wie Projektleiter, Projektteam, Leitungsteam, Lenkungsausschuss oder Steering Committee genauso zu wie für die Rollen im agilen Projektmanagement. Im agilen Projektmanagement kann die Einbindung von Betroffenen über folgende Rollen stattfinden:

- Product Owner
- Auftraggeber

- Scrum Master
- Scrum Team
- Stakeholder

Wenn Mitarbeiter als Product Owner, Scrum Master oder im Scrum Team beteiligt sind, führt diese Beteiligung ebenfalls dazu, dass eine Form der Kontrolle über die Veränderung empfunden wird, die die Akzeptanz der digitalen Neuerung erhöht. Getreu dem Motto: Was ich selbst erfunden habe, kann nicht schlecht sein.

3.5.5.5 Einbindung der Mitbestimmungsgremien

Die Rechte der Mitbestimmungsgremien in Unternehmen und Firmen sind bei der Einführung digitaler Veränderungen grundsätzlich zu berücksichtigen. Näheres dazu regelt zum Beispiel das Betriebsverfassungsgesetz in Deutschland. Bei der Einführung digitaler Neuerungen sind die Rechte der Mitarbeiter fast immer betroffen. Allein wenn es um die Speicherung personenbezogener Daten geht, hat der Betriebsrat und in Unternehmen der öffentlichen Hand der Personalrat ein Informations- und in bestimmten Fällen auch ein Mitbestimmungsrecht. Bei der Einführung digitaler Neuerungen tut man also gut daran, den Betriebsrat als Gremium zu beteiligen.

Die Einbindung ist hier nicht immer so einfach, wie man sich das manchmal wünscht. Wir haben bei der Einführung digitaler Veränderungen oft erlebt, dass der Betriebsrat nicht in einem der Projektgremien beteiligt werden wollte, sondern es vorzog, über die anstehenden Änderungen und Neuerungen separat informiert zu werden. Es ist uns nur selten gelungen, Betriebsratsvertreter als Mitglieder im Projektteam, im Scrum Team oder im Lenkungsausschuss zu gewinnen. Einfacher ist es, Interviews, Reviews oder Workshops mit Betriebsratsmitgliedern durchzuführen. Die Einbindung, die auf diese Weise geboten werden kann, wird nach unseren Erfahrungen vom Betriebsrat immer auch sehr geschätzt. Deshalb plädieren wir auch hier für eine frühzeitige und transparente Beteiligung des Betriebsrats bei der Einführung digitaler Veränderungen.

3.5.6 Fazit

Letztendlich ist die Erstellung eines optimalen Einbindungskonzepts immer eine Einzelanfertigung. Es ist unmöglich, hier eine Schablone vorzugeben. In diesem Sinn können die in diesem Kapitel vorgestellten Einbindungsmöglichkeiten als eine Art Handwerkskoffer verstanden werden, bei dem es immer dem Anwender obliegt, den optimalen Einbindungsmix auszuwählen. Dieser Mix hängt von den eigentlichen Zielen und Inhalten der digitalen Neuerung genauso ab wie von den betroffenen Personen, der Kultur, der Strategie und der Struktur des Unternehmens. Bei wichtigen

Stakeholdern muss hier selbstverständlich auch bis auf Ebene der Einzelpersonen geplant und gehandelt werden.

3.6 How: Informationen verbreiten, geschickt kommunizieren

Marcus Reinke

Kommunikation findet jeden Tag in jedem Unternehmen statt. In einigen Unternehmen so viel, dass sie lähmt, statt zu informieren. Manche Führungskräfte bekommen pro Tag im Durchschnitt ca. 200 E-Mails und sinnieren mehrere Stunden in ergebnislosen Meetings über das operative Tagesgeschäft. Da stellt sich die berechtigte Frage, wo denn das Potenzial für noch mehr Kommunikation und Informationen zum Veränderungsprozess sein soll. Es geht hier nicht um generell mehr Kommunikation, sondern um geplante, zielgerichtete und effiziente Kommunikation an die richtigen Empfänger zur passenden Zeit. Der durchgängige und effiziente Informationsprozess in der Veränderung ist gerade in Zeiten einer immer stärker zunehmenden Informationsflut essenziell für die Vorbereitung, Planung und Begleitung von Veränderungen (vgl. Kapitel 3.3.4).

Die Tatsache, dass ca. ein Drittel aller Change-Vorhaben und -Projekte an mangelnder Kommunikation scheitern und dass über ein weiteres Drittel die gesetzten Ziele nicht erreicht (Püttner, 2019), unterstreicht die oft anzutreffende Ablehnung von Veränderungen. Viele Veränderungsziele werden einfach aufgrund von Managementfehlern in der Kommunikation nicht erreicht. Dadurch wird dem Unternehmen immer ein betriebswirtschaftlicher Schaden zugeführt. Viel nachhaltiger und schwieriger zu beheben als dieser Schaden ist jedoch die Störung oder Zerstörung des Vertrauens in das Management.

Das Vertrauen in die Führung ist essenziell für erfolgreiches Change-Management, besonders in den dynamischen Zeiten von radikalen Veränderungen durch die Digitalisierung. Doch die Kernkompetenz der Kommunikation und richtigen Information scheint oft aufgrund von zu viel Hektik im Tagesgeschäft unterzugehen. Viele Führungskräfte wollen mit den Mitarbeitern sprechen und sehen den stark erhöhten Bedarf an ehrlichen, klärenden Gesprächen zur Orientierung und Sicherheit in turbulenten Zeiten. Doch Abwesenheit durch Meetings, »E-Mail-Overkill« durch ausufernde Nutzung der Cc- und Bcc-Funktion oder schlichtweg eigene operative Tätigkeiten kosten wertvolle Zeit, die dann für die wichtigen persönlichen Gespräche mit den Mitarbeitern fehlt.

Viele unserer Kunden haben eine professionelle Abteilung für Unternehmenskommunikation (UK). Die UK kann und soll bei der professionellen Aufarbeitung und Verteilung der Informationen an die Empfänger unterstützen. Hierzu müssen die Planungen und die Entscheidungen, welche Inhalte vor und in der Veränderung wie und an wen kommuniziert werden, zentral erfolgen. Das Leitungsteam oder die entsprechenden Steuerungsgremien für Initiativen und Projekte im Prozess sind hier die Entscheidungsebene. Bei der effektiven Kommunikation in Veränderungen geht es nicht um allgemeine Statements oder schicke Diagramme des Managements über den E-Mail-Verteiler, das Intranet oder den Firmenkanal »Allgemeines« in *MS Teams*. Die wahre Kraft der **Kommunikation als der Erfolgsfaktor im Change** entfaltet sich nur in authentischen und direkten Gesprächen mit den verschiedenen Bereichen und Interessengruppen, egal auf welcher Hierarchieebene.

Rolle der Information und Kommunikation im Change !

- Eine systematische und konsistente Informationsstrategie trägt maßgeblich zur Akzeptanz der Veränderungen durch Digitalisierung bei Mitarbeitern und Führungskräften bei. Die Art und Weise sowie die Sprache der Informationsweitergabe muss zur Kultur des Unternehmens passen und nicht »wie aufgesetzt« wirken. So werden Unklarheiten, Ängste und schließlich Widerstände und Blockaden wirksam vermieden.
- Die Informationsstrategie dynamischer Veränderungen in der Digitalisierung muss insgesamt verzahnt sein und inhaltlich einer klaren Linie folgen. Das gilt sowohl für die Kommunikation nach außen als auch im besonderen Maße für die interne Kommunikation mit den Interessengruppen und Beteiligten.
- Für die Kommunikation stehen jedem Unternehmen verschiedene Kanäle und Möglichkeiten zur Verfügung, die entweder auf die reine Information oder auf die aktive Beteiligung im Unternehmen zielen. Mit den vielfältigen (digitalen) Mitteln innerhalb von Unternehmen (siehe Abbildung 39) gibt es oft sehr viele Kanäle der Kommunikation – fokussieren Sie sich auf die wirksamsten.

3.6.1 Lessons Learned: Aus Scheitern lernen

Da ca. zwei Drittel aller Change-Projekte scheitern (Püttner, 2019), gibt es viele Beispiele dafür, was bei Kommunikation im Change falsch gemacht wurde. Uns dienen diese Beispiele als Inspiration, das eigene Handeln zu reflektieren und es jetzt besser zu machen – genau wie die Unternehmen jetzt vieles anders machen, denen der Fehler einmal passiert ist.

Kaum Engagement im Topmanagement

Dieser Punkt wurde in Kapitel 3.1 behandelt: die Wichtigkeit, eine Führungskoalition – also ein Leitungsteam – im Change mit Unterstützung und Beteiligung des Topmanagements zu haben, die Entscheidungen treffen will, kann und darf! In der Kommunikation des Topmanagements kommt es darauf an, dass die Ziele, der Nutzen und die Inhalte der Veränderung immer wieder glaubhaft adressiert werden. Gewollte Redundanz ist hier didaktisch wertvoll. Dies unterstreicht die Wichtigkeit der digitalen Veränderungsvorhaben. Widersprüchliche oder unklare Botschaften vom Management sorgen jedoch für Irritationen in der Organisation und werden als Desinteresse oder mangelnde Unterstützung »von oben« interpretiert. Das ist ein Sichelschnitt für die erfolgreiche Umsetzung der Veränderung. Verhalten sich Topmanager aufgrund fehlender Abstimmung inkonsistent, handelt die darunterliegende Ebene oft politisch (»Auf welcher Seite möchte ich stehen, falls alles kippt?«) und nicht mehr im Sinne der Veränderungsvision. Dieses Verhalten zieht sich dann durch die Aufbauorganisation nach unten und es entstehen Fronten oder Inseln im Change. Beides gefährdet den Erfolg und ist auf mangelhafte Kommunikation zurückzuführen.

Fehlende Vision, unklare Ziele und mangelnde Kommunikation
»Ohne Ziel stimmt jede Richtung« – ein zynischer Leitsatz in Belegschaften, die durch zu viel blinden Aktionismus in Veränderungen viel Energie sinnfrei investiert haben. Leider Realität in vielen Unternehmen. Wie Kapitel 3.2 gut beschreibt, ist eine greifbare und sinnstiftende Vision mit klaren Zielen der Kern jeder Veränderung, der Nordstern zur Ausrichtung der Handlungen. Fehlen hier die generelle Richtung und die wichtigen Leitplanken für die aktive Beteiligung der Mitarbeiter, sorgen diese Unklarheiten schnell für Stillstand im Change aus Vorsicht oder Angst, etwas falsch zu machen. Vision und Ziele geben Halt und Sicherheit in den unruhigen Zeiten von Veränderungen.

Gleiches gilt für die Strategie, die Maßnahmen und die damit verbundenen Ziele: Es muss sie nicht nur geben, sie müssen auch nachvollziehbar und transparent kommuniziert werden, um das Momentum der Veränderung aufrechtzuhalten. Der agile Charakter von Meilensteinen und Maßnahmenplänen hinsichtlich des Detaillierungsgrades untermauert die Flexibilität des Managements, sich der Umgebung (VUKA-Welt) anzupassen und Vorgehensweisen zu ändern, wenn nötig. Dies ist kommunikativ eine Kunst, denn Änderungen werden in traditionellen Unternehmen oft als »Beleg fürs Scheitern« wahrgenommen. Also muss die hohe Wahrscheinlichkeit, Pläne und Maßnahmen an das dynamische Umfeld anpassen zu müssen, bereits im Vorfeld klar angesprochen werden. Das ist Teil der Umsetzung und für eine nachhaltige Zielerreichung und Sicherheit im Prozess wichtig. Die offene Kommunikation darüber, was momentan noch unbekannt ist, gehört auch dazu. Dies transportiert Ehrlichkeit und Vertrauen in die Belegschaft und deren Fähigkeiten.

Beispiel: »Wir wissen, wo wir heute stehen, wo wir mit dieser Veränderung hin- und in zwei Jahren ungefähr sein wollen. Wir wissen auch, womit wir diese Reise anfangen werden – aber alles Weitere werden unsere Erfahrungen zeigen, aus denen wir lernen werden. Wir wissen, dass wir gemeinsam auf dem richtigen Weg für unser Unternehmen sind, und vertrauen bei dem *Wie* auf euch – unsere Mitarbeiter.«

Fehlende Erfahrung von Führungskräften

Hier ist die Erfahrung im Managen und Führen von Veränderungsprojekten gemeint: Durch das Unterschätzen von Ressourcen für die direkte Kommunikation (zeitlicher Aufwand für Planung und vor allem die Umsetzung) verzetteln sich viele Führungskräfte. Sie werden zu *Brandbekämpfern* und reagieren gestresst auf Veränderungen und echten Gesprächsbedarf, anstatt planvoll und mit Verstand zu agieren. Wenn Kommunikation als Schlüsselkompetenz erfolgreicher Veränderung mit der entsprechenden Sorgfalt vorbereitet wird, werden Risiken bei Interessengruppen früh erkannt und können vermieden oder abgefedert werden. So tauchen später keine Überraschungen auf und verdeckte Hindernisse oder Widerstände werden gar nicht erst zu Blockaden.

Beispiel: Kommunikationspanne

In einem mittelständischen Unternehmen mit knapp 50 Mitarbeitern (davon acht Führungskräfte) sollten Maßnahmen für ein groß angelegtes Veränderungsvorhaben (»Papierloses Büro über ein Dokumentenmanagementsystem«) umgesetzt werden. Dem Geschäftsführer fiel auf, dass in einer Abteilung oft konträr zu seinen Ideen und Zielen gehandelt wurde. In einem Change-Management-Workshop wiederholte er einleitend seine Change-Story (siehe Kapitel 3.4.1) und schloss mit den Worten, dass dies ja allen von der letzten Betriebsversammlung vor einigen Monaten bekannt sei.

Eine Führungskraft erhob die Stimme zu einem deutlichen »Nein!« – sie hatte an der Betriebsversammlung nicht teilgenommen und wusste *offiziell* nichts von den Plänen. Anstatt die auf die digitale Veränderung bezogenen Maßnahmen zu hinterfragen oder ein Gespräch mit dem Geschäftsführer zu suchen, baute dieser Abteilungsleiter eine Blockade auf: Er war davon ausgegangen, dass der Geschäftsführer ihn persönlich davon in Kenntnis setzen würde. Die Welt des Geschäftsführers sah im Gegensatz dazu so aus, dass seine Führungskräfte auf ihn zukommen, wenn etwas unklar ist. Immerhin pflegt er die Politik der offenen Tür.

Dieser verdeckte Konflikt war aufgrund von beiderseitigen Annahmen zu einer abteilungsweiten Blockade der Veränderungsmaßnahmen eskaliert und hätte durch ein direktes Gespräch vor Wochen bereits gelöst werden können.

Dieses Beispiel aus dem Jahr 2018 zeigt, dass gut ausgebildete und technisch sehr erfahrene Führungskräfte bei Veränderungsvorhaben oft die Kraft der menschlichen Emotionen unterschätzen. **Digitalisierung ist zu 90 % Mensch und nur zu 10 % Technologie.** Es geht nicht darum, die »10 % Technologie« zu kaufen und einzuführen, sondern vielmehr darum, die »90 % Mensch« in der digitalen Veränderung sicher zu führen.

Falsche Annahmen über vorhandene Informationen
Viele Führungskräfte setzen ihr Wissen über Märkte, Kennzahlen, Ziele und Maßnahmenpakete auch bei ihren Mitarbeitern voraus. Dabei wird vergessen, dass Mitarbeiter entweder keinen Zugang zu aktuellen Zahlen/Informationen haben oder diese nicht einordnen oder daraus Ableitungen für den eigenen Bereich / das eigene Handeln treffen können.

Wozu sollten sie auch? Genau das ist eine der Kernaufgaben von Führungskräften: Informationen für den Verantwortungsbereich aufzunehmen, zu beurteilen und daraus nachvollziehbare Folgerungen für den eigenen Bereich abzuleiten und die Erwartungen transparent zu kommunizieren – nicht durch das Weiterleiten von kreativ angepassten Meeting-Protokollen, sondern in zeitnahen und direkten Besprechungen mit den Mitarbeitern, um so direkt auf Fragen einzugehen. Nichts wollen Sie als Führungskraft weniger als das Zentrum für neue Flurfunkgerüchte zu sein: Wenn Mitarbeiter über Veränderungen von bereichsfremden Kollegen an der Kaffeemaschine informiert werden, machen Sie sich als Führungskraft sehr schnell unglaubwürdig. In Zeiten, in denen Vertrauen und Transparenz in der Kommunikation elementar sind, liegt es an den Führungskräften, sich das Vertrauen jeden Tag aufs Neue zu verdienen und den Mitarbeitern wichtige Informationen schnell und persönlich zu liefern.

Verspätete und unzureichende Information
Die Salamitaktik, also unangenehme Informationen scheibchenweise und leichter verdaubar an die Mitarbeiter weiterzugeben, ist in der Change-Kommunikation eine der häufigsten Arten, das Vertrauen der Mitarbeiter zu verlieren. Wenn nach einiger Zeit das gesamte Ausmaß und die wahre Dringlichkeit der Veränderungen bekannt werden, wird den Mitarbeitern auch klar, dass sie bewusst nur über die Hälfte informiert wurden. Dieses »gut gemeinte« Schutzverhalten des Managements gegenüber der Belegschaft schlägt dann ins Gegenteil um. Verlorenes Vertrauen ist sehr schwer wiederherzustellen – verspielen Sie diesen Trumpf nicht aus Versehen!

Sicherlich müssen nicht alle Mitarbeiter jede Information sofort bekommen, denn das schürt vermeidbare Verunsicherung, da viele Änderungen nach kurzer Zeit obsolet oder durch andere Änderungen überholt werden. Doch gerade große Veränderungsvorhaben, die vom Topmanagement geplant sind und z. B. durch Befragungen vorbereitet werden (siehe Kapitel 3.2.2), entwickeln bei unzureichender Kommunikation schnell eine Eigendynamik bei den Betroffenen (Gerüchte über ein »geheimes Projekt« etc.). Dies gilt es durch geplante Information über geeignete Kanäle und Formate für Gesprächsrunden zu vermeiden.

Checkliste: Lessons Learned »Kommunikationsfails« !

- Engagement und Commitment im Topmanagement gesichert? Konsistente Informationen »von oben« zur Veränderung vorhanden?
- Klare Vision, verständliche Strategie und greifbare Ziele definiert? Transparente Maßnahmenpläne vorhanden?
- Fehlende Change-Erfahrung durch umfangreichere Planung und Ressourcenverteilung kompensiert? Kommunikation als Schlüsselkompetenz im Change erkannt?
- Durchgängige Kommunikation von Entscheidungen durch Führungskräfte zur Informationsverteilung im eigenen Bereich aktiviert?
- Rechtzeitige und transparente Kommunikation von geplanten Veränderungsmaßnahmen gesichert, um hinderliche Gerüchte im Keim zu ersticken?

3.6.2 Den Informationsprozess im Change planen

Erfolgreiche Kommunikation im Change sollte bereits in den ersten Besprechungen und spätestens nach den ersten Entscheidungen (»Ja – wir werden etwas verändern!«) ganz oben auf der Agenda stehen und mitgeplant werden. Da diese Entscheidung oft im Topmanagement (»kleiner Kreis«) gefällt wird, muss in diesem Kreis auch über die Kommunikations- und Informationspolitik gesprochen werden.

Risiken erkennen und vermeiden !

Die folgenden vier Fragen helfen bereits in der Vorphase, Risiken zu erkennen und zu berücksichtigen.

1. Warum planen wir diese Veränderung? Was ist die emotionale Geschichte (Change-Story, Kapitel 3.4.1) hinter den blanken Zahlen, Daten und Fakten? Was sind unsere Ziele und was der Nutzen?
2. Welche Botschaften wollen wir mit dem Start der offiziellen Analysephase transportieren? Welche nicht?
3. Welche internen Interessengruppen und Stakeholder müssen zuerst mit ins Boot geholt werden? Wie groß ist die Betroffenheit durch die Veränderung? Wie stark hängt der Erfolg von diesen Gruppen ab?
4. Wann ist der späteste Zeitpunkt dafür, dass die Analyse und somit das Veränderungsprojekt in der gesamten Organisation sichtbar wird? Was für Auswirkungen hat das?

Durch die Analysephase (siehe Kapitel 3.1) verfügen wir über eine detaillierte Umfeldanalyse, eine Aufstellung der Interessengruppen und Stakeholder, evtl. auch über eine Aufstellung der betroffenen Prozesse und deren jeweiligen Einfluss auf unser Veränderungsvorhaben. Die Vision, der Nutzen und die ersten Maßnahmen unserer Strategie liegen aus der Zieldefinierungsphase vor (siehe Kapitel 3.2).

Zusammen ist das eine hervorragende Basis, um mit der Planung des Informationsprozesses zu starten.

3.6.2.1 Kernelemente des Informationsprozesses

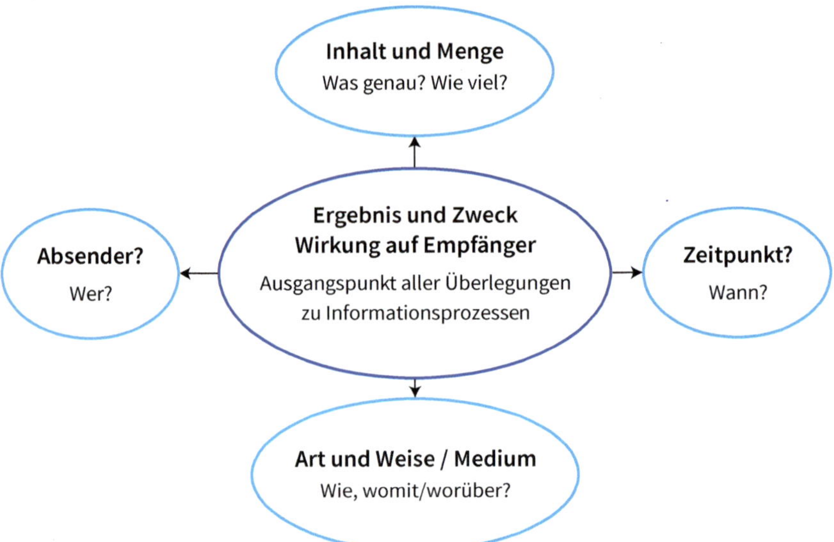

Abb. 38: Kernelemente im Informationsprozess (in Anlehnung an Glasl/Kalcher/Piber, 2008)

Im Zentrum der Überlegungen steht immer die beabsichtigte **Wirkung auf die Empfänger** der Information, die Ziele: Was will ich erreichen? Was soll das Ziel dieser Information sein? Risikocheck: Was löse ich aus, wenn ich diese Information nicht an diese Empfänger weitergebe? Ausführliche Informationen hierzu finden Sie im Kapitel 3.5.

Die gewünschte Wirkung ist zu unterteilen in:

- **Informieren:** reine Information ohne Austausch oder Dialog über den Inhalt; Beispiele: Zeitung, Aushang, Videobotschaft oder PDF-Datei im Intranet
- **Interagieren:** Rückmeldungen, Feedback, Meinungen einfordern und in einen Dialog treten; Beispiele: Besprechungen, Befragungen, Gespräche, Kommentare zu Dateien in *Confluence*, Chats in *Slack*-Channels

- **Involvieren:** aktive Mitarbeit an der digitalen Veränderung; Beispiele: Ideen sammeln, Workshops, Arbeit in Gremien oder Initiativen, Einsatz von Change Agents

Der **Inhalt und die Menge** sollen an die Zielgruppe und den Zweck angepasst sein, sonst verfehlt die Botschaft ihre Wirkung: Welche Informationen sind notwendig, um das Ziel zu erreichen – welche sind überflüssig (Effizienz in der Kommunikation: nichts transportieren, was im Kontext hinderlich ist oder überfordert)?

Wer ist der **Absender**? Das klingt auf den ersten Blick profan, da »alles von oben kommt« – aber je nach Zielgruppe und Wirkung kann ein anderer Absender eine andere Wirkung erzielen und glaubwürdiger klingen. Die zur Verfügung stehenden Gremien und Sponsoren müssen miteingebunden werden und sollen die Informationen an *ihre* Zielgruppe in *ihrer* Sprache weitergeben.

Zu welchem **Zeitpunkt** wird die Information verteilt? Wann ist der genau richtige und sinnvolle Zeitpunkt für die richtige Wirkung? Nicht jede Information muss sofort weitergegeben werden – so wird zu viel und zu oft kommuniziert. Ein Kommunikationsplan mit einer Übersicht, wann welche Initiativen starten und was wie grundsätzlich kommuniziert wird (monatliche Updates, Erfolgsgeschichten etc.), gibt Sicherheit in der Planung.

Entscheidend für die richtige Wirkung sind die **Art und Weise** sowie das **Medium**, mit dessen Hilfe die Information transportiert wird. Nichts wirkt unglaubwürdiger als eine unpersönliche E-Mail vom Vorstand »an alle«, in der die Change-Story als Anhang verschickt wird.

Der **richtige Medien-Mix** macht es aus – erstellen Sie sich eine Übersicht:
- Welche Kommunikationskanäle haben Sie im Unternehmen und wofür werden diese aktuell genutzt? Wie akzeptiert sind diese Kanäle bei den Interessengruppen? Worauf fußt diese Einschätzung?
- Sind diese Kanäle ein- oder zweiseitig nutzbar (also reine Informationsverteilung oder Dialog bei Unklarheiten)? Wie stellen sich die Empfänger eine gute Kommunikation bei diesem Thema vor?
- Hand aufs Herz: Wie werden das Intranet, Informations-Apps und News-Mailings tatsächlich von den Mitarbeitern akzeptiert und genutzt?
- Welche Besprechungsrunden und Mitarbeiterversammlungen gibt es bereits?
- Wo besteht durch die Veränderung echter Bedarf an mehr Raum für Gespräche?
- Was wollen wir bewusst für welche Information nutzen – und was auf keinen Fall?

! **Veränderung auf jeder Meeting-Agenda? Immer?**

Sollte das Thema der Veränderung/Digitalisierung immer einen »Extraplatz« auf jeder Meeting-Agenda in der Organisation bekommen? Selbstverständlich nicht. Denn jede Entscheidung (und Handlung) muss durch die Führungskräfte automatisch mit der Vision und den Zielen abgeglichen und einsortiert werden, also auf welches Ziel sie wie einzahlt. Wenn diese Entscheidungen an die Mitarbeiter weitergegeben werden, ist dieser Abgleich besonders wichtig: So wird die Veränderung **gelebt**, immer wieder in den Fokus gerückt und auf jeder Ebene spürbar.

Somit ist das Veränderungsthema in jeder Besprechung präsent, auch wenn es keinen eigenen Platz in der Agenda hat.

3.6.2.2 Instrumente des Informationsprozesses

Die Matrix in Abbildung 39 enthält einige Beispiele für aktuelle Instrumente im Informationsprozess rund um die Veränderung. Bei aller Vielfalt: Entscheiden Sie sich für akzeptierte Kanäle und Instrumente und bleiben Sie inhaltlich bei einem Kanal – es verwirrt und wirkt unsicher, wenn die monatlichen »Digitalisierungsupdates« immer per E-Mail-Rundschreiben verteilt wurden und dann plötzlich ohne Grund in den Tiefen des Intranets oder auf anderen Kanälen auftauchen oder gar doppelt verteilt werden.

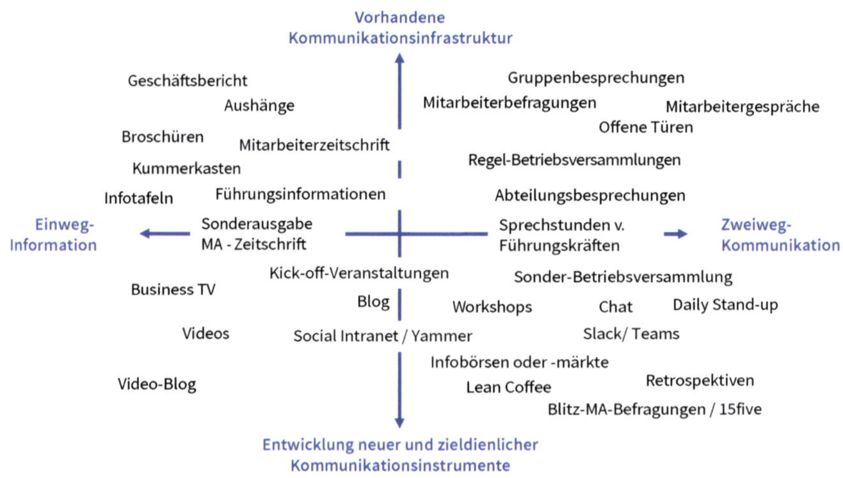

Abb. 39: Instrumente im Informationsprozess (eigene Darstellung)

Bei der Wahl des angemessenen Instruments ist immer auf den zu erzielenden Zweck zu achten: Möchte ich nur informieren (Einwegkommunikation) oder in den Dialog treten und Rückmeldungen/Beteiligung der Belegschaft fördern (Zweiwegekommunikation)? Es ist das Instrument zu wählen, das von der Zielgruppe genutzt wird und die passenden Möglichkeiten bietet.

Praxistipp: Vergessen Sie nicht, die Kommentarfunktion für die Mitarbeiter auch zu aktivieren, damit sie genutzt werden kann.

3.6.2.3 Informationsverhalten im Kontext Betroffenheit/Einfluss

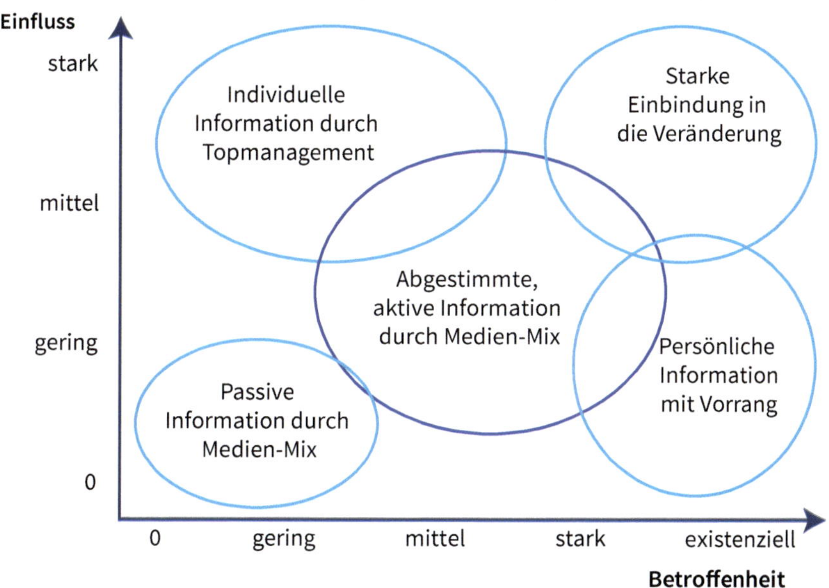

Abb. 40: Stakeholder-Einbindungs-Betroffenheits-Matrix (in Anlehnung an Baltes/Freyth, 2017)

Abbildung 40 stellt unterschiedliche Ansätze basierend auf dem Grad der Betroffenheit im Kontext des Einflusses abstrakt dar. Eine detaillierte Analyse der Stakeholder in der Gesamtveränderung wurde bereits durchgeführt (siehe Kapitel 3.1), jetzt geht es um die konkrete Planung im Informationsprozess. Hierbei sind besonders zu beachten:

- **Hoher Einfluss / hohe Betroffenheit:** Diese Stakeholder sollten möglichst direkt eingebunden werden. Kritiker in diesem Kreis sind willkommen, denn sie stellen ein internes Korrektiv dar und sind durch die hohe Einbindung stets im Blick der Steuerung.

- **Niedriger Einfluss / hohe Betroffenheit:** Dies sind Mitarbeiter oder Bereiche, deren Arbeitsumfeld sich durch die Digitalisierung grundlegend ändern wird. Aufgrund der hohen Betroffenheit ist eine persönliche Kommunikation mit diesen Bereichen unerlässlich, da sich sonst Widerstände und Fronten bilden werden.
- **Hoher Einfluss / geringe Betroffenheit:** Hier sind oft Aufsichtsräte oder Unternehmerfamilien zu finden, die viel Einfluss haben, aber von dem Ergebnis der Veränderung operativ nur gering betroffen sind. Es können auch informelle (langjährige) Mitarbeiter aus anderen Bereichen, Experten oder der Betriebsrat in diese Gruppe fallen. Diese Stakeholder müssen regelmäßig durch das Leitungsteam informiert und »abgeholt« werden. Sie haben einen starken Einfluss auf die Akzeptanz der Veränderung, den wir für das Thema nutzen müssen und nicht durch ein Informationsvakuum ins Leere oder sogar gegen die Veränderung laufen lassen dürfen.

Diese Einbindung in der Information bezieht sich auf den gesamten Change-Prozess, nicht nur auf die Vorbereitung, Planung und den Kick-off. Viele unserer Kunden investieren bewusst viel Zeit in die Erarbeitung des Kick-off (Change-Story, um »den Stein ins Rollen bringen«), vernachlässigen dann aber aufgrund des Tagesgeschäftes zunehmend die kontinuierliche Informationsweitergabe. Dies ist genauso schädlich wie gar nicht zu informieren: Zu Beginn werden alle über bevorstehende Veränderungen informiert und dann »passiert gar nichts« – so zumindest ist die Wahrnehmung in der Organisation bei nicht direkt betroffenen Bereichen. Hier entstehen dann die Gerüchte, die zu Widerständen durch falsche Annahmen führen – alles vermeidbar, durch konsistente und andauernde Informationsweitergabe durch das Leitungsteam.

3.6.3 Informationsprozess im laufenden Projekt planen und sicherstellen

Der anhaltende und abgestimmte Informationsprozess in digitalen Veränderungen benötigt Ressourcen: Erkenntnisse aus den laufenden Initiativen/Projekten, Erfolge in der Umsetzung, kritische Rückmeldungen von Mitarbeitern und Kunden müssen ausgewertet, verarbeitet und zeitnah verteilt werden.

Um Fehleinschätzungen hinsichtlich des Zeitaufwandes für Kommunikation und Information während des Projektes zu vermeiden, ist bereits in der Planung ein kritischer Blick auf die vorhandenen Ressourcen (Zeit und Können der Beteiligten) wichtig:

- Welcher Zeitaufwand ist in der persönlichen Kommunikation von Inhalten durch das Management an wichtige Interessengruppen zu erwarten? Steht diese Zeit zur Verfügung? Wie gehen wir mit Unterdeckung um, wie schaffen wir Zeiträume?
- Wer sind erforderliche Multiplikatoren in der Kommunikationshierarchie? Ist hier die erforderliche Erfahrung und Kommunikationskompetenz vorhanden, um auch kritische Gespräche zu führen?
- Sind sich diese Multiplikatoren ihrer besonderen Rolle im Informationsprozess bewusst oder muss hier nachgesteuert werden (z. B. Wahrnehmung der Rolle im Change und Kommunikationskompetenzen schärfen)?
- Können wir als Führungskräfte die digitalen Tools und Techniken so bedienen, dass wir eine Vorbildfunktion in der Nutzung ausüben?
- Benötigen wir bei bestimmten, erfolgskritischen Elementen (griffige Vision, aktivierende Change-Story, Workshop-Moderation, Kick-off-Planung und Change-Begleitung) externe Fachkompetenz (z. B. Change-Kommunikationsexperten, Moderatoren)?

Wichtig: Kommunikationskompetenz der Führungskräfte !

An der Basis der digitalen Veränderung – in den Teams, Gruppen und Abteilungen – muss die Kommunikationskompetenz deutlich ausgeprägt sein. Denn dort haben die Führungskräfte tagtäglich Kontakt zu betroffenen Mitarbeitern. Wenn die Führungskräfte hier aus Angst vor kritischen Gesprächen oder Unwissenheit in der Bedienung von Tools den Mitarbeitern wichtige Informationen vorenthalten, verlieren Sie den betroffenen Bereich in der Veränderung! Führen Sie vorher offene Gespräche mit den Führungskräften (unbedingt auch mit den Führungskräften der untersten Ebenen) über Ihre Erwartungshaltung und bieten Sie Unterstützung durch Weiterbildungen, Trainings, Supervisionen oder Business Coachings an.

3.6.3.1 Informationsstruktur festlegen

Sowohl im klassischen als auch im agil ausgerichteten Change-Prozess bieten feste Strukturen und Abläufe einen Rahmen, der den Betroffenen Sicherheit gibt. Im klassischen Kontext werden die wesentlichen Informationsbausteine gemäß dem Projektplan als feste Elemente zu den jeweiligen Zeiten eingeplant und mit Verantwortlichkeiten und Ressourcen hinterlegt. Im dynamischen, agilen und veränderungsfokussierten Rahmen sind solche weit im Voraus geplanten Informationsveranstaltungen nicht möglich, da sich die Ausrichtung oder der Inhalt ändern werden.

Dies ist der Standard in digitalen Veränderungsvorhaben in der VUKA-Welt: Durch die Komplexität sind keine genauen Prognosen und Detailplanungen möglich und würden nur Planungsressourcen verschwenden. Ähnlich wie im Scrum-Framework geben hier feste Zyklen und wiederkehrende Formate den Takt und somit die Informationsstruktur und Sicherheit vor. Diese Struktur ist für alle Beteiligten wichtig, denn eine bedarfsweise Information »zwischen Tür und Angel« versandet schnell im Tagesgeschäft und führt zu ungeplanter Mehrarbeit. Hier kommen der Medien-Mix und die Stakeholder-Einbindungs-Betroffenheits-Matrix zum Einsatz.

Wahl der Zyklen: Der Takt für unsere Informationen

Anfänglich bieten sich Zyklen von zwei bis vier Wochen an: Je mehr Zeit zwischen den Besprechungen liegt, desto länger dauern die Besprechungen und desto umfangreicher werden die Maßnahmen. Kürzere Zeitspannen bedeuten eine bessere Reaktion auf unvorhergesehene Veränderungen und eine schnellere Justierung der Maßnahmen oder auch eine schnellere Einleitung von Aktionen bei Widerständen, die durch Unklarheiten entstanden sind. Dies ist besonders zu Beginn einer großen Digitalisierungsmaßnahme wichtig. Im späteren Verlauf des Veränderungsprozesses kann (wenn aus Sicht der Beteiligten sinnvoll, z. B. in Urlaubsphasen) auf längere Zyklen gewechselt werden.

Verflechtung der Theorie mit der Praxis

Beginnend mit den Stakeholdern im Kreis »**starke Einbindung in die Veränderung**« (vgl. Abb. 40) werden Art und Umfang des beidseitigen Informationsaustausches festgelegt. Eine enge Abstimmung auf einen einheitlichen und beidseitig akzeptierten Rahmen zu Beginn des Informationsprozesses ist wichtig, da es bei den direkt in die Veränderung eingebundenen Interessengruppen keine Widersprüche und Unklarheiten geben darf.

- Welche festen Besprechungen mit welchem Inhalt und Ziel gibt es wiederkehrend?
- Wie können diese Stakeholder im weiteren Informationsprozess sinnvoll als Multiplikatoren für welche Gruppe genutzt werden?
- Wer ist für welche Information verantwortlich (feste Zuständigkeiten und Standards, um Redundanzen oder Lücken in der Kommunikation zu vermeiden)?
- Was sollen diese Verantwortlichen an welche Zielgruppe wann weitergeben (Kaskadierung des Informationsprozesses)? Welche »Sub-Zyklen« können und sollen dabei genutzt werden?

Die **individuelle Information durch das Topmanagement** an Stakeholder mit starkem Einfluss, aber wenig Betroffenheit (Aufsichtsräte, Betriebsratsvorsitzender) ist zu Beginn stark zu berücksichtigen, um Sicherheit in der Planung zu transportieren. Für den Austausch wichtiger Erkenntnisse während des Prozesses stehen mit diesen Stakeholdern in der Regel langfristig geplante Formate zur Verfügung, in denen dann die Informationen ständig mit dem regulären Inhalt dieser Formate verknüpft werden. So wird die Kontinuität in der Veränderung mit den relevanten Informationen für diese Gruppen verbunden und auch hier die Veränderung lebendig dargestellt. Sie soll zum

Tagesgeschäft gehören und nicht als gekapseltes Vorhaben dargestellt werden (es sei denn, sie ist ein technisches Pilotprojekt in einer vorgeschalteten Machbarkeitsstudie zu einer großen Veränderung).

Die **passiven Informationen durch den Medien-Mix** für weniger betroffene und einflussreiche Stakeholder (sogenannte Interessierte) sind wichtig, um allen in der Organisation die Möglichkeit zum einheitlichen Einblick zu geben. Hier sprechen wir zum Beispiel von speziellen Intranet-Seiten, besonderen Kanälen in *MS Teams* oder *Slack*, einem digitalen Schwarzen Brett (also im Unternehmen verteilte, große Monitore zur Information mit wechselnden Themen) oder Informationen, die durch die Führungskaskade in den Besprechungen nach unten in die Bereiche verteilt werden.

Die Basis für die Information, die allen zur Verfügung steht und somit recht allgemein gehalten werden soll, wird gelegt: Wichtige und grundlegende Informationen werden passiv zur Verfügung gestellt, ohne tatsächlich in einen Dialog mit den Empfängern zu treten – ein leicht verständliches Minimum im Informationsprozess, durch das das »Big Picture« der Veränderung vermittelt wird und das für alle anderen Informationsvorhaben als Basis genutzt werden kann und soll. Achten Sie auf die Konsistenz der Botschaften, sonst verwirren Sie die Beteiligten.

Durch die **persönliche Information mit Vorrang** werden in Einzelgesprächen gezielt die relevanten Informationen an die betroffenen Stakeholder vermittelt. Dies ist höchst individuell, sollte aber mit entsprechenden Ressourcen hinterlegt werden.

Medien-Mix im Informationsprozess !

Für den Schwerpunkt im Informationsprozess, die abgestimmte und aktive Information durch einen Medien-Mix, muss in diesem Planungsschritt eine erste Strategie festgelegt werden. Diese Strategie soll Antworten auf die folgenden Fragen geben:

- Mit welchen Interessengruppen/Stakeholdern soll
  - für welchen Informationsbedarf
  - welche Wirkung
  - durch welche Botschaft (Inhalt)
  - über welchen Kanal erzielt werden?
- Wann und durch wen wird kommuniziert?
- Wer ist dafür verantwortlich?

Die folgende Planungshilfe ist eine sinnvolle Arbeitsergänzung.

3.6.3.2 Kommunikationsplan erstellen

Unser aus der Umfeldanalyse, der Aufstellung der Interessengruppen und Stakeholder (Einfluss), der Vision, dem Nutzen und den ersten Maßnahmen bestehendes Basispaket wird nun in unseren grundsätzlichen Kommunikationsplan überführt, der den Rahmen für weitere Kommunikationsmaßnahmen bildet.

Wie ein Kommunikationsplan aussehen kann, sehen Sie in Abbildung 41. Dieses Beispiel können Sie mit der smARt-Haufe-App direkt herunterladen.

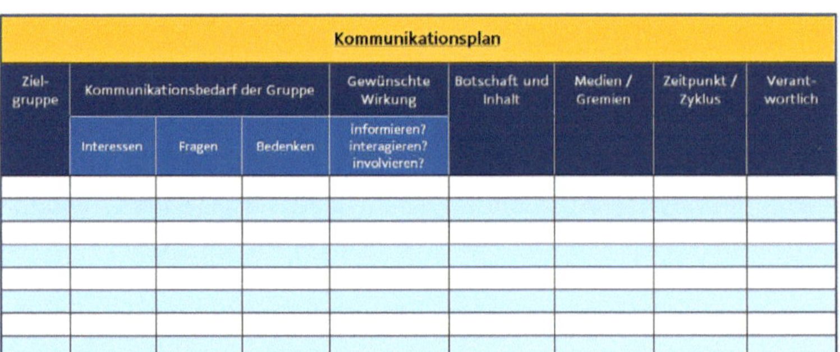

Kommunikationsplan								
Ziel-gruppe	Kommunikationsbedarf der Gruppe			Gewünschte Wirkung	Botschaft und Inhalt	Medien / Gremien	Zeitpunkt / Zyklus	Verant-wortlich
	Interessen	Fragen	Bedenken	informieren? interagieren? involvieren?				

Abb. 41: Kommunikationsplan (eigene Darstellung)

Bearbeitungshinweise zum Kommunikationsplan:
Zielgruppe: Wer ist die Interessengruppe (Zielgruppe) / der wichtige Stakeholder?

Kommunikationsbedarf: Welchen Bedarf hat die Zielgruppe in Bezug auf die digitale Neuerung? (Stakeholderanalyse mit Perspektivwechsel: »Wenn ich in dieser Gruppe wäre – was würde ich wissen wollen?«)

Gewünschte Wirkung: Soll diese Zielgruppe *informiert* werden, soll mit ihr *interagieren* oder soll sie *involviert* werden? (Schwankt je nach Zeitpunkt, da sich die gewünschte Wirkung je Zielgruppe im Veränderungsprozess verändern wird.)

Botschaft/Inhalt: Worüber will ich informieren / wobei soll diese Gruppe interagieren oder involviert werden? Welche Themen sind *jetzt* wichtig? (Was löse ich damit aus? Was passiert ohne diese Botschaft im Prozess?)

Medien/Gremien: Über welches Medium erfolgt die Information? Kommen spezielle Gremien (Aufsichtsrat, Betriebsrat, Sounding Boards) zum Einsatz?

Zeitpunkt: Der Zeitpunkt wird chronologisch im Veränderungsprozess aufgelistet, die wiederkehrenden Formate (z. B. monatliche Newsletter / Gremiensitzungen / Retrospektiven) können aus Gründen der Übersichtlichkeit in einer gesonderten Tabelle erfasst werden.

Verantwortlich: »Verantwortlich« heißt nicht automatisch auch »Absender« – in dieser Spalte steht lediglich derjenige, der für die Umsetzung der Kommunikationsmaßnahme verantwortlich ist. Oft ist dies jedoch der Absender. Sonderfälle können sein: Geschäftsführer (verantwortlich) spricht offiziell mit Betriebsrat, dieser ist auf der kommenden Betriebsversammlung der Absender spezieller Botschaften, Informationen oder Einladungen im Zusammenhang mit der Veränderung.

3.6.3.3 Moderne Kommunikationsformate nutzen

Wenn der Fortschritt bei der Einführung des neuen Dokumentenmanagementsystems (DMS, Stichwort »Paperless Office«) den Mitarbeitern nur über ein Schwarzes Brett oder per E-Mail-Verteiler mitgeteilt wird, läuft einiges falsch. In der Digitalisierung sind die neuen Möglichkeiten auch zu nutzen, um ein aktivierendes Statement zu setzen: *»Auch die Geschäftsleitung muss sich umstellen und kämpft mit den anfänglichen Schwierigkeiten in der Digitalisierung.«* So wird ein ehrliches und menschliches Bild transportiert. Das Lernen im Management und ein offener Umgang damit gehören zur wichtigen »Vorbildfunktion«, die die Führung in der digitalen Veränderung für das gesamte Unternehmen übernimmt.

Analoge Formate wie Besprechungen oder Stand-up-Meetings können ohne viel Aufwand durch den Einsatz von Video-Streaming »digitalisiert« werden. So sind sie für verteilte Teams nutzbar und Aufzeichnungen oder Ergebnisse der Meetings können bei Bedarf schnell verteilt werden. Haptische Taskboards im Management der Veränderungsprojekte (»Kanban-Board«) können über *MS Planner* oder *Trello* (durch rein lesenden Zugriff) für alle Mitarbeiter digital zugänglich gemacht werden. Eine konsistente und durchgängige Nutzung der verschiedenen Medien bei gleichzeitiger Vermeidung von Redundanz und zu viel Mehraufwand ist schwierig, sorgt aber dafür, dass jeder im Unternehmen erreicht wird. Dafür lohnt sich der Mehraufwand!

Die aktuellen Bedürfnisse und Meinungen der Belegschaft zeitnah abzugreifen und in der dynamischen Planung zu berücksichtigen ist in der Veränderung wichtig. Ob zahlreiche Kurzmeetings, Lean Coffee oder digitale Tools wie *kununu engage* oder *Peakon*: Die Möglichkeiten heutzutage sind so vielfältig, dass wir zum Controlling der Veränderung ein eigenes Kapitel (Kapitel 4.1) verfasst und mit aktuellen Praxisbeispielen bestückt haben.

3.6.3.4 Praxisbeispiel für einen erfolgreichen Informationsprozess

Ein erfolgreicher Informationsprozess bei einem unserer Kunden sorgt dafür, dass die gesamte Organisation stets ein gutes Bild über den Fortschritt in der Veränderung hat. Abbildung 42 zeigt die wesentlichen Aspekte im Informationsprozess, der mit der Beteiligung der Geschäftsführung in Workshops erarbeitet wurde und durch jede Führungskraft im Unternehmen gelebt wird.

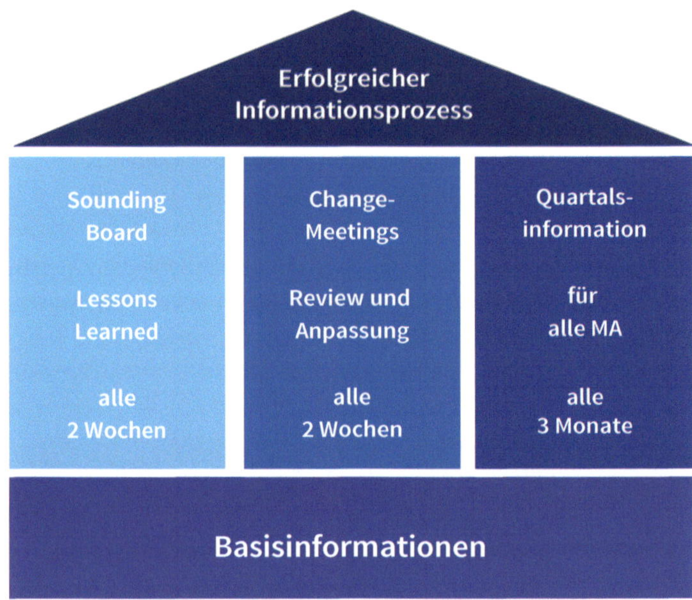

Abb. 42: Beispiel: Erfolgreicher Informationsprozess (eigene Darstellung)

Die Kaskadierung des Informationsprozesses durch die Multiplikatoren/Führungskräfte und die unterschiedlichsten Medien und Methoden ist je nach Abteilung und Führungsstil sehr individuell. Gemeinsame Elemente sind hier: Informationen weitergeben, Dialog suchen, Beteiligung sicherstellen.

Das folgende ausführliche Beispiel gibt Ihnen eine Vorstellung davon, wie der Informationsprozess gestaltet wird, geht jedoch aus Übersichtsgründen nicht auf die eigentlichen Inhalte ein.

Kick-off und Kern der Veränderung

Der Kern der Information über die Veränderung im Unternehmen, quasi der Kick-off, wurde bei einer extra dafür einberufenen Betriebsversammlung vermittelt. Die

Change-Story wurde durch die Geschäftsführung und die wichtigsten Abteilungsleiter sowie den Betriebsratsvorsitzenden gemeinsam vorgestellt. (Methode: abgestimmte Information durch Medien-Mix, Kick-off für große Veränderungen immer durch Topmanagement, persönlich an alle / möglichst viele!)

Der Titel »Die Geschäftsführung lädt ein« war hier mehr als nur der Titel: Die Geschäftsführung muss einladen, um von Beginn an die Wichtigkeit der Veranstaltung zu unterstreichen. Sollte die Change-Story im Rahmen einer durch den Betriebsrat einberufenen Versammlung vorgestellt werden und die Teilnehmer freiwillig dort sein, kann nicht jeder erreicht werden und an der Change-Story klebt das Schild des Betriebsrats.

Der Vortrag der Change-Story durch die Geschäftsleitung wurde gefilmt und den Mitarbeitern nach der Veranstaltung zusammen mit einem »Faktenblatt« (Vision, Ziele und Strategie) in einem gesonderten, auf der Startseite des Intranets gut sichtbaren Bereich digital zur Verfügung gestellt. Dies wurde im Kick-off auch so angekündigt, da in diesem Bereich auch im weiteren Verlauf die grundlegenden Informationen über die Veränderung bereitgestellt werden sollten (passive Information mit Medien-Mix).

Mehr noch: Hier findet sich die Möglichkeit für alle Mitarbeiter, anonym Fragen zu stellen, auf Missstände hinzuweisen und Verbesserungen in der Veränderung vorzuschlagen. Wöchentlich werden die anonym gestellten Fragen in einer Videobotschaft durch die Geschäftsleitung beantwortet. Sicherlich könnte auch ein Mitarbeiter der Unternehmenskommunikation auf die Fragen antworten und die Führung entlasten. Der Geschäftsleitung ist es jedoch sehr wichtig, dies persönlich und für alle sichtbar zu machen – deshalb wurde die Idee der »Video-Antworten« gewählt, um emotionaler und vor allem persönlicher zu antworten. Veränderung ist Chefsache!

Erfolgsgeschichten wahrnehmen und weitergeben

Um nach dem großen Auftakt der Veränderung inhaltlich am Ball zu bleiben, wurde mit den wichtigsten Stakeholdern in der Umsetzung vereinbart, sich anfänglich in jeder geraden Kalenderwoche zum »Change-Meeting« zu treffen (starke Einbindung in Veränderung). Durch diese einfache Regelmäßigkeit des Zweiwochenrhythmus wird der Abstimmungsbedarf flach gehalten und die Reaktionsgeschwindigkeit im gesamten Unternehmen beim Change erhöht. Die Beteiligten tauschen den aktuellen Status ihrer Projekte kurz aus und sprechen offen über Erfolge und Misserfolge (Lessons Learned – damit diese Fehler in anderen Bereichen nicht noch mal gemacht werden). Allen voran der Geschäftsführer, um mit gutem Beispiel – besonders beim Lernen aus Fehlern – voranzugehen.

Change-Meetings

Die Change-Meetings werden im Stehen und im »Change-Room« abgehalten und dauern maximal 30 Minuten:

- **Im Stehen**, da es die Durchblutung fördert und der Körper mehr Sauerstoff aufnehmen kann, der Rücken entlastet wird und der Mensch deutlich aktiver ist. Besonders bei Besprechungen kann dies zu besseren Ergebnissen führen. Dazu kommt die Tatsache, dass sich viele Teilnehmer im Stehen mit ihrer Beitragslänge zurückhalten und fokussieren – um möglichst bald wieder sitzen zu können.
- **Change-Room:** Ein kaum genutzter Besprechungsraum wurde in den unternehmensweiten »Raum der Veränderung« umgestaltet, der allen Mitarbeitern immer offen zur Verfügung steht – ein wichtiges Zeichen von Transparenz und Vertrauen. Hier finden sich neben der immer sichtbaren Vision und den Zielen auch die groben Projektplanungen, an denen dann die Verantwortlichen alle zwei Wochen kurz ihren Status erklären und gemeinsam Probleme lösen (mehr zum Change-Room in Kapitel 4.1).
- **Zeit:** Viele Besprechungen ufern deshalb aus, weil vom *groben Informieren* zu den *kleinsten Details einer möglichen Lösung* gesprungen wird und jeder zu jedem Thema etwas sagen kann und will. Durch die bewusste und sichtbare Limitierung auf 30 Minuten halten sich die Teilnehmer daran und stellen das Wichtigste ihrer Botschaft in den Fokus. Eine funktionierende Limitierung bedeutet, dass sich jeder – besonders die Geschäftsleitung – an die Zeitvorgabe hält.

Die hier zweiwöchentlich gewonnenen Erkenntnisse und Ergebnisse werden allen zeitnah und allgemein über das Intranet zur Verfügung gestellt. Dort, wo durch die Erkenntnisse und Ergebnisse besonderer Handlungsbedarf erkannt oder ausgelöst wurde, sind andere Techniken im Werkzeugkoffer der Information zu nutzen. Die persönliche Information steht in der Wahrnehmung und somit in der Wertschätzung über allem.

Misserfolge und Hindernisse: Raum zum Lernen geben

Um sich nicht mit dem Leitungsteam in der positiven Bewertung der Veränderung zu verrennen, wurde neben den Change Agents auch ein **Sounding Board** (siehe Kapitel 3.5.5.3) für die kritischen Stimmen installiert. Mit diesen persönlichen Gremien findet ebenfalls alle zwei Wochen vor dem Change-Meeting ein Austausch im Rahmen eines Lean Coffee mit der Geschäftsleitung und verfügbaren Abteilungsleitern statt. Die Erkenntnisse können so im Anschluss mit den Projektleitern der einzelnen Initiativen besprochen und gelöst werden (siehe Controlling im Change in Kapitel 4.1).

Für den Informationsprozess ist die zeitnahe Weitergabe der beiden Punkte an die Mitarbeiter im Unternehmen durch den kaskadierten Informationsprozess entscheidend:

1. Wir wissen offiziell von den Bedenken und Hindernissen und
2. wir kümmern uns um eine Lösung. Wir lassen euch nicht allein.

Quartalsinformationen in der großen Runde

Die Leitung des Unternehmens hat extra für die Veränderung in der Digitalisierung quartalsweise Versammlungen mit allen verfügbaren Mitarbeitern eingerichtet. Hier wird über alles, was in den letzten drei Monaten passiert ist, kurz berichtet. Die »Highlights und die Lowlights« werden transparent thematisiert und ein Ausblick auf den Schwerpunkt in der Veränderung für das kommende Quartal wird gegeben. Die Beteiligung der bis zu 400 Mitarbeiter in der großen Produktionshalle wird durch das webbasierte Live-Feedback-Tool www.tweedback.de ermöglicht: Hier können parallel zum Vortrag anonym Fragen eingereicht werden, die durch die Geschäftsleitung oder den Projektleiter beantwortet werden. Gleichzeitig wird dieses Tool für Blitzabstimmungen unter den Anwesenden genutzt, um ein aktuelles Stimmungsbild zu bekommen.

Zu guter Letzt !

Übertreiben Sie es nicht mit der Kommunikation. Ein Zuviel an E-Mail-Rundschreiben, Informationsveranstaltungen, Motto-Wochen zu Themen, Interviews, Podcasts, Video-Beiträgen und, und, und ... kann und wird die Mitarbeiter auf Dauer auch überfordern und ggf. abschrecken. Die richtige Dosierung der Informationsmenge ist eine Kunst – seien Sie also offen für Feedback und Verbesserungsvorschläge aus der Belegschaft.

4 Es geht los: Digitale Veränderungen dynamisch umsetzen

Marcus Reinke

Kapitelintro: Scannen Sie das Bild mit der smARt-Haufe-App.

»It is not the strongest of the species that survives,
not the most intelligent that survives.
It is the one that is the most adaptable to change.«
Charles Darwin

Die wirkungsvolle und vor allem nachhaltige Umsetzung einer digitalen Veränderung hat so viele individuelle Facetten und Auswirkungen wie die Digitalisierung selbst. Hier kommt die volle Bandbreite an positiven und negativen Reaktionen auf die Veränderung zum Vorschein, mit der entsprechend umgegangen werden muss. Dies bedeutet Umsicht und Klarheit in der Umsetzung und ein entsprechendes Mindset von allen im Unternehmen, besonders bei den Führungskräften. Hierfür ist der richtige Rahmen zu setzen:

Empirische Prozesssteuerung: Eine wirkungsvolle und langfristig-nachhaltige Realisierung von digitalen Veränderungen in der dynamischen Welt (VUKA) funktioniert mit Empirismus und dem entsprechenden Mindset sehr gut. Diese Theorie für die Lösung komplexer Probleme (u. a. die Basis für das Scrum-Framework (Sutherland/

Schwaber, 2017)) ist eine der wichtigsten Grundlagen im agilen Denken und Handeln und besteht aus den drei Säulen

- Transparenz,
- Überprüfung und
- Adaption.

Das Unternehmen muss also für eine erfolgreiche Veränderung die Schwankungen in der dynamischen Umsetzung **transparent erkennen und überprüfen**, um sich dann entsprechend **anzupassen**. Dies führt zu tragfähigen und akzeptierten Ergebnissen und ist gleichzeitig der grobe Rahmen für dieses Kapitel.

Im Kapitel 4.1 werden die Basisaspekte beschrieben, die bei der Realisierung und dynamischen Umsetzung beachtet werden müssen. Wir geben Tipps für die Planung einer »dynamischen« Umsetzung in (traditionellen) Unternehmen und erklären, warum ein mindestens hybrider Ansatz, also die Mischung aus klassischer Planung und agiler Umsetzung, ein passender Rahmen für eine erfolgreiche Realisierung ist.

Neue Technologien in der Produktion und digitale Möglichkeiten in der Unterstützung der Administration und Verwaltung von Unternehmen führen unweigerlich zu neuen Verhaltensweisen der Mitarbeiter und Führungskräfte. Wie hier die richtigen Schwerpunkte gesetzt werden und wie das Unternehmen beim Thema »Neues lernen, Altes verlernen« sinnvoll begleitet wird, lesen Sie in Kapitel 4.2.

Die Führung eines Unternehmens in »ruhigen Gewässern« ist wie beim Segeln deutlich einfacher, als überlebenswichtige Manöver bei »rauer See und hohen Wellen« zu steuern. Die Anforderungen an die Führung (vom Topmanagement bis zum Teamleiter) werden durch die »hohen Wellen« in der Digitalisierung stark beeinflusst. Wie die Führungskräfte hier ein dynamisches Mindset entwickeln, gekonnt mit Scheitern im Change umgehen und welche Führungstools effizient eingesetzt werden können, um bei rauer See fest auf Kurs zu bleiben, wird in Kapitel 4.3 skizziert.

Wenn im Unternehmen altes Verhalten verlernt und neues Verhalten gelernt werden muss, ist mit vielen Hindernissen und möglichen Blockaden bei allen Mitarbeitern auf allen Ebenen zu rechnen. Dies ist keine Eventualität – es wird passieren: mal schneller, mal verzögert. Wie Sie als Führungskraft schwierige Situationen meistern und Widerstände von Mitarbeitern oder Abteilungen auflockern und lösungsorientiert damit arbeiten, erfahren Sie in Kapitel 4.4.

4.1 Digitale Veränderungen umsetzen und überwachen

Marcus Reinke

Jetzt geht es los: Aus einer Idee für eine Veränderung wurde eine Vorplanung, Analysephase und Vision mit Strategie erstellt und die eigentliche Umsetzung der Veränderung – der »Change« – kann endlich beginnen. Um die verschiedenen Ebenen von digitalen Veränderungen angemessen abzubilden und eine sinnvolle Trennschärfe zum Verstehen der Theorie zu erzeugen, werden Change-Bereiche geschaffen. Diese Change-Bereiche bilden ein Unternehmen in vier abstrakten Ebenen ab, die teilweise große Interdependenzen haben.

Change-Bereiche: Digitale Veränderungen betreffen verschiedene Ebenen in einem Unternehmen:

- **Prozesse:** die Ablauforganisation im Unternehmen / in Projekten, Kernprozesse, die Verfügbarkeit von Daten, definierte Schnittstellen, Verantwortungsbereiche, Flussdiagramme von Dokumenten etc.
- **Technologie:** der Einsatz neuer Informations- und Kommunikationstechnologien (z. B. Softwarelösungen wie Collaboration-Tools, Chatbots, User Interfaces für Produkte oder neue Hardware (Tablets) für den Außendienst oder die Produktion), Unterstützung durch Roboter in der Produktion oder Robotic Process Automation (RPA) in der Administration, Automatisierungsgrad im Unternehmen, Analysen aus Daten für das Controlling (Business-Intelligence-Lösungen), neue Produktionstechnologien etc.
- **Struktur/Aufbauorganisation:** die Anzahl der Hierarchieebenen und Abteilungen, Einführung neuer Rollen (Scrum Master / Product Owner / OKR Master), damit verbundene Anforderungen an die Rollen (Kompetenzdreieck), neue Verantwortungsbereiche (Machtverteilung), andere Vernetzung und Zusammenarbeit zwischen den Abteilungen (z. B. ohne feste Struktur oder Silos) etc.
- **Kultur und Werte:** der spürbare Führungsstil, Leistungsbereitschaft, Kommunikationskultur, Artefakte (wie Büroausstattung, Meetingräume), Einstellung zu virtuellem Arbeiten und verteilten Teams, New Work, Normen und Regeln im Unternehmen, Motivation und Beteiligungsformen, Risikobereitschaft, Lernbereitschaft, Umgang mit Scheitern (Transparenz findet nicht jeder gut!), Vertrauen etc.

Beispiel: Einführung eines neuen CRM-Systems für den Vertrieb bei der Kaiser SE
Die aus der Sicht der IT »einfache Einführung« einer neuen cloudbasierten Software für den Vertrieb (z. B. *HubSpot*) hat Auswirkungen auf ...

- die **Prozesse**: Änderungen bei der Eingabe und Pflege der Kundendaten in einer neuen Software. Komplett neu ist die Art der Erfassung der Ergebnisse von Kundenbesuchen oder Telefonaten. Zudem gibt es neue interne Schnittstellen und neu zu definierende Verantwortungsbereiche zur Pflege und Verarbeitung der Daten.

- die **Technologie**: das Programm / die Software an sich, die mobile Nutzung über eine App in der Cloud, dadurch neue Anforderungen an die technische Ausstattung im Innen- und Außendienst. Eine große technische Änderung könnte die Einführung von GPS-Ortung der Vertriebsmitarbeiter sein, um die Vorteile im Controlling zu nutzen. Ähnliches wird bei Speditionen seit Jahren genutzt und gibt Auskunft darüber, wie die gefahrenen Strecken tatsächlich sind und welches Einsparpotenzial durch Synergien möglich ist. Im Vertrieb könnte es heißen, dass die Sales-Mitarbeiter so eine sinnvollere Verteilung der Vertriebsgebiete bekommen oder für Kunden »auf dem Weg« die notwendigen Ersatzteile einfach mitnehmen – alles wird vom System gesteuert. Auf der anderen Seite steht die komplette Überwachung: Wo war ich mit meinem Firmenfahrzeug wann und wie lange? So wird die kulturelle Auswirkung dieser Technologie deutlicher.
- die **Struktur/Aufbauorganisation**: Die Verteilung von neuen Rollen und neuen Aufgaben (Verantwortung) führt evtl. zu einer neuen Teamstruktur und anderen Hierarchien. Somit müssen wiederum Schnittstellen und Abstimmungen neu definiert werden. Beispielsweise könnte eine selbstbestimmte Verteilung offener Leads in den Regionen, einfache Abstimmungen mit Kollegen anderer Vertriebsbereiche bei Kunden und die transparente Zuordnung der kumulierten Vertriebsergebnisse dafür sorgen, dass die Ebene des Regionalleiters deutlich entlastet wird und in Zukunft wegfällt – oder deutlich andere Aufgaben bekommt.
- die **Kultur und Werte**: Neue Transparenz in der Abteilung durch einen Kanban-Prozess mit immer sichtbaren Ergebnissen führt unweigerlich zu neuem Kommunikationsverhalten, einer Anpassung des Führungsstils, anderer Motivation und Bereitschaft, Arbeitszufriedenheit und großen Änderungen bei der Lernbereitschaft (neue Prozesse und Technik, Umgang mit Scheitern, Commitment und Risikobereitschaft ...).

Wenn wir uns das Veränderungsprojekt »Wechsel auf ein neues CRM-System« als einen Eisberg vorstellen, sind die sichtbaren 10 bis 20 % die Technologie-, die Struktur- und ein großer Teil der Prozessebene im Change. Unter der Wasseroberfläche (also die verbleibenden 80 bis 90 %) liegt die kulturelle und normative Ebene bei den Betroffenen. Dies führt in der Umsetzung oft dazu, dass »oberflächlich« alles läuft und das Change-Vorhaben auf Grün steht – es aber unter der Wasseroberfläche deutlich anders aussieht, eben weil es nicht sofort sichtbar ist.

Beispielsweise kann ein **Meilenstein** sein: »Neues CRM bei allen Mitarbeitern verfügbar«. Dieser Meilenstein ist erfüllt, wenn jeder Mitarbeiter Zugang zum CRM-System hat. Dies sagt aber noch nichts darüber aus, wie akzeptiert das neue System ist, wie sicher der Mitarbeiter in der Anwendung ist und ob er möglicherweise »hintenrum« noch seine alten Systeme nutzt, um zu arbeiten. Dieser versteckte Widerstand wird durch den Meilenstein nicht erfasst. Besser ist es in diesem Beispiel, mit dem Meilenstein »Mitarbeiterzufriedenheit mit dem neuen CRM ist bei > 80 %« zu arbeiten und die Mitarbeiter anonym zu befragen.

4.1.1 Veränderungen durch Zyklen dynamisieren

In einer schnellen und dynamischen (Um-)Welt bedarf es einer adaptiven Veränderung in Zyklen zur Anpassung, um nicht von dieser Umwelt überrollt zu werden. Folgende Punkte sollten Sie in der konkreten Umsetzung berücksichtigen, wenn Sie digitale Veränderungen einführen und den Erfolg messbar machen möchten:

Erfolgreiche »Empirische Prozesssteuerung« (siehe Kapiteleinleitung) mit der Lernkurve durch Anpassung funktioniert nur, wenn ich in homogenen Zyklen zur Überprüfung arbeite. Am Ende jedes Zyklus steht eine transparente Auswertung der Zielerreichung mit den beschlossenen Anpassungen für den nächsten Zyklus, um besser zu werden. Dieser Ansatz ist mittlerweile in vielen Unternehmen durch das Scrum-Framework / den Scrum-Guide (Sutherland/Schwaber, 2017) bekannt und hierdurch werden viele Vorteile für produktives Arbeiten realisiert. Auch in klassischen Unternehmen kann und sollte bei Veränderungen in festen Zyklen gearbeitet werden, um durch regelmäßiges Controlling die Veränderung flexibel zu steuern. Wird die Einflechtung dieser rollierenden Zyklen aus Planung, Arbeit, Überprüfung und Anpassung (PDCA-Zyklus) in klassisch nach dem Wasserfallmodell agierenden Unternehmen integriert, spricht man von der »Water-Scrum-Fall«-Technik. Hierzu finden Sie einige Beispiele im Kapitel 3.3.6.

Erfolgreicher durch feste Zyklen

Das Scrum-Framework ist die Basis: Alles passiert in Zyklen, in sogenannten Sprints (siehe Abbildung 43). Jeder Sprint ist gleich lang – egal ob Urlaub oder viele Feiertage in den Zeitraum fallen. Diese feste Struktur gibt den Rahmen für unser Handeln vor, denn alles passiert in diesem Sprint.

Wir nehmen beispielhaft einen festen Dreiwochenzyklus (also einen Drei-Wochen-Sprint) als Basis, um eine ausgewogene Mischung aus Planung, Durchführung und Controlling zu haben. Je länger der Sprint dauert, desto länger dauern logischerweise auch die Besprechungen für die Planung, das Ergebnis und die Retrospektive.

Die grundlegenden Elemente in jedem Sprint sind:

- (lebendige) Veränderungsvorhabenliste
- Planung (nur für den nächsten Sprint)
- Arbeitsphase (ohne Unterbrechungen)
- Ergebnisbesprechung/Review (des durchgeführten Sprints)
- Retrospektive (zur Verbesserung der Zusammenarbeit im nächsten Sprint)

Diese Struktur und dieser feste Rhythmus klingen wie ein enges Korsett, tatsächlich entspannen sie aber die Situation und geben einen sicheren Rahmen, da mit Standards in der Veränderung gearbeitet wird. Und Entspannung und Sicherheit sind bei digitalen Veränderungen wichtige Leitplanken für die Mitarbeiter in der Umsetzung.

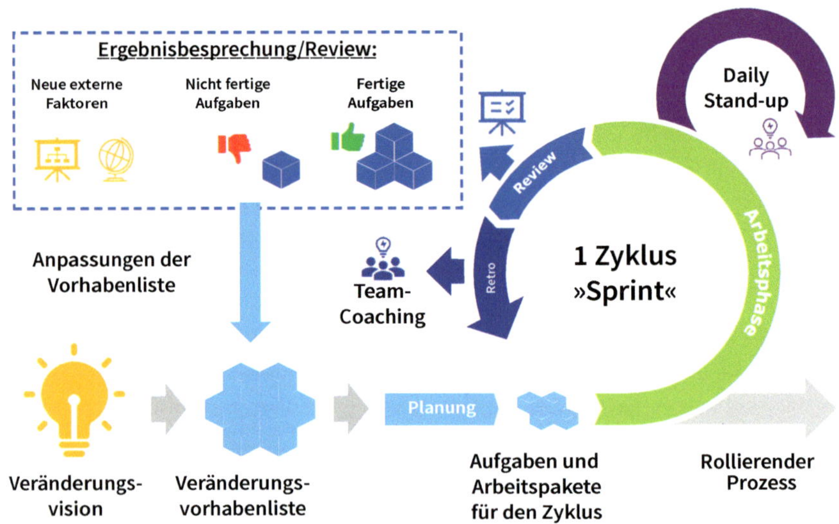

Abb. 43: Arbeit in festen Zyklen/Sprints (eigene Darstellung)

! **Praxistipp: Die richtige Sprintlänge in Veränderungen**

Die Länge des Arbeitszyklus hat direkten Einfluss auf die Schnelligkeit und Dynamik in der Umsetzung der Veränderungen. Lange Zyklen sorgen für umfangreichere Arbeitsphasen und Aufgabenpakete und haben entsprechend längere Besprechungen für die Steuerung (Controlling) am Anfang und am Ende. Da gerade zu Beginn einer Veränderung die Dynamik sehr hoch ist, sollte überlegt werden, die Sprints am Anfang eher kurz zu wählen, also mit nur einer oder zwei Wochen Dauer. So können Sie sicherstellen, dass die »wilde Fahrt« in der emotionalen Achterbahn auch die Begleitung durch das Controlling bekommt, die angemessen ist. Später im Verlauf spricht nichts dagegen, die Sprintlänge zu vergrößern, da die Dynamik etwas abnimmt und die Begleitung leicht zurückgefahren werden kann.

Die wichtigen Steuerungs- und Controlling-Elemente im Kontext unseres CRM-Beispiels werden im Folgenden erläutert.

4.1.1.1 Veränderungsvorhabenliste

Die Veränderungsvorhabenliste ist unsere große To-do-Liste (auch Backlog, Task-Liste, Action-Point-/Open-Point-Liste oder Arbeitspaketübersicht aus dem klassischen Projektmanagement) für die Veränderung. Was wollen wir erreichen? Was sind wichtige inhaltliche Meilensteine? Woran stellen wir fest, dass wir das Teilziel erreicht haben? Welche Bereiche sind wie eingebunden?

Diese Liste ist ein **lebendes Dokument**, ist also veränderlich und kann flexibel an mögliche neue Umweltbedingungen angepasst werden. Dies muss so sein, denn sonst würden alle Anpassungen nach der Ergebnisbesprechung ins Leere laufen. **Nur die wichtigsten Punkte sind gut ausdefiniert** und mit klaren Erwartungen/Inhalten oder Maßnahmen bestückt. Dies hält die Planung flach und es wird keine Energie bei der Detailplanung von Themen verschwendet, die erst in 18 Monaten starten sollen (dies ist einer der größten Vorteile bei der agilen Arbeitsweise: nur die nächsten Schritte konkret planen, aber das Gesamtziel immer im Auge behalten).

CRM-Beispiel 1:
Diese Aufgabe ist jetzt wichtig und im nächsten Sprint unbedingt fällig. Deshalb ist sie bereits detaillierter formuliert (z. B. durch das Leitungsteam):

- Titel: Nummer 2.5 »Ausbildung der Key User«
- Ziel: Die Key User haben die Bedienung des CRM für die Kernprozesse X, Y und Z verstanden und können das Wissen an Kollegen weitergeben und bei den typischen Problemen unterstützen.
- Details: Unser Vertrieb plant in Absprache mit der IT, dem Anbieter und unserer HR-Abteilung die Durchführung der Key-User-Ausbildung für das CRM. Die Ausbildung soll in KW 22 und 23 am Parallelsystem mit den Prozessen X, Y und Z durchgeführt werden. Die Trainer des Anbieters sind nur in KW 22 verfügbar!

CRM-Beispiel 2:
Diese Aufgabe wird erst sehr viel später wichtig werden und erst in einem nicht näher bestimmten Sprint bearbeitet. Sie ist offen, einfach und unkonkret formuliert:

- Ausrüstung der Fahrzeuge und Anbindung der GPS-Tracker an das CRM-System

Die Inhalte des lebenden Dokuments »Veränderungsvorhabenliste« werden von allen Seiten zusammengetragen. Wenn also das Management bestimmte Ziele schneller erreichen muss oder eine Abteilung eine wichtige Rückmeldung gibt, die Auswirkungen auf das Vorhaben hat, dann kommt dies in Absprache mit dem Leitungsteam auf die Liste.

Die Detailplanung des »To-do-Punktes« und die Hinterlegung mit SMARTen Aufgaben erfolgt gemeinsam mit dem Umsetzungsteam in der Planung (siehe »Planung« im nächster Absatz).

4.1.1.2 Planung

Jeder Sprint startet mit der Planung des aktuellen Sprints. Der Zeitansatz für die Planung sollte zwei Stunden pro Sprintwoche nicht übersteigen (das ist mit sechs Stunden fast ein ganzer Arbeitstag für unser Drei-Wochen-Beispiel). Um im Zeitplan zu bleiben, ist gute Vorbereitung durch das Leitungsteam oder den Verantwortlichen notwendig.

Ziel: Die Festlegung des Sprintziels und die Detailplanung und konkrete Aufgabenverteilung für das, was in diesem Sprint erreicht werden soll. Hierbei kommen die für die Zielerreichung notwendigen Führungskräfte, Mitarbeiter und Stakeholder zusammen und besprechen,

- was im kommenden Sprint unbedingt erreicht werden muss, um das Ziel zu erreichen,
- wie die Maßnahmen und Aufgaben im Detail aussehen (Teilziele, Nutzen, Ressourcen, Arbeitspakete, Beteiligte, Unterstützung etc.),
- wie mögliche Abhängigkeiten von anderen Aufgaben auf der Vorhabenliste oder von anderen Abteilungen aussehen und gelöst werden können
- ...

Alles, was für eine erfolgreiche Erfüllung dieser Aufgabe notwendig ist, wird in der Planung mit den betroffenen Beteiligten besprochen.

Diese Transparenz sorgt für ein gemeinsames Verständnis der zu erfüllenden Aufgaben. Durch die unterschiedlichen Hintergründe der Anwesenden (z. B. Leitungsteam, IT-Experten, Sales-Leiter, HR-Business-Partner und die Sachbearbeiter aus der Pilotgruppe als Ausführende) werden auch ganz unterschiedliche Fragen zur Aufgabe gestellt. Die frühzeitige und direkte Beantwortung der Fragen sorgt für mehr Verständnis und weniger ungeplante Herausforderungen in der Arbeitsphase. Durch die auf jeden Fall stattfindende Diskussion zwischen Leitungsteam und den Umsetzenden über die Machbarkeit der Aufgaben im Sprint kommt es abschließend zu einem echten Commitment und Klarheit über den Arbeitsumfang im Sprint.

Nach der Planung wissen alle Beteiligten im Detail, was in den kommenden Wochen durch wen zu leisten ist (transparente Verantwortlichkeiten) und wie diese Maßnahmen auf das Gesamtziel des Vorhabens einzahlen (Vision/Strategie). Dieses Systemverständnis hilft bei der Umsetzung der Maßnahmen. Es dauert zwar am Anfang etwas länger, dafür läuft die Durchführung flüssiger.

4.1.1.3 Arbeitsphase

Die Arbeitsphase für die Umsetzung der Veränderung wurde in der Planung im Detail besprochen und es wird wortwörtlich abgearbeitet, was besprochen wurde. Um in dieser Phase mit allen Beteiligten eine hohe Transparenz in der Veränderung zu haben und auf plötzlich auftauchende Hindernisse (egal ob interne oder externe Faktoren dazu führen) reagieren zu können, empfiehlt sich eine Struktur für die dynamische Umsetzung der Veränderung.

Die folgenden Methoden und Tools aus dem Scrum-Framework sind eine große Unterstützung und sollten nach Möglichkeit etabliert werden. In traditionellen Unternehmen können bereits die englischen Bezeichnungen irritieren – nehmen Sie also einfach andere (z. B. die deutschen). Es ist egal, wie die Methoden und Besprechungen heißen – der Inhalt und der Nutzen zählen.

Tägliche Kurzbesprechungen / Daily Stand-ups: !

Bei diesen »Dailys« kommt das mit der Umsetzung der Veränderung direkt betraute Team kurz zusammen und bespricht die aktuellen Themen. Folgende Rahmenbedingungen sind hilfreich und halten die Besprechung kurz:

- Teamgröße: 7 ± 2 Personen
- tägliche Durchführung
- gleicher Ort, gleiche Zeit, alle dabei
- im Stehen
- maximale Dauer: 15 Minuten
- nur drei Fragen beantworten:
  - Was habe ich seit dem letzten Daily geschafft, um unser Zyklusziel zu erreichen?
  - Was möchte ich heute erreichen, um das Zyklusziel zu erreichen?
  - Welche Hindernisse sehe ich aktuell, die uns von der Erreichung des Zyklusziels abhalten?

Wenn diese einfachen Regeln im Daily eingehalten werden, wird Transparenz hergestellt und das Team der Beteiligten lernt, sich gegenseitig bei Herausforderungen zu unterstützen. Wenn unser Mitarbeiter Peter beispielsweise eine harte Nacht hatte (zwei Kleinkinder, die zahnen, und der Hund ist läufig) und dies beim Stand-up offen anspricht, weiß jeder im Team, dass Peter heute vielleicht müde und mürrisch ist, und nimmt es nicht persönlich. Sollten inhaltliche Themen oder fachlich spezielle Themen ausarten, dann werden diese gekapselt und in eine gesonderte Besprechung verlegt. Diese tägliche Besprechung dient der direkten Abstimmung, Übersicht über den Status der Arbeitspakete im Zyklus und der Ad-hoc-Lösung kleinerer Herausforderungen. Lösungen für größere Probleme werden nicht in 15 Minuten gefunden und werden gesondert besprochen.

! **Exkurs: Was ist die ideale Teamgröße und -zusammensetzung?**

Die optimale Teamgröße ist eine angemessene Anzahl von Mitarbeitern unterschiedlicher Fachrichtungen, Persönlichkeiten und Erfahrungen, die noch effizient steuerbar sind. Zerlegen wir diesen gut klingenden, aber nicht wirklich etwas aussagenden Satz kurz:

Angemessene Anzahl: 3 sind oft zu wenig, da wenig unterschiedliches Fachwissen, Meinungen und Erfahrungen im Team vorhanden sind. 15 sind oft zu viel, da durch zu viele Beteiligte Entscheidungen in die Länge gezogen werden und zu viel Zeit für den Austausch benötigt wird. Der Scrum-Guide legt in der älteren Version von 2016 eine ideale Teamgröße von 7 ± 2, in der Version von 2017 von maximal 9 Mitgliedern fest (Sutherland/Schwaber, 2017). Bei *Amazon* gibt es die »2 Pizza Rule« für Teams – die Anzahl darf also nur so groß sein, dass das Team von zwei großen Pizzen satt wird. Der englische Managementforscher Meredith Belbin hat 9 verschiedene Rollen in einem gut funktionierenden Team definiert (Belbin, 2010). Es spricht also vieles für eine generelle Anzahl zwischen 5 und 10 Teammitgliedern: So ist es klein genug für schnelle Entscheidungen und so groß, dass es auch bei Ausfall eines Teammitglieds (Krankheit, Weiterbildung) noch gut handlungsfähig ist.

Unterschiedliche Fachrichtungen, Persönlichkeiten und Erfahrungen: Eine gewisse Heterogenität im Team ist wichtig, damit zumindest etwas Reibung entsteht – Reibung durch verschiedene Perspektiven aufgrund der Expertise, der Persönlichkeit, der Kultur, des Alters etc. Das klingt unnötig kompliziert: Ist nicht Harmonie im Team das Beste für das Team? Kein Streit, keine langen Diskussionen, alle einer Meinung und keine Reibung untereinander? Kann sein. Gleichwohl führt dies dazu, dass Entscheidungen nur einseitig betrachtet werden und es kaum andere Meinungen gibt. Andere Meinungen, Ansichten oder kreative und ungewöhnliche Ideen sind jedoch gerade in komplexen und dynamischen Zeiten, in denen es auf neue Lösungen ankommt, Gold wert! Gleichgeschaltete und harmonische Teams eignen sich sehr gut zum Abarbeiten der immer gleichen Prozesse. Diese Situation liegt in der dynamischen Veränderung aber nicht vor – es gibt sie in der VUKA-Welt kaum noch. Nur durch angemessene Diskussion und unterschiedliche fachliche Bewertung eines Themas kommt wirklich eine *neue* und *gute* Lösung heraus und nicht nur »eine« Lösung.

Effizient steuerbar: Die Steuerung des Teams, entweder selbstorganisiert oder durch einen Teamleiter, muss effizient sein. Diskussionen und andere Meinungen sind steuerbar, wenn es nicht zu viele sind und jeder seine Meinung gerne einbringen möchte. Allein der Zeitaufwand macht es deutlich, dass ein Team mit 7 Mitgliedern schneller eine Entscheidung treffen wird als eines mit 18. *Amazon*, *Google* und *Spotify* splitten übrigens die Teams, wenn sie zu groß werden, um flink und beweglich zu bleiben.

Umgang mit Fehlern in der Veränderung

Ein Sprichwort von US-Spezialkräften lautet: »Entweder wir gewinnen oder wir lernen.« So ist es auch in der Veränderung: Entweder wir sind in der Umsetzung erfolgreich oder wir lernen gerade ganz viel. Und das ist auch ein Erfolg (siehe unten »Gute und schlechte Fehler?«). Um dies transparent zu machen und so das Wissen / die Lerneffekte zu teilen, bietet sich z. B. ein wöchentliches Abschluss-Meeting mit dem Team an.

Wöchentliche Highlights / Lessons Learned !

Dieses einfache und oft amüsante Meeting bildet ein Ritual zum Wochenabschluss: Jeder Beteiligte (auf jeden Fall auch die Führungskräfte) schildert sein **Highlight** der Woche: Worauf ist er besonders stolz, was ist richtig gut gelungen? Dieser Erfolg wird durch die anderen im Team selbstverständlich gewürdigt.
Wo Licht ist, ist auch Schatten – also Fehler oder Scheitern. Fehler sind wichtig, wenn daraus gelernt wird: Was war die größte **Lernkurve** des Mitarbeiters / der Führungskraft? Wie ist der Fehler passiert und was wurde gelernt, damit dieser Fehler nicht mehr vorkommt? Dies darf gerne amüsant erzählt werden, um dem Ganzen einen lockeren Touch zu verpassen – weil gute Fehler eben passieren müssen.

Gute und schlechte Fehler?

Schlechte Fehler sind die, die von vornherein vermeidbar und überflüssig sind, weil sie schon mal gemacht wurden oder entstehen, weil bewusst gegen Absprachen und Regeln gehandelt wird. Diese Fehler sind schlecht, weil es bereits eine Lernkurve gibt und diese Erfahrungen genutzt werden sollen. Aus schlechten Fehlern lernt niemand mehr – deshalb sollen sie vermieden werden.

Gute Fehler sind die, die dort gemacht werden, wo es noch keine Erfahrungswerte gibt – durch mutige Mitarbeiter, die neue Wege gehen wollen und dabei etwas gelernt haben, was keiner in der Organisation vorher wusste. Diese Fehler sind gut, weil sie uns zeigen, wie es hätte klappen können – aber dann doch nicht geklappt hat. Sie eröffnen neue Möglichkeiten und erweitern unsere Erfahrungen, wie etwas nicht geht. Gute Fehler sind wichtige Meilensteine auf dem Weg zu unserem Ziel und jeder in der Organisation soll daraus lernen.

Damit Fehler nicht noch mal passieren und noch mal Ressourcen kosten, müssen die Erfahrungen transparent und nachhaltig mit allen Betroffenen geteilt werden.

Fuck-up-Nights !

Der Titel ist der Inhalt des Formats: Wobei haben Einzelne oder auch Teams so richtig »verkackt« und wie ist es dazu gekommen? Was wurde daraus gelernt und welche Tipps gibt es für die Zuhörer? Das wird durch den Speaker in lockerer Runde – gerne abends mit einem Kaltgetränk – vor Publikum (Team, Abteilung, Change-Beteiligte) vorgetragen.
Ja, bei diesem Format ist Mut gefragt. Aber es lohnt sich für alle: Der offene und lockere Umgang mit Scheitern in diesem vertrauensvollen Rahmen (Bier im Kollegenkreis) nimmt dem Thema den Schrecken. Die authentischen Erzählungen des Erlebten, die Gefühle während und nach dem Scheitern und was daraus gelernt wurde, sind wichtige Signale für das ganze Team: Scheitern ist wichtig und gehört zur Entwicklung! Gerade Führungskräfte können und sollen hier als couragierte Vorbilder auftreten und ihre ganz persönlichen Geschichten

(gerne aus anderen Unternehmen, »von früher«) kundtun. Eine nicht zu spezielle Lernkurve sollte erkennbar sein und für die Zuhörer eine Botschaft bieten, dann wird es ein unvergesslicher gemeinsamer Abend.
Um eine Vorstellung von diesem ungewöhnlichen Format zu bekommen: Schauen Sie sich doch mal in Business-Netzwerken vor Ort um (*Xing*, *LinkedIn*, *Meetup*). In größeren Städten werden Fuck-up-Nights regelmäßig und öffentlich in geselliger Runde durchgeführt.

Auch Führungskräfte scheitern!
Führungskräfte sind auch bloß Menschen und machen Fehler. Wichtig ist, dass sie auch daraus lernen und diese Lernkurve mit ihren Mitarbeitern teilen. Der Nimbus der perfekten und fehlerfreien Führungskraft schüchtert in unsicheren Phasen von Veränderungen die Mitarbeiter eher ein, als sie anzuspornen.

Wenn Führungskräfte offen über Scheitern und Lernen (am besten lernen sie von einem Teammitglied) sprechen, sorgt das mehr als alles andere für das Gefühl, wirklich in einem Team zu sein. Dieses Team-Gefühl ist wichtig für die psychologische/emotionale Sicherheit, die Menschen brauchen, um kreativ zu sein. Und diese Kreativität, neue Wege oder neue Herangehensweisen an Probleme auszuprobieren, machen in der Veränderung den Erfolg aus.

Also: Gemeinsam scheitern – gemeinsam lernen – gemeinsam besser werden – gemeinsam Erfolg haben und diesen gemeinsam feiern!

! **Die Wand unserer Erfolge / Success Wall**

Die Highlights und die Lernkurven sollten in den Meetings auf Karten notiert und an einer »Success Wall« festgehalten werden. Der positive Umgang mit Scheitern und Fehlern wird durch das Lernen aus den Rückschlägen ebenfalls zum Erfolg und gehört unbedingt auch an diese Wand. So sind die Erfolge für das Team und alle, die an dieser Wand vorbeigehen, eine immer sichtbare Motivation. Dies ist dann besonders wichtig, wenn die Stimmung im Team fällt – ein gemeinsamer Blick auf die Success Wall zeigt jedem, dass es in die richtige Richtung geht und wie viele Erfolge es bis heute schon gibt. Das ist ein wichtiges psychologisches Signal in der Umsetzung von Veränderungen.

Weitere Möglichkeiten, Erfolge im Veränderungsvorhaben sichtbarer zu machen und so auch wertzuschätzen, sind:

- **Quick-Win-Liste:**
  Die schnell zu realisierenden Erfolge (z. B. geringe Durchlaufzeiten bei Rechnungen, mehr Leadansprachen pro Tag ...) hängen gut sichtbar im Flur oder als virtuelle Liste im digital Workplace. Ist ein Erfolg erreicht, wird er abgehakt oder kommt an die Success Wall. Gerne mit allen daran beteiligten Mitarbeitern und Führungskräften als Ritual.

- **Erfolgsrituale:**
  Durch das Team bestimmte Rituale, die bei jedem Erfolg durchgeführt werden. Dies kann eine durch den Abteilungsleiter ausgegebene Eisrunde sein oder das Läuten einer großen Schiffsglocke im Flur, wenn ein Ziel/Meilenstein erreicht wurde.
- **Emotionale Success-Story** (Podcast oder Video im Intranet):
  Erfolgsgeschichten von Mitarbeitern oder Teams, die ihren ganz persönlichen Erfolg / ihre mutige Geschichte in der Veränderung erzählen und so anderen als Beispiel dienen. Besonders wirksam, wenn die üblichen »Kritiker« nach ihren selbst gemachten Erfahrungen anschließend als Sponsor der Lösung auftreten, da sie tatsächlich vom Nutzen überzeugt sind.

4.1.1.4 Ergebnisbesprechung/Review

Die Besprechung der Sprintergebnisse wird als vorletzte Besprechung zum Controlling immer am letzten Tag des Sprints durchgeführt. Das Review ist ein transparenter und authentischer Statusbericht des (Teil-)Veränderungsvorhabens durch die umsetzenden Mitarbeiter an die Leitung des gesamten Veränderungsvorhabens und die betroffenen Bereiche.

Es beantwortet unter anderem die folgenden Fragen:

- Was wurde in diesem Sprint tatsächlich umgesetzt und wie zufrieden sind wir im Umsetzungsteam (oder die Betroffenen) mit den Ergebnissen?
- Wurde das Sprintziel erreicht? Wenn nicht, was bedeutet dies für die Veränderungsvorhabenliste?
- Welche Erkenntnisse aus der Umsetzung und Zielerreichung sind wichtig für die Aufgaben im kommenden Sprint, was haben wir für kommende Arbeitspakete gelernt (bessere Qualität oder fachliche Umsetzung der Inhalte)?
- Welche Hindernisse gab es / gibt es und sind für das Veränderungsvorhaben wichtig?
- Abgleich zwischen dem Status, dem Ziel des aktuellen Veränderungsvorhabens und möglichen externen Faktoren, die sich hierauf auswirken können.
- Anpassung der Veränderungsvorhabenliste: Was ist neu aufzunehmen? Welche Aufgabe wird inhaltlich/zeitlich geändert, was kann gestrichen werden?

An diesem Review sollten alle, die am Ergebnis im Sprint mitgewirkt haben oder davon direkt betroffen sind, auch teilnehmen, wenn das möglich ist und die aktive Gruppe nicht zu groß wird. Als Leitung/Moderation bietet sich eine Führungskraft aus dem umsetzenden Team an, die tatsächlichen Ergebnisse und die Erfahrungen hieraus sollten durch das Team vorgestellt werden. Das ist wichtig, denn eigene Erfolge authentisch vor dem Leitungsteam zu präsentieren sorgt für Wahrnehmung und echte Wertschätzung der erbrachten Leistungen. Und das ist notwendig für die Aufrechterhaltung der Motivation in dieser anstrengenden Zeit der Veränderung.

Diese Besprechung würde im rein klassischen Ansatz z. B. die monatliche Statusbesprechung der Teilprojektverantwortlichen sein, in der nur das Leitungsteam und die jeweiligen Projektleiter/Change-Manager sitzen. Hier fehlt die Durchgängigkeit der Informationen der ausführenden Ebene direkt an das Leitungsteam und es wird »Stille Post« über den Projektleiter gespielt, der bei vertiefenden Fragen zu den einzelnen Arbeitspaketen entweder fundiertes Fachwissen aus der Umsetzung benötigt oder die entsprechenden Informationen beschaffen und umständlich nachliefern muss. Beides bedeutet deutliche Mehrarbeit und eine nicht durchgängige Informationslandschaft und ist somit hinderlich für Transparenz und Dynamik in der digitalen Veränderung.

!

Tipp: Review mit Gästen und dem Topmanagement

Es hat sich in vielen Unternehmen bewährt, zu den wichtigsten Agendapunkten im Review auch Teilnehmer aus dem Management oder Topmanagement einzuladen. Auch wenn die Teilnahme aus Zeitgründen oft nur kurz sein kann (15 Minuten reichen schon), signalisiert das Erscheinen der »Bosse« echtes Interesse an den Ergebnissen in der Veränderung. Gibt es positives Feedback und ein aufrichtiges »Danke« durch das höhere Management, ist das extrem wertvoll für die Wertschätzung und das Wohlbefinden des Teams. Sie und alle ihrer Strapazen in der Veränderung werden wahrgenommen.

Machen Sie das Review öffentlich durch eine Standardeinladung im Intranet des Unternehmens: So können Interessierte aus anderen Bereichen und Abteilungen schauen, wie die Veränderung in anderen Teilen des Unternehmens voranschreitet und wie es durch die Mitarbeiter wahrgenommen wird. Aus erster Hand erfahren die Zuschauer, was beispielsweise das neue CRM tatsächlich kann und ob das GPS-Tracking wirklich die totale Überwachung von oben darstellt. Entsprechende Erfahrungen und Tipps für die eigenen Veränderungsvorhaben werden direkt von den Umsetzenden abgegriffen und können frühzeitig beachtet werden.

Transparenz ist auch hier der Schlüssel zum Erfolg: Gerüchte und spätere Hindernisse werden frühzeitig abgebaut und andere Teilnehmer sehen live, dass die Veränderung passiert. Und ein aufrichtiges Lob von Kollegen tut immer gut.

Der zeitliche Rahmen sollte bei ca. einer Stunde pro Sprintwoche liegen – also für unser Beispiel bei max. drei Stunden, in denen der aktuelle Bearbeitungsstand präsentiert wird. Nach dem Review kennen alle wichtigen Stakeholder den tatsächlichen Status im Veränderungsprojekt und die Vorhabenliste für die kommenden Sprints ist auf dem aktuellen Stand.

Mehr Hintergrundwissen zum Review und zur Wichtigkeit für erfolgreiche Veränderungen finden Sie im Kapitel 3.5.4.5.

4.1.1.5 Retrospektive

Um die umsetzenden Mitarbeiter und Teams in der Veränderung wirklich zu unterstützen und die Zusammenarbeit zu verbessern, wird zum Abschluss jedes Sprints immer eine Retrospektive im Anschluss an das Review durchgeführt. Da das Review ausschließlich der Ergebnisreflexion dient, folgt in der Retrospektive (kurz »Retro« genannt) die Arbeit am Team selbst, an der Zusammenarbeit und der internen Organisation. Man kann es sich wie ein regelmäßiges Teamcoaching vorstellen, in dem Themen angesprochen und geklärt werden, die nicht direkt mit den vereinbarten Zielen zusammenhängen. Diese »weichen« Themen innerhalb des Teams sind oft die nicht sichtbaren Bereiche des Eisbergs, liegen also unter der Wasseroberfläche, da über diese Themen im operativen Arbeiten kaum gesprochen wird. Es geht um die interne Kommunikation, die Einstellung, viele persönliche Themen mit Kollegen oder Führungskräften und die Stimmung im Team. Dies mag auf den ersten Blick nebensächlich klingen, aber das Gegenteil ist der Fall: Durch das bewusste »Reinen-Tisch-Machen« lernen sich die Teammitglieder besser kennen, können besser miteinander arbeiten, fühlen sich sicherer und werden auf Dauer glücklicher und produktiver. Das zahlt schnell auf den Umsetzungserfolg der Veränderung ein und ist somit ein schneller ROI.

Der zeitliche Rahmen für eine Retro liegt bei ca. 45 Minuten pro Sprintwoche – also in unserem Drei-Wochen-Beispiel bei etwas mehr als zwei Stunden. Planen Sie für die ersten Retros nicht zu viele Inhalte ein: Bei der Einführung von Retros brauchen die Teammitglieder erfahrungsgemäß Zeit, um sich mit der Methodik und der oft ungewohnten Offenheit anzufreunden. Gäste oder unbeteiligte Führungskräfte von Nachbarteams sind bei einer Retro absolut nicht gewünscht. Es soll ein vertrauensvoller Rahmen innerhalb des Teams hergestellt werden, den es zu respektieren gilt: In der Retro ist keiner aus dem Team (inkl. der Führungskraft) für andere Aufgaben verfügbar – auch nicht »nur mal kurz mit dem Abteilungsleiter sprechen« oder »wichtiger Kunde – muss mal eben raus«. Hier kommt es auf die Selbstdisziplin der Teilnehmer und der Vorgesetzten an. Wenn z. B. in Ihrer Abteilung ein Team eine Retro durchführt, dann geben Sie bitte als Abteilungsleiter dem Team auch den vertrauensvollen Raum, fokussiert zu arbeiten. Es wird sich auszahlen.

Um gleich die üblichen Ausreden wie »Brauchen wir nicht«, »Keine Zeit für sowas«, »Wir sind als Team doch schon super« abzufangen: Doch, brauchen Sie. In jeder durch uns durchgeführten Retro kamen von Teilnehmern Punkte aufs Tableau, die kein anderer im Team (schon gar nicht die Führungskraft) vorher geahnt hatte und deren Lösung für alle im Team ein spürbarer Gewinn war. Und denken Sie bitte daran, die Maßnahmen und Ergebnisse der letzten Retro kurz zu reflektieren: Wurden die Maßnahmen durchgeführt und was hat sich spürbar geändert? Sollen die Änderungen beibehalten werden? Dies stärkt die Nachhaltigkeit der Optimierung durch die Retro.

!

Tipp: Effektive Retrospektiven durch einen Agile Coach oder externe Moderation

Retrospektiven sind ein sehr mächtiges Werkzeug in der Veränderung und in der Optimierung der Zusammenarbeit im Team. Einfach einen Mitarbeiter oder einen Manager einzuteilen, eine Retro durchzuführen, führt bei den intra- und interpersonellen Themenbereichen schnell zu einem Verlust der Kontrolle und somit zu kritischen Situationen. Besonders die Trennung zwischen »Teil des Teams, also Teil des Problems« und »unbefangener Moderator einer Retrospektive« ist eine große intrapersonelle Herausforderung. Dies kann dazu führen, dass eine Retrospektive nur eine regelmäßige Gruppendiskussion ist und aufgrund fehlender Maßnahmen kaum messbaren Output generiert. Da ist es nur verständlich, dass in solchen Fällen die Wirksamkeit angezweifelt wird und die Retros schnell wieder eingestellt werden.
Im Scrum-Framework gibt es für die Durchführung der Retrospektiven einen ausgebildeten Scrum Master für jedes Team (innerhalb des Teams), oft auch Agile Coaches für mehrere Teams (außerhalb der Teams). Durch Weiterbildungen und einen gut gefüllten Methodenkoffer (eine »Agile Coaching Toolbox«) sind diese Mitarbeiter fachlich in der Lage, eine effektive Retro durchzuführen und auch mit kritischen Situationen in diesen Team-Coachings souverän umzugehen.
Lassen Sie also entweder freiwillige Mitarbeiter zu Agile Coaches weiterbilden, greifen Sie auf einen firmeninternen Pool an ausgebildeten Business Coaches zu oder kaufen Sie einen zertifizierten Agile Coach für die Retros ein. Falsche Durchführung kann in harten Fällen mehr im Team kaputtmachen, als es bringt.

4.1.2 Controlling in der Umsetzung

Die Funktion des Controllings im Allgemeinen, also das Bereitstellen betriebswirtschaftliche Informationen für Zwecke der Steuerung und Führung, gilt selbstverständlich auch in der Umsetzung von Veränderungsprozessen. Aus der Aussage *»Was man nicht messen kann, kann man nicht steuern«* (Peter F. Drucker, der Management-Vordenker) folgt im Umkehrschluss, dass messbare Kennzahlen für ganzheitliches und wirksames Controlling im Change definiert werden müssen. Aus der inspirierenden Veränderungsvision wurden nachvollziehbare Ziele für eine machbare Strategie abgeleitet (siehe Kapitel 3.2). Für die Umsetzung sind jetzt messbare Teilziele für bestimmte Bereiche/Abteilungen oder Kernprozesse im Unternehmen wichtig, da sonst keine Verknüpfung mit der großen (nicht unbedingt messbaren) Vision hergestellt werden kann.

Im dynamischen Controlling verknüpfen wir die Dimensionen »Maßnahmen-Controlling« und »Zielerreichungs-Controlling« eng miteinander. Flexible (Teil-)Ziele erfordern ebenso eine flexible Justierung der Maßnahmen ohne zu große Abstimmung auf verschiedenen Hierarchieebenen. Dies widerspricht der Idee des dynamischen Controllings und der agilen Umsetzung im Change, da es schlichtweg zu viel Zeit kostet.

Dynamische Realisierung steht auch für dynamisches Controlling der Veränderung: Wenn in Sprints gearbeitet wird, sind langfristige und starre Ziele nicht wirklich hilfreich. Die Ziele müssen zur agilen Arbeitsweise passen und entsprechend zeitnah messbar sein, um für die Untersuchung und Anpassung auch wichtige (transparente) Daten zu liefern. Wenn sich Ergebnisse für Teilziele erst in einigen Monaten auswirken (z. B. Fluktuation im Geschäftsjahr ist um Y % gesunken, Mitarbeiterhalbjahresumfrage ist um X % besser ausgefallen etc.), können diese nicht als Korrektiv in der dynamischen Umsetzung genutzt werden. Sehr wohl können diese Zahlen aber als übergeordnete Ziele verwendet werden, um auf dem Weg zur Vision wichtige Meilensteine zu definieren und das Erfüllen messen zu können.

4.1.2.1 Controlling fest in den Arbeitsrhythmus integrieren

In agilen Frameworks sind die ständige Überprüfung der Ergebnisse, viel Feedback von Nutzern und Kunden und mutige Versuche durch (digitale) Prototypen wichtige Erfolgskriterien. Logisch – denn die Kunden oder Nutzer bezahlen später nur für Lösungen, die ihnen auch einen Nutzen bieten. So wird effizient sichergestellt, dass nur das entwickelt oder produziert wird, was den gewünschten Erfolg bei den Stakeholdern hat. Gleichzeitig werden weniger Ressourcen (Zeit, Rohstoffe oder Geld) für falsche Lösungen verschwendet. Also mehr Erfolg bei weniger Mitteleinsatz.

Wenn die Idee der nutzerzentrierten Entwicklung auch bei Veränderungen und im Change-Management als »nutzerzentrierte Veränderung« eingesetzt wird, erreichen wir im Prinzip das Gleiche: Die Veränderung orientiert sich am Grad der Erfüllung der Nutzerbedürfnisse. Wobei »Nutzer« in diesem Fall die Stakeholder sind, also Management, Mitarbeiter und Führungskräfte, Unternehmenskultur, die Kunden ... alle, die von der Veränderung betroffen sind.

Sind die Kunden von unserem Change betroffen und sollten als Feedbackgeber eingebunden werden? Selbstverständlich: Unser CRM-Beispiel von oben (zu Beginn von Kapitel 4.1) kann gut laufen und die Kunden stellen schnell Verbesserungen fest:

- Die Sales-Mitarbeiter sind besser über die aktuellen Bedürfnisse informiert.
- Telefonische Kundenanfragen werden schneller von gut gelaunten Mitarbeitern bearbeitet.
- Ersatzteile sind schneller beim Kunden, da die Sales-Mitarbeiter im Außendienst diese »on the fly« vorbeibringen können.

In diesem Fall bekommen wir positives Feedback durch unsere Kunden, was sich dann wieder auf die Mitarbeiter in der Umsetzung auswirkt. Wenn das Veränderungsvorhaben weniger gut umgesetzt wird, bekommt das der Kunde auch mit:

- Mitarbeiter sind gestresst, weil sie die Veränderung als unnötige Doppelbelastung ohne Sinn verstehen.
- IT-Systeme funktionieren nicht richtig und Anfragen oder Vorgänge verschwinden einfach, weil die Mitarbeiter das neue CRM nicht richtig bedienen können und im alten System weiterarbeiten.
- Durch den Stress im Büro sinkt die Stimmung und die Krankheitsquote steigt – was sich wiederum auf die verbleibenden Mitarbeiter mit noch mehr Arbeit und noch mehr Stress auswirkt (ein Teufelskreis).

Sie haben bestimmt schon mal mit Mitarbeitern bei Kunden oder Lieferanten telefoniert, die bereits gestresst waren, als sie Ihren Anruf entgegennahmen. Mit der Icebreaker-Frage »Und, wie läuft es gerade so?« öffnen Sie ein Ventil und die Gesprächspartner erzählen, was gerade alles parallel läuft und welcher Stress das für die Abteilung ist.

Controlling im CRM-Beispiel:

In der Umsetzung von Änderungen an Prozessen erfolgt die direkte Erfolgskontrolle durch eine Messung (Soll-Ist-Abgleich) der vorher definierten Kennzahlen/KPI für den Prozess. In unserem CRM-Beispiel können zur Messung der Prozessqualität z. B.

- Verkaufszykluslänge,
- Akquisitionskosten,
- involvierte Mitarbeiter,

Schnittstellenfehler bei der Bearbeitung oder Ähnliches dienen.

Es geht hier in erster Linie darum zu prüfen, ob der veränderte Prozess nach der Einführung eine bessere Qualität hat (also schneller läuft, weniger Fehler produziert, die Mitarbeiter tatsächlich entlastet, sich positiv auf die interne Kommunikation auswirkt ...). Die Folgen dieser internen Verbesserung wirken sich auf die von außen wahrnehmbaren Faktoren aus und werden in einem zweiten Schritt gemessen. Hier bieten sich Kennzahlen wie Kundenzufriedenheit, Mitarbeiterzufriedenheit, Opportunity-to-Win-Verhältnis, Fluktuation der Angestellten, Angebotsqualität und -geschwindigkeit an.

Diese harten Fakten (hart, weil sichtbar und leicht messbar) müssen in Besprechungen, Planungen und Reviews auf die Einhaltung von Zielen und Leitplanken überprüft werden: Liegen die erhofften Verbesserungen innerhalb oder außerhalb unserer Leitplanken? Ergebnisse werden offen mit den betroffenen

Mitarbeitern/Teams oder Abteilungen besprochen. Erfolge und Irrtümer werden hierdurch transparenter und akzeptierter, weil sie nicht nur ein Bauchgefühl sind, sondern auf sichtbaren Fakten basieren. Gerade die Erfolge müssen angemessen gefeiert werden und in der Change-Hierarchie nach »oben« an das Leitungsteam adressiert und später im gesamten Unternehmen verteilt werden. Gemeinsam nach Lösungen für Hindernisse oder Ausreißer aus den Leitplanken zu suchen stärkt die Einbindung und das Gefühl für die Veränderung auf breiter Basis.

4.1.2.2 Methoden und Instrumente im dynamischen Controlling

Das Aufteilen der »großen« Veränderung in agile und besser kontrollierbare Sprints mit den inkludierten Reflexionsmethoden ist eine gute Ausgangsbasis für dynamisches Controlling. Es steht und fällt mit der Struktur der Veränderungsumsetzung und der effektiven Durchführung folgender bereits vorgestellter Meetings und Artefakte (siehe Kapitel 4.1.1).

Veränderungsvorhabenliste, Planung und Review
In diesem Dreiklang des dynamischen Controllings wird vor und nach jeder Arbeitsphase (also in unserem CRM-Beispiel alle drei Wochen) das transparente Veränderungsergebnis reflektiert, die Zielerreichung mit Erfolgsvariablen überprüft und die jetzt wichtigen Maßnahmen justiert und vereinbart.

Die **Veränderungsvorhabenübersicht** (»To-do-Liste«) als lebendes Dokument der Teilaufgaben auf dem Weg zum Ziel wird in jedem **Review** durch die wichtigsten Beteiligten angepasst. In diese Anpassung fließen neben den direkten Sprintergebnissen auch neue Erkenntnisse des Leitungsteams und Ideen oder Wünsche von Stakeholdern ein (z. B. frisch vorliegende Auswertungen, interne Umfrageergebnisse, mittelfristige KPI-Daten, Kundenfeedback …). Diese gemessenen Daten und Erkenntnisse aus der aktuellen Wirkung der Veränderung sind die für das Controlling notwendigen »betriebswirtschaftlichen Informationen für die Führung«, also für die Anpassung der nächsten Maßnahmen. Diese Daten haben großen Einfluss auf die Priorisierung der Aufgaben und Teilziele im Veränderungsvorhaben und fließen als aktualisierte Vorhabenübersicht direkt in die **Detailplanung** des nächsten Sprints ein.

Da in der Planung die Beteiligten selbst ihre Arbeitspakete für den nächsten Sprint schnüren und sich durch die Ergebnistransparenz aus dem letzten Review ihrer aktuellen Situation bewusst sind, werden die Aufgaben mit einem viel höheren Commitment bearbeitet. Dies ist der Kern des dynamischen Controllings: direkt an und mit der Basis in den Sprints, in denen die Veränderung umgesetzt (»der Wert erzeugt«) wird, die Ergebnisse zu prüfen und Maßnahmen anzupassen.

Zusammen sorgen diese drei Methoden für ein ergebnis- und nutzerzentriertes Controlling der Veränderung in diesem (Teil-)Bereich des Gesamtvorhabens.

Dailys in der Arbeitsphase
Wenn diese interne Teambesprechung in einem Bereich durchgeführt wird, der maßgeblich mit der Umsetzung der Veränderung beauftragt ist, sollte sie nach Möglichkeit täglich erfolgen. Das minimiert die zu besprechenden Ergebnisse seit dem letzten Daily und sorgt für eine gute Struktur in der Tagesplanung.

Sollten die Teilnehmer im Daily aus verschiedenen Bereichen stammen (z. B. alle Key Usern, alle Change Agents oder alle Abteilungsleiter), können die Kurzbesprechungen auch in anderen Zyklen zum Controlling der Maßnahmen durchgeführt werden. Wichtig für die Effektivität von Dailys ist, dass die Gruppe auch am selben Ziel arbeitet oder andere Synergien bestehen und diese auch genutzt werden können. Sonst ergibt ein Abstimmungsmeeting für die nächsten Schritte (»Controlling«) keinen Sinn und verkommt zum wirkungslosen Statusmeeting. Und davon gibt es erfahrungsgemäß schon zu viele in den meisten Unternehmen.

4.1.2.3 Der »Change-Room« als Nukleus der Veränderung

Die Umsetzung der Veränderung erfolgt nicht zwischen Tür und Angel, sondern ist fest in den Arbeitsalltag integriert. Um die Wichtigkeit der Veränderung zu betonen, wurden in der Kommunikation und in der Veränderungsarchitektur bereits der Rahmen gebildet und die Grundlagen gelegt. Damit die Umsetzung und das Controlling den angemessenen Raum bekommen, sollte es dafür wortwörtlich einen Raum geben: den Change-Room.

Was ist ein Change-Room (oder »War-Room« / »Change-Zentrale«)?
Der Change-Room ist Ihr zentraler Informations- und Entscheidungsort im Change-Management. Er ist Gehirn und Muskel in der Veränderung zugleich: **Gehirn**, weil die Arbeitsergebnisse »im Raum« an den Wänden bleiben, und **Muskel**, da hier oft an der Umsetzung der Veränderung gearbeitet wird (Dailys, Brainstormings, Meetings, Jour fixes von Gremien, Mini-Workshops). Es ist eben das meiste, was an Input und Wissen in der Umsetzung des Change gebraucht wird, im Raum vorhanden und muss nicht umständlich durch die Teilnehmer mitgebracht werden. Je einfacher und effizienter das Arbeiten in der Veränderung gestaltet wird, desto geringer sind die Widerstände bei den Teilnehmern.

Ausstattung:

- glatte, beschreibbare, magnetische Wände (Magnetische und abwischbare Spezialfarbe auf der kompletten Höhe und Breite der Wand ist zwar teuer, aber so wird jeder Platz effizient genutzt.)
- volle Anbindung an die Unternehmens-IT (schnelle Verfügbarkeit von Basisdaten, Telefonkonferenzen, Remote-Meeting-Möglichkeiten ...)
- mehrere Flipcharts und bewegliche Metaplanwände
- flexible und lockere Möbel, Stehtische etc. (Nichts stört Kreativität mehr als zu viele oder fest verbaute Konferenztische mitten im Raum.)
- viel Arbeitsmaterial und eine hochwertige Moderationsausstattung, diverse Post-its und Sticky Notes (jeden Platz nutzbar machen, Fenster und Türen), Time Timer, Malerkrepp, Brownpaper ...

Einsatz und Nutzen:

- Der Raum fungiert als zentraler Treffpunkt für Besprechungen und Workshops in einer Abteilung / einem Unternehmen zu allen Themen, die die Umsetzung in der Veränderung betreffen.
- Die Zusammenführung der Informationen und aller Beteiligten sorgt für effiziente Kommunikation, kurze Wege, eine gemeinsame Wissensbasis und Fokus auf die Veränderung.
- Der offene Umgang mit dem Raum ist wichtig für die gelingende Einbeziehung der Beteiligten. Machen Sie hieraus also kein Geheimnis, sondern bitten Sie um aktive Mitarbeit und verschließen Sie den Raum nicht. (Ja, jeder kann rein. Ein deutliches Zeichen für Offenheit, Transparenz und Vertrauen im Veränderungsprozess.)
- Ergebnisse aus Meetings oder Besprechungen in der Veränderung (Pläne, Diagramme, Prozess-Maps, Kanban-Boards, Ziele, Übersichten etc.) werden direkt an den Wänden notiert und bleiben auch erst mal dort. Übersichten werden haptisch geführt, Diagramme dynamisch aktualisiert, Prozesse gemappt und gemeinsam aktiv umgebaut, Entscheidungen vorbereitet ...
- Die Arbeit mit Fotoprotokollen zu verschiedenen Versionen von »Wand-Ergebnissen« ist sehr sinnvoll.
- Die offene Atmosphäre und die flexiblen Möbel wirken sich positiv auf die Kreativität und somit auf die Ergebnisse aus.

Wichtig: Keine »Digitalisierung« analoger Prozesse !

Wenn die Umsetzung einer digitalen Lösung einen sehr großen Schritt für das Unternehmen darstellt und die Mitarbeiter sehr eingefahren im Verhalten und in den Prozessen sind, fällt das Verlassen der Komfortzone vielen Mitarbeitern sehr schwer. Einstellungen wie »Das war schon immer so, machen wir also weiter so – nur jetzt digital!« verschenken viel Potenzial. Lassen Sie sich also bei der Analyse und besonders bei der Planung der Prozessveränderung unbedingt von externen Prozessberatern begleiten, um nicht in diese Falle zu tappen.

Um auf der einen Seite eine Idee vom »grundsätzlich digital Machbaren« und auf der anderen Seite sinnvolle Unterstützung durch Digitalisierung in Ihrem Unternehmen zu bekommen, haben Sie zwei Möglichkeiten:

- Entweder Ihre Mitarbeiter leisten sehr viel Recherchearbeit oder
- Sie lassen sich durch einen »Digitalisierungsberater« (einen auf Digitalisierung in Ihrer Branche spezialisierten und herstellerunabhängigen Berater) unterstützen.

Beides hat Vor- und Nachteile hinsichtlich Geschwindigkeit und Kosten und sollte frühzeitig berücksichtigt werden, um nicht in eine Anbieter- oder Kostenfalle zu laufen.

»Wer nur einen Hammer als Werkzeug hat, sieht in jedem Problem einen Nagel.«
Paul Watzlawick

Seien Sie mutig, brechen Sie gemeinsam mit Ihren Mitarbeitern Silos und Kernprozesse auf, um tatsächlich von der vollen Kraft der Digitalisierung zu profitieren. Bei allen Möglichkeiten bitte nicht vergessen: Der einfachste, schnellste und günstigste Prozess ist der, der gar nicht existiert. Bieten sich durch die Digitalisierung Möglichkeiten zur Verschlankung durch Synergien oder Automatisierung – ergreifen Sie unbedingt diese Chance und probieren Sie Neues aus. Die durch den Wegfall lästiger Standardarbeiten und Prozesse gewonnene Zeit kann durch die Mitarbeiter sinnvoller und kreativer genutzt werden. Kleine Teams aus Freiwilligen eignen sich hervorragend für radikal neue Ideen und Ansätze, die nach einer Skalierung enormen Einfluss auf Ihren Unternehmenserfolg haben.

4.1.3 Technologieveränderungen umsetzen

Die Technologie ist der Dreh- und Angelpunkt von digitalen Veränderungen: Ohne eine neue Technologie keine digitale Veränderung. Jede noch so gute, sinnvolle und wirksame Technologie ist allerdings zum Scheitern verurteilt, wenn die Mitarbeiter diese ablehnen (das grundsätzliche Thema »Widerstand in Veränderungen« wird in Kapitel 4.5 ausführlich behandelt). Hier geht es um die Umsetzung der Veränderung auf technologischer Ebene und das Controlling der Maßnahmen.

Um auf der technologischen Ebene erfolgreich zu sein, ist eine umfassende Analyse und Planung notwendig. Wir gehen davon aus, dass in der Analysephase (siehe Kapitel 3.1) vieles richtig gemacht wurde und

- die einzuführende Technologie mit den Beteiligten gemeinsam besprochen wurde,
- der Bedarf und der Nutzen klar erkannt ist und auf die Vision einzahlt,
- die Entscheidung auf einer anforderungsgerechten Marktanalyse basiert und
- die technischen Voraussetzungen für die Einführung gegeben sind.

Aus eigener Erfahrung wissen wir, dass an diesen vier Kriterien bereits viele Unternehmen scheitern, oft aus Unwissenheit oder Zeitmangel: Mitarbeitern wird eine neue Lösung ohne wirkliche Begründung und ohne spürbaren Nutzen vorgesetzt. Zweiter großer Fehler: Durch mangelnde Analyse und Planung lassen »unbekannte Abhängigkeiten« die benötigten Ressourcen (Zeit, Geld, Mitarbeiter) im Projektverlauf in die Höhe schießen. Vermeidbare Fehler, die Ressourcen und Vertrauen verbrennen und den Weg für einen Versuch der Verbesserung immer schwerer machen.

Dabei ist es doch eigentlich ganz einfach: Die technologische Ebene muss funktionieren, einen Nutzen für das Unternehmen bieten, einen Mehrwert zur aktuellen Lösung darstellen und durch die Mitarbeiter akzeptiert und zu bedienen sein.

Die Corona-Pandemie als Treiber der Digitalisierung !

Die unglaubliche Beschleunigung der Digitalisierung durch die Corona-Pandemie ab März 2020 stellte viele Unternehmen vor die Entscheidung: Entweder den Betrieb in großen Teilen einstellen oder den Mitarbeitern die Möglichkeit geben, von zu Hause aus zu arbeiten. Vor der Krise wurde das Thema Homeoffice von vielen Unternehmen eher stiefmütterlich behandelt, weil die Voraussetzungen technisch, rechtlich und kulturell nicht gegeben waren oder das Ganze mit zu viel Aufwand verbunden war.
Durch den Druck von außen (Kontaktbeschränkungen und Lockdown) wurde im technologischen Bereich »mit der Brechstange« vieles ermöglicht und überhastet eingeführt, um überhaupt arbeiten zu können. Neue Software wurde beschafft und genutzt (*MS Teams* oder *Zoom* hatten im April bis zu 30-mal mehr Nutzer als im Januar 2020, vgl. Demling, 2020) und die IT-Ausstattung der Mitarbeiter wurde entsprechend aufgewertet.
Dies stellt eine klare Ausnahme dar, da bei den Betroffenen die Akzeptanz für die Maßnahmen vorausgesetzt und das Chaos bei der Einführung in Kauf genommen wurde. Die Digitalisierung war in dieser Situation schlichtweg alternativlos und es ging tatsächlich allen im Umfeld so. Jedes Unternehmen hatte mit der plötzlichen Umstellung zu kämpfen, keine Zeit für eine Analyse und Planung der Maßnahmen und alle »saßen in einem Boot« – psychologisch sehr wichtige Rahmenbedingungen bei der Verarbeitung der Veränderung!

Für die erfolgreiche technologische Umsetzung sollten Sie in Ihrem Leitungsteam Folgendes unbedingt beachten:

4.1.3.1 Betroffene frühzeitig beteiligen

Denken Sie schon in der frühen Analysephase an die Umsetzung und beteiligen Sie die Mitarbeiter vollumfänglich. Starten Sie gezielte **Befragungen** oder eröffnen Sie eine digitale (anonyme) Umfrage mit Tools wie *SurveyMonkey*, *Polly* oder *LamaPoll*:

- Was stört die Mitarbeiter/Führungskräfte am aktuellen System?
- Welche Wünsche und Anforderungen werden an eine Verbesserung gestellt?
- Wie kann diese Verbesserung »über den Tellerrand hinaus« Nutzen für die Abteilung bringen?
- Was ist dafür zu tun – wer sollte, wer kann und wer muss unterstützen?

Die Ergebnisse der Umfrage sind unbedingt zu nutzen und die Verbindung zwischen der Veränderung und den Ideen/Bedürfnissen aus der Umfrage ist herzustellen. Transparenz sorgt für Akzeptanz und ein klares Bild bei den Nutzern.

4.1.3.2 Pilotprojekt starten

Pilotprojekte mit klaren Vorgaben und Zielen sind hilfreich, um mit einem Team die mögliche Lösung oder einen Vergleich zwischen verschiedenen Lösungen für Ihren Bedarf herzustellen und eine Entscheidung vorzubereiten. Pilotprojekte sind sehr ressourcenaufwendig: Teilweise erheblicher Mehraufwand für alle Beteiligten und Schlüsselabteilungen und die Möglichkeit, nach dem Piloten zu scheitern (also eine andere Lösung zu wählen), sind Risiken, die sich aus folgenden Gründen trotzdem lohnen:

1. Das Pilotprojekt sorgt für Klarheit, was die digitale Lösung im Unternehmen tatsächlich leistet, wo die Grenzen liegen und wie akzeptiert sie bei den Benutzern ist.
2. Die Erkenntnisse und Erfahrungen der Beteiligten werden sich als Skaleneffekte schnell amortisieren, wenn die getestete Lösung ausgerollt wird: Zum Beispiel sind erfahrende Power User oder Key User (siehe Kapitel 3.5.5.1) vorhanden, die andere Mitarbeiter schulen können; die IT-Abteilung kennt die Vorgehensweise und typischen Hindernisse beim Einrichten etc.
3. *»Das größte Risiko ist es, kein Risiko einzugehen«*, sagt Mark Zuckerberg. Ja, Piloten kosten Ressourcen und es gibt bewusst das Risiko des Scheiterns. Aber sich in unsicheren und komplexen Zeiten (VUKA) aus dem Bauch heraus für eine Lösung zu entscheiden, die später aufwendig geändert oder komplett ersetzt werden muss – das kostet ein Vielfaches von einem Pilotprojekt und ist somit ein größeres Risiko.

! **Wichtig: Akzeptierte Pilotgruppe für verwertbare Ergebnisse**

Achten Sie drauf, dass die Teilnehmer an dem Pilotprojekt auch aus den Bereichen kommen, die mit der Lösung tatsächlich arbeiten oder sonst betroffen sind. Sollte die Pilotgruppe nur aus Mitarbeitern einer Abteilung bestehen, ist abzusehen, in welchen Abteilungen es mehr Widerstand bei der Einführung geben wird (»Wir wurden ja nicht gefragt …«). Allein die Tatsache, dass die Nachbarabteilung mit ähnlichen Prozessen und Anforderungen nicht Teil des wichtigen Tests sein konnte/durfte, aber genauso betroffen sein wird, produziert Widerstände in der Umsetzung. Hier geht es nicht mehr nur um die technische Ebene, sondern oft um die kulturelle – also Wertschätzung und Akzeptanz als Mitarbeiter in der Vorbereitung der Umsetzung.

Die Pilotgruppe soll eine heterogene Mischung aufweisen und nicht ausschließlich aus »Digital Natives« bestehen, die technologische Veränderung leben und aktiv einfordern. Eine Mischung von Mitarbeitern, die die spätere Realität widerspiegelt, ist der Schlüssel für verwertbare und akzeptierte Ergebnisse.

Wenn Sie die »Lieblinge« der Führungskräfte oder des Leitungsteams in die Pilotgruppe setzen, um »von der Leitung gewünschte Ergebnisse« zu erzielen, hat dies eine große Auswirkung auf die Umsetzung. Sie wird nicht oder nur sehr widerwillig stattfinden, da jeder weiß,

dass das Ergebnis des Piloten manipuliert wurde. Eine vorgespielte Beteiligung ist schlimmer als keine Beteiligung (siehe auch Kapitel 3.5)!
Kritische Mitarbeiter und Mitglieder aus dem Betriebsrat/Personalrat sollten ebenfalls in der Pilotgruppe sein. Bei diesen oft harten Nüssen sorgt eine frühzeitige Beteiligung für mehr Akzeptanz und weniger Widerstand in der späteren Umsetzung. Wenn kein BR/PR-Mitglied von der Technologieveränderung betroffen ist (also auch in der Pilotgruppe keine sinnvolle Aufgabe als »Nutzer« hat), sollten die Vertreter zu regelmäßig stattfindenden Zwischenbesprechungen unbedingt offiziell eingeladen werden. Transparenz und Wertschätzung sind der Schlüssel zum Erfolg.

Alle Themen, die für einen späteren Einsatz wichtig sind, müssen im Piloten berücksichtigt werden. Beispielhaft zu nennen sind:

- Wie leicht fällt uns die Bedienung?
- Wie gut bildet die Lösung unsere Prozesse und den gewünschten Nutzen ab?
- Wie aufwendig ist eine Anpassung, wenn sie das noch nicht tut?
- Wie gut können die Schnittstellen mit dem Output arbeiten?

Wenn Ideen für Lösungen aus dem Kreis der Mitarbeiter aufgegriffen werden, erhöht dies die Bereitschaft zur Mitwirkung, was sich messbar auf die Anzahl weiterer freiwilliger Testnutzer auswirkt. Mitarbeiter, die wirklich etwas bewegen wollen, lassen sich durch die Mehrarbeit eines Pilotprojektes nicht abschrecken. Im Gegenteil: Sie sehen die Chancen, die ihnen und dem Unternehmen durch diese digitale Veränderung geboten werden, und sind *highly committed*, ein Teil davon zu sein!

4.1.3.3 Ergebnisse für alle transparent machen

Wenn Sie ein Pilotprojekt durchgeführt haben, bietet sich eine öffentliche Vorstellung der Ergebnisse an. Die Einladung zu dieser Vorstellung sollte tatsächlich an alle gehen und mit der Erreichung der Vision verknüpft werden – also warum dieser Pilot so wichtig für die Zukunft ist. Es werden mit Sicherheit nicht alle Eingeladenen erscheinen, aber so wurde jeder beteiligt und ist über die Vorgänge informiert. Wichtige Stakeholder (Geschäftsführer, Abteilungsleiter, Betriebs-/Personalräte) sind persönlich einzuladen: Durch ihr Erscheinen signalisieren sie den Teilnehmern des Piloten, dass die bisher geleistete Mehrarbeit wahrgenommen wurde und einen hohen Stellenwert hat.

In der Präsentation der Pilotgruppe wird vorgestellt, was genau versucht wurde, was die Hypothesen und Erwartungen waren und welche Erkenntnisse die Teilnehmer durch den Test gewonnen haben. Die Teilnehmer sollten die Präsentation persönlich übernehmen: So wirkt es deutlich authentischer und ehrlicher, als wenn nur der Gruppenleiter oder eine Führungskraft die Ergebnisse mit reichlich Fachausdrücken präsentiert.

Ein großer Teil der Präsentation sollte für Rückfragen durch das Plenum vorgesehen werden. Diese Fragen sind ausdrücklich erwünscht und können in der Präsentation durch entsprechende Fragestellungen forciert werden. Wenn noch die Möglichkeit des Ausprobierens vorgesehen ist, können die Interessierten selbst erleben, wie sich die neue Technologie anfühlt. Hierdurch wird die persönliche Ebene im Change adressiert und die aufkommenden Ängste vor Unbekanntem werden frühzeitig minimiert.

In verschiedenen Abteilungen parallel Pilotprojekte zu einem Thema (z. B. Testen von verschiedenen CRM- oder ERP-Systemen) durchzuführen kann viel Zeit sparen. Hier bietet sich für die Präsentation ein **Marktplatz der Möglichkeiten** an: Die verschiedenen Präsentationen werden ähnlich wie auf einem Wochenmarkt in einem großen Konferenzraum an »Ständen« präsentiert (oder in Büros vorgestellt, wenn kein großer Raum zur Verfügung steht). Freiwillige Mitglieder aus den Pilotprojekten stellen *ihren Piloten* und die Erkenntnisse allen interessierten Mitarbeitern vor, es wird gemeinsam an und mit der Lösung gearbeitet und experimentiert und Fragen werden individuell beantwortet. Die interessierten Mitarbeiter können zwischen den »Ständen« eigenständig wechseln und sich ihr eigenes Bild machen.

Diese längere Präsentationsphase wird eingerahmt von einer offiziellen Eröffnung und einer anschließenden Zusammenfassung, in der auch die weiteren Schritte vorgestellt werden.

4.1.3.4 Lösung transparent auswählen

Zeitnah im Anschluss an die Präsentation muss eine transparente und nachvollziehbare Auswahl der neuen Lösung stattfinden und eine Entscheidung getroffen werden. Diese Entscheidung muss auf Ergebnissen und Kriterien basieren, die konsistent und nachvollziehbar sind und in erster Linie der Vision dienen.

!

Tipp: Nachhaltiger Erfolg durch umsichtige Entscheidungen

Sie sollten in der Lage sein, Kritikern des Vorhabens durch offene Kommunikation des »Warum wurde diese Lösung gewählt?« eine verständliche Begründung für diese Entscheidung zu geben. Wenn diese fehlt oder nicht einfach nachvollziehbar ist, wird Ihnen das später mit Sicherheit als Argument für ein Scheitern präsentiert. In gewisser Weise ist es das auch, denn durch die fehlende Begründung wird der Grundstein für Gerüchte und halbherzige Umsetzung gelegt, da das Verständnis für das »Warum« und den Nutzen fehlt.

Mangelnde Entscheidungsfähigkeit (es wird sich »totgetestet«) oder die intransparente Auswahl einer Lösung (»Wollte der Chef halt so«) sind später große Hindernisse in Veränderungsvorhaben. Seien Sie mutig und halten Sie den Fluss in der Veränderung durch nachvollziehbare Entscheidungen hoch – auch wenn dies ein gewisses Risiko bedeutet. Das Sprichwort *»Keine Entscheidung ist auch eine Entscheidung …«* stimmt, aber »Aussitzen« ist nicht die beste Option, wenn eine aktive und dynamische Veränderung zur Erreichung der Vision stattfinden soll.

Bei dieser Auswahl sind die entscheidenden Stakeholder und Interessengruppen angemessen zu beteiligen. Wer das ist und in welcher Weise eine Einbeziehung erfolgt, wurde in vorangegangenen Phasen erarbeitet.

4.2 Neues lernen, Altes verlernen

Marcus Reinke

Denken Sie mal zurück an Ihre Kindheit und an Ihr Traumauto, als Sie sieben Jahre alt waren. An dieses eine Auto, das sie aus total logischen Gründen fantastisch fanden und einfach haben wollten. Bei mir war es ein Lamborghini Countach, der mit den Flügeltüren. In Schwarz. Die Wunschfee kommt vorbei und zack, steht es vollgetankt (oder aufgeladen) in Ihrer Einfahrt. Ein Traum wird wahr. Und trotzdem können Sie es nur anschauen, sich reinsetzen oder Ihren Freunden zeigen und gemeinsam drinsitzen und vielleicht am Radio spielen oder die coolen Türen nach oben öffnen. Aber das Traumauto bewegen, damit richtig schnell fahren und Spaß haben, all die coolen Dinge aus der Werbung und Ihrer Fantasie damit machen – das können Sie nicht. Klar, Sie sind sieben Jahre alt und wissen nicht, wie man so ein knapp 1,5 Tonnen schweres Ding benutzt. Sie fahren also weiter Fahrrad, weil Sie es gelernt haben. Und der hochgezüchtete Superbolide steht nur rum.

Wir beamen uns zurück in die Gegenwart. Stellen Sie sich vor, Sie führen Ihre »Traum-Software« ein, die alle Anforderungen des Managements hinsichtlich Nutzen, Funktionen, Kosten, Compliance und Geschwindigkeit erfüllt. Auch die Key User aus den Pilotprojekten sind begeistert und alle Gremien haben nach einem gemeinsamen Review grünes Licht für die Einführung gegeben. Nach dem Roll-out kommt es jedoch zu vielen Beschwerden über die Bedienung der Software, die Prozesse dauern irgendwie deutlich länger als in den Pilotgruppen und die Stimmung bei den betroffenen Mitarbeitern sinkt. Die ersten Rufe nach der »alten und verlässlichen Lösung« werden besonders bei den erfahrenen Mitarbeitern immer lauter und die Abwärtsspirale beginnt. Dabei waren die Rückmeldungen aus den Pilotgruppen doch positiv. Auf der emotionalen Achterbahn sind die meisten Mitarbeiter mitten im »Tal der Tränen« oder in der Depression, weil die Veränderung angekommen ist und sie aktuell damit nicht umgehen können (vgl. Kapitel 2).

Der Grund für diese Depression und schlechte Stimmung ist einfach: Auch wenn in diesem Beispiel vieles richtig gemacht wurde, der entscheidende Punkt wurde vergessen: die Befähigung der Betroffenen. Nur was bedient werden kann, wird auch genutzt. Denken Sie an Ihr Fahrrad und das Traumauto: Ohne das Wissen und Können »Autofahren« steht das Auto einfach nur herum und sieht gut aus, erfüllt aber keinen

Zweck und nützt Ihnen nichts. So ist es mit der Lösung, die keiner bedienen kann, auch.

Wir haben in unseren Beratungsmandaten oft Unternehmen, die bereits einen »Traumwagen« haben, aber nicht wissen, was damit alles möglich ist. Es gab Unternehmen, in denen Dateien umständlich per E-Mail zwischen den Bearbeitern ausgetauscht wurden (inkl. verschiedener »..._letzte_Version_FINAL_2«-Dateinamen). Dabei wäre echte Zusammenarbeit an Projekten und Dokumenten durch die konzernweit vorhandene *Microsoft365-/SharePoint*-Lösung sehr viel einfacher möglich gewesen. Es wusste aber keiner in der Abteilung, was die Lösung alles kann und wie sie bedient wird, lediglich *Word* und *Excel* auf dem Desktop und *Outlook* für E-Mails wurden genutzt. Das kannte jeder.

! **Wichtig: Befähigung und Weiterbildung der Mitarbeiter**

Philipp Depiereux (Chef der Digitalberatung *Etventure*) bringt den Erfolg im Wandel im *Handelsblatt* auf den Punkt:

»Wandel kann man nur schaffen, indem man den Leuten zeigt, welche Vorteile es auch für sie bringt, sie vorbereitet und durch Weiterbildung befähigt. Dann ziehen 95 Prozent der Mitarbeiter mit – durch alle Generationen.« (Terpitz, 2019)

Die Weiterbildung der Mitarbeiter (der Betroffenen) ist ein wesentlicher Stützpfeiler des Erfolges jeder technologischen oder kulturellen Veränderung!

Fähigkeiten für die digitale Welt

Die DBS-Bank (Lundberg, 2020) konzentriert sich bei der Befähigung ihrer Mitarbeiter für die »digitale Welt« auf sieben Bereiche. Dies kann als gute Blaupause angesehen werden, da diese Bereiche branchenübergreifend immer wichtiger werden und die Mitarbeiter hier Kompetenzen haben müssen:

1. **Digitale Kommunikation:** neue Formen in der Kommunikation, wie Social Media im Unternehmenskontext, nutzen, um mit der jüngeren Zielgruppe enger in Kontakt zu bleiben
2. **Agile Praktiken:** neue Formen in der Zusammenarbeit praktizieren und den Geschäftswert / den Nutzer in den Fokus stellen.
3. **Digitale Geschäftsmodelle:** auch der Bankensektor wird durch innovative Ideen (FinTechs) revolutioniert – neue Modelle für den langfristigen Erfolg kennenlernen
4. **Compliance und Risiken:** Ideen gemäß den Vorgaben und Richtlinien umsetzen, um dem Unternehmen nicht zu schaden
5. **In Abläufen denken:** Prozesse und Abläufe leicht nutzen und erklären können und dadurch Transparenz und Verständnis im Team und bei Kunden schaffen
6. **Digitale Technologien:** Komplexität durch gezielte Nutzung digitaler Technologien und Tools reduzieren und produktiver werden
7. **Datenbasiertes Denken:** Durch eigene Unternehmensdaten steht oft eine große Menge an Wissen (Zahlen, Daten, Fakten: KPI) zur Verfügung, um Entscheidungen besser vorzubereiten oder Strategien auszuwerten.

4.2.1 Neues Verhalten lernen

Mitarbeiterbefähigung wird in Unternehmen oft zentral an HR oder Personalentwicklung delegiert und in jährlichen Mitarbeitergesprächen durch die Führungskraft als Gesprächspunkt abgearbeitet. Das ist in der Dynamik der Digitalisierung weder angemessen noch hilfreich und führt zu den oben skizzierten Situationen. Ausreden wie »keine Zeit«, »kein Budget« oder »Learning by Doing« sind Bremser des Wandels. Gleichzeitig zeigt das, dass die Mitarbeiter im Unternehmen nur als Kostenfaktor und nicht als wertvollstes Gut angesehen werden, in das investiert werden muss – besonders in Krisen und im Wandel. Die Betroffenen verlieren schnell den Glauben an das Gute der Veränderung, wenn sie mit ihrem Scheitern in der Phase »Learning by Doing« allein gelassen werden.

In Kapitel 3.3.3 wird auf das Thema »Empowerment auf breiter Basis« eingegangen: Betroffene einbinden, aktivieren und mobilisieren. Dies bezieht sich neben der wichtigen emotionalen Ebene selbstverständlich auch auf die fachliche Befähigung der Betroffenen.

Aktuelle Möglichkeiten in der Mitarbeiterbefähigung und Weiterbildung !

Seit einigen Jahren ist das Feld an Möglichkeiten in der professionellen Weiterbildung deutlich gewachsen. **Klassische Weiterbildungsformate** wie Seminare, Trainings, Fachbücher/Begleitliteratur haben immer noch ihre klare Berechtigung, wurden jedoch konsequent erweitert und digital optimiert. Es wird deutlich mehr auf Interaktion, Ausprobieren und Üben gesetzt, was den Spaß beim Lernen und somit auch die Lernkurve an sich stark ansteigen lässt. Dazu kommen die immer leichter zugänglichen und individualisierbaren **digitalen Angebote** wie Blended Learning, reines E-Learning, Live-Online-Trainings, Videokurse auf Abruf oder Remote Tutoring/Mentoring im vertraulichen 1-zu-1-Videocall.

E-Learning als Motor der persönlichen Weiterbildung !

Der MOOC-Markt – »Massive Open Online Courses« (frei verfügbare Online-Kurse von Hochschulen und großen Weiterbildungsanbietern) – wächst täglich und bietet enorme Möglichkeiten der individuellen Fortbildung zu allen Themen. Bekannte und erstklassige Universitäten und Unternehmen wie Harvard, das MIT, Microsoft oder das Hasso-Plattner-Institut stellen Videos von Vorlesungen oder komplette E-Learning-Kurse kostenfrei zur Verfügung. Durch die Corona-Krise hat dieser Markt noch mal einen Schub bekommen, da die Nutzeranzahl in die Höhe ging und Präsenzseminare und Trainings nicht stattfinden konnten. Bekannte Weiterbildungsanbieter (z. B. die Haufe Akademie) haben den vielen Mitarbeitern im Homeoffice oder in Kurzarbeit einen großen Teil der sonst kostenpflichtigen E-Learning-Seminare kostenfrei (befristet) zur Verfügung gestellt.
Übersichten mit aktuellen MOOC-Angeboten finden Sie unter www.edX.org (Englisch) oder www.edukatico.org/de (Deutsch).

Die individuelle Befähigung zu bestimmten Soft-Skill-Themen wird durch die Digitalisierung immer nutzerfreundlicher. Hier geht der Trend aktuell zum »**Microlearning**« durch Apps auf dem Smartphone. Dies ist komprimierter Input in Form von »Nuggets« (kurze Videos, Fachtexte, Checklisten etc.), die durch den zeitlich geringen Umfang zwischendurch immer wieder konsumiert werden können. Der direkt mögliche Praxistransfer des Gelernten in den Alltag und die anschließende Reflexion der Erfahrungen in der App stellen einen hohen Lerntransfer mit Verhaltensänderung sicher. Dies wird z. B. bei Weiterbildungen in der Kommunikation eingesetzt. Hier wird dem Nutzer ein kurzes Video über Körpersprache und ihre Wirkung in Gesprächen gezeigt. Der Nutzer achtet im nächsten Mitarbeitergespräch stärker auf die eigene und fremde Körpersprache und reflektiert sich durch die vorbereiteten Fragen in der App auf dem Handy selbst. Für diese individuelle und sehr selbstbestimmte Form der Weiterbildung (»Selbstlernen«) ist bei den Teilnehmern eine hohe Motivation zum Lernen notwendig, da hier kein Trainer aktiv zum Handeln auffordert. Wenn das Handy durch Erinnerungen zum Lernen animiert, können diese unkompliziert weggedrückt werden und man verliert den Anschluss. Bekannte Angebote auf dem deutschen Markt sind *Everskill* oder *Blink.it*.

Dieses leicht in den eigenen Alltag zu integrierende Format hält auch immer mehr Einzug in den Bereich **Digital Business Coaching**: Aktuelle Plattformen wie *CoachHub* oder *Sharpist* verknüpfen individuelle Ziele und persönliches Lerntempo mit einem persönlichen Coach. Der Zugriff auf die Inhalte und die Videocalls mit dem Coach erfolgt ebenfalls über eine App auf dem Handy des Nutzers. Diese Tools sind gekoppelt mit der Unternehmens-HR, um persönliche Erfolge auch für die Personalentwicklung sichtbar zu machen. Es geht hier ausschließlich um die erreichten Meilensteine im Entwicklungsplan und nicht um Inhalte oder Mitschnitte aus dem Coaching.

Einen eindrucksvollen Beleg, was **Augmented Reality** (AR) und **Virtual Reality** (VR) im Trainingsbereich bereits leisten, hat die *Deutsche Bahn* 2018 in Kooperation mit ihrem Partner *DB Systel* geliefert. Sie verknüpfen die Realität durch holografische Brillen / Tablets mit digitalen Lerninhalten für z. B. Weichenvermessung. Auch in der virtuellen Realität ist die Bahn weit vorne und setzt dies bei der Ausbildung der Mitarbeiter am ICE oder in Stellwerken ein. Beide Lösungen sind zwar sehr kostenintensiv in der Anschaffung und höchst individuell auf die Unternehmensinhalte zugeschnitten, rechnen sich jedoch bei entsprechender Nutzung durch die vielen Mitarbeiter.

Die Mischung macht den Unterschied und den Erfolg

Wirklich erfolgreich gestalten Sie den Transfer von Wissen und den Ausbau der Kompetenzen der Mitarbeiter und Führungskräfte, wenn – je nach Ziel und Inhalt – die vorgestellten Angebote gemischt werden. Jeder Mensch lernt unterschiedlich, manche brauchen aktive Seminare mit Mitarbeitern von anderen Firmen für den Austausch, andere haben dafür keine Zeit und lernen lieber autodidaktisch am Wochenende zu

Hause. Durch eine grundsätzliche Mischung im Weiterbildungsangebot können sich die Betroffenen »ihr« Lernangebot selbst zusammenstellen. Im Kapitel 5.5 finden Sie weitere Faktoren für eine erfolgreiche Befähigung von Mitarbeitern und Führungskräften.

Praxisbeispiel »DB Lernwelt«

Die *Deutsche Bahn* hat im April 2018 eine Lernplattform (die »DB Lernwelt«) dem Vorstand und 3000 Führungskräften vorgestellt. Diese Lernwelt bietet den Mitarbeitern die Möglichkeit, mit über 200 Kursen ihre Interessen zu verfolgen und ihre digitalen Kompetenzen zu erweitern. Dieses Angebot flankiert die bestehenden Personalentwicklungsmaßnahmen durch Seminare und Qualifizierungsprogramme im Konzern. So können die Mitarbeiter die individuelle Vertiefung von Fachthemen oder die Vorbereitung auf eine neue Rolle im Unternehmen selbstständig durchführen, sowohl »on the Job« als auch im privaten Bereich. Ein Jahr nach dem Start (also im April 2019) hatte die Plattform über 100.000 aktive Nutzer, was den Erfolg im Unternehmen und die Akzeptanz bei den Mitarbeitern deutlich macht.

4.2.2 Weiterbildungen planen, durchführen und steuern

4.2.2.1 Weiterbildungen planen

Setzen Sie bereits in der Planung der Veränderungsarchitektur das Thema »Mitarbeiterweiterbildung« immer auf Ihre To-do-Liste. Als einer der sieben Basisprozesse des Change-Managements (siehe Kapitel 3.3.4) ist der Lernprozess im kritischen Teil der emotionalen Achterbahn zwingend zu berücksichtigen. Ohne Befähigung keine Veränderung. Hierfür müssen Ressourcen (Geld und Zeit) bereitgestellt werden, da sonst auch die wichtigsten Veränderungen am Ende aufgrund der »vergessenen« Weiterbildung scheitern werden. Dies ist von Beginn an zu hinterlegen und mit Experten aus der Personalentwicklung zu planen. Als effektive Beteiligung der Betroffenen kommen interaktive Planungsworkshops infrage, die mit zusätzlicher Expertenbeteiligung den fachlich-inhaltlichen Teil der Weiterbildungsplanung abdecken.

Hier wird gemeinsam auf zwei Ebenen an einem Ergebnis gearbeitet:

1. Die inhaltlichen Anforderungen an einen Maßnahmenplan für die gezielte fachliche Befähigung der Nutzer der neuen Lösung:
   - Was muss bis wann durch die Betroffenen beherrscht werden, um das Ziel effizient zu erreichen?
   - Wie sieht eine typische »Learning Journey«, also die mögliche methodisch-didaktische »Reise« in diesem Thema aus?

2. Eine mit den Mitarbeitervertretern (betroffene Mitarbeiter aus den betroffenen Abteilungen plus Betriebs-/Personalrat) abgestimmte Version des Maßnahmenplans:
   - Wie wollen und können wir die Themen in unserem Unternehmen in der aktuellen Veränderungsarchitektur umsetzen?
   - Was ist aus Sicht der Mitarbeiter realistisch umsetzbar?
   - Wie können sich die Mitarbeiter aktiv einbringen (Key User, Power User oder Change Agents für die Befähigung)?

   Diese Ebene ist für die motivierte Umsetzung der Maßnahmen sehr wichtig, da auf die Bedürfnisse der Mitarbeiter in der Planung bewusst eingegangen wird. Oft fallen Hindernisse auf der Mitarbeiterebene in der Planung durch das Management unter den Tisch und die Aussage der Mitarbeiter »Hätte man *uns* mal gefragt, dann wäre das hier so nicht passiert« ist leider richtig. Deshalb ist Beteiligung und Transparenz auch hier wieder der Schlüssel zum nachhaltigen und nutzerorientierten Erfolg.
3. Ergebnis ist ein konkreter (SMARTer) Maßnahmenplan, der einen fairen Kompromiss zwischen fachlicher Notwendigkeit und der Umsetzungsfähigkeit der Mitarbeiter darstellt und von beiden Seiten als tragfähig und sinnvoll angesehen wird.

Bei der Planung ist neben der operativen Ebene auch die Führung zu berücksichtigen, denn oft werden durch technische Neuerungen auch Änderungen im Verhalten der Führungskräfte notwendig (neue Rollen erfordern eine neue Führung, siehe CRM-Beispiel in Kapitel 4.1). Auch hier sollten Experten bei der Planung der Führungskräfteweiterbildung involviert werden, um gezielt an der Entwicklung auf den verschiedenen Ebenen zu arbeiten.

! **Digitale Intelligenz nicht voraussetzen, sondern schaffen**

Nicht jeder Mitarbeiter und nicht jede Führungskraft »mag« die Digitalisierung, das ist bekannt. Oft erleben wir bei unseren Kunden jedoch, dass die Ebene der Mitarbeiter durch die notwendige Nutzung von moderner IT längst in der digitalen Welt angekommen ist – im Gegensatz zu den Führungskräften. Diese sind in einigen Bereichen einfach deutlich lebenserfahrender, z. B. lebt die Meisterebene in vielen technischen Betrieben von viel Berufserfahrung in ihrem Fach. Da in der operativen Führung lange ohne digitale Hilfsmittel ausgekommen wurde, herrscht hier oft nur rudimentäre »digitale Intelligenz« oder Handlungssicherheit mit modernen IT-Geräten. Dies muss bei großen Veränderungsvorhaben ebenfalls in der Planung berücksichtigt und zum Beispiel durch interne Lerngruppen für Grundlagenwissen abgefangen werden, um hier nicht schon einige Mitarbeiter zu verlieren.

4.2.2.2 Weiterbildungen durchführen

Der wichtigste Punkt bei der Durchführung ist – so lächerlich es klingt – die Durchführung. Wenn Trainings und Seminare geplant werden, dann müssen sie auch durchgeführt werden.

Berücksichtigen Sie als Führungskraft, dass die Zeit in Seminaren eine wichtige Investition in die Zukunft Ihrer Mitarbeiter ist, und stellen Sie das keinesfalls als »Halligalli-Veranstaltung« ohne Nutzen dar. Geben Sie den Teilnehmern also ausreichend Zeit für die Vor- und besonders die Nachbereitung von Seminaren, auch wenn die Zeit immer knapp ist. Dies mag bei wirklich notwendigen Grundlagentrainings noch selbstverständlich sein, weil ohne die Basics niemand wirklich arbeiten kann. Aber weiterführende Trainings für tiefere Kenntnisse (= Effizienz und höhere Produktivität) werden aus Zeit-/Budgetgründen oft vernachlässigt. Auch die Weiterbildung der Führungskräfte in den immer wichtiger werdenden Soft-Skill-Trainings fällt in der Dynamik unter den Tisch oder wird zum Selbststudium in der Freizeit weitergegeben. Das sind Probleme, die sich erst langfristig auswirken und mit der Zeit den Ruf nach alten und vollständig beherrschten Lösungen immer lauten werden lassen. Führen Sie also immer wieder Nutzer- und Führungskräfteweiterbildungen in unterschiedlichen Formaten durch, um auch hier über die Zeit die Motivation zum ständigen Lernen hoch und den Impuls aufrecht zu halten.

Viele Trainer und Referenten arbeiten mit Transferaufgaben, um den Lernerfolg der Teilnehmer in der Berufspraxis weiter auszubauen. Unterstützen Sie diesen Lernerfolg durch Mitarbeit im Team: Führen Sie nach der Rückkehr von Teilnehmern in Ihrem Team oder der Abteilung ein kurzes Review durch. Die Teilnehmer berichten authentisch an ihre Kollegen, was die drei größten Learnings nach dem Training sind und was sie jetzt konkret anders machen werden. Dies zeigt dem Team, dass es vorwärts geht. Erfolgreich abgeschlossene Weiterbildungen oder fachliche Qualifizierungen sind Quick Wins auf dem Weg zur gelungenen Transformation und gehören auch auf die »Success Wall« (vgl. Kapitel 4.1.1.3).

4.2.2.3 Weiterbildungen steuern

Die Steuerung der Weiterbildungen und besonders der erfolgreiche Transfer in das Verhalten müssen zeitnah stattfinden. Es besteht sonst die Gefahr, dass die Inhalte in die falsche Richtung driften oder der Erfolg aufgrund von Schwächen in der Durchführung oder fehlender Transfersteuerung in der täglichen Anwendung verpufft. Feedbackgespräche mit den Teilnehmern zeitnah nach den Seminaren und Trainings helfen der Personalentwicklung und dem Leitungsteam des Veränderungsvorhabens, die tatsächliche Wirkung mit dem gewünschten Ergebnis abzugleichen. Schnell verfügbare Erkenntnisse über groß angelegte Trainingsprogramme mit sehr vielen Mitarbeitern sind in Einzelgesprächen nicht möglich. Hier helfen anonyme digitale Feedbacksysteme, die entweder in der HR-Lösung bereits enthalten sind (als Mitarbeiterbefragung) oder mit frei verfügbaren Online-Tools wie *SurveyMonkey*, *Tweedback* oder sonstigen Umfragetools schnell erstellt und ausgewertet sind.

In angemessenen Abständen sollten auch interne Abteilungs- oder Team-Reviews der Weiterbildungen und der genutzten Formate durchgeführt werden, um ein Gefühl für die Qualität und den Nutzen der Durchführung zu bekommen. Wenn bereits in Zyklen/Sprints gearbeitet wird, sollten diese Inhalte in Retrospektiven besprochen werden, da sie in den meisten Fällen Auswirkungen auf die Zusammenarbeit im Team haben. Die Ergebnisse sind wichtig für die Steuerung der Weiterbildungsinitiativen. Einige Unternehmen und Anbieter setzen hier auf »Gamification«: Sie nutzen aus Computerspielen bekannte und motivierende Elemente wie Erfahrungspunkte, Level, Ranglisten oder öffentlichen Auszeichnungen für die Erfolge aus Tests und Wissensnachweisen in den Weiterbildungen. So werden der Spieltrieb und der Wettbewerb getriggert. Achten Sie hier frühzeitig auf die Einbindung von Betriebs- oder Personalrat (Stichworte: Transparenz und Ranglisten über Leistungen).

Die rollierende Steuerung von Weiterbildungen ist bei langfristig angelegten Veränderungsvorhaben auf der kulturellen Ebene Pflicht. Denn gerade die Themen, die unter der Wasseroberfläche beim Eisbergmodell liegen (also Werte, Kultur, das Normative ...) benötigen mehr Input von vielen Seiten, bevor sich hier etwas ändert. Hier sprechen wir nicht mehr von »Wir lernen neues Verhalten« wie die Bedienung der CRM-Lösung oder der neuen Steuerungssoftware für die Maschinen, sondern von »Wir verlernen altes Verhalten«. Dieses bewusste »Andersmachen« zielt oft auf die Ausübung von Rollen im Führungskontext. Hat man z. B. als Projektleiter noch fest die Zügel in der Hand gehalten und wusste über alles im Projekt immer Bescheid, so ist es ein großer Sprung, diese Macht jetzt abzugeben und dem Team zu vertrauen, dass die Aufgaben im Sprint erledigt werden.

4.2.3 Altes Verhalten bewusst verlernen

Durch digitale Veränderungen wird im einfachsten Fall nur eine etwas andere Software eingeführt, die in der Bedienung ähnlich wie die vorherige Lösung ist. Hier reicht es, die neuen Abläufe zu lernen, da sich nichts an den Prozessen oder der Kultur ändert. Komplett anders verhält es sich, wenn im Betrieb die Produktion durch IoT oder Robotik digitalisiert wird. Hier werden grundlegend neue Prozesse eingeführt, die die alten Verhaltensweisen überflüssig und oft hinderlich machen. Wenn in der Verwaltung grundlegend neue und umfangreiche IT-Lösungen zur Zusammenarbeit eingeführt werden, liegen ähnliche Rahmenbedingungen vor.

Da Menschen zwar neugierig sind, aber sich auch gerne in ihrer Komfortzone aufhalten und bei Hindernissen schnell dahin zurück möchten, ist es wichtig, diesen Prozess der Anpassung zu begleiten. Mitarbeiter oder Führungskräfte, die jetzt anders handeln sollen, aber keine Rückmeldung bekommen, sobald sie in die alten Verhaltensweisen zurückfallen, bauen unbewusst eine Mischkultur im Verhalten auf. Diese pragmatische Lösung ist oft eine Mischung zwischen altem Verhalten mit neuen Technologien, und die wirkliche Kraft der Digitalisierung versandet. Dies mag sich für die Betroffenen sicherer und besser anfühlen, da gewohnte Abläufe einfach fortgeführt werden. Das Verständnis für das Neue und Effiziente an der digitalen Lösung kommt durch die abgeschwächte Änderung aber leider nicht auf. Langfristig wird die Veränderung abgelehnt, da kein echter Nutzen der Vision erkannt wurde.

Für einen langfristigen und nachhaltigen Erfolg in der Veränderung müssen Methoden und Formate installiert werden, die der Organisation und den Mitgliedern dabei helfen, das »gewohnte Verhalten« zu verlernen. Dies kann wehtun, da die Mitarbeiter durch die neuen Strukturen und Prozesse auf die Talfahrt in der emotionalen Achterbahn geschickt werden.

Hier stellen wir erfolgreiche Methoden für die verschiedenen Ebenen vor, durch gezielte Begleitung dieses Tal schneller zu durchfahren.

4.2.3.1 Begleitung einzelner Mitarbeiter/Führungskräfte

Die aktive Begleitung Einzelner durch den Team-/Gruppenleiter ist wichtig, um ein Gefühl für die Stimmung zu bekommen. Achten Sie darauf, wer sich in Besprechungen, Retrospektiven oder Reviews auffallend still verhält oder sich anhaltend negativ und zynisch über die neue Lösung äußert. Dies sind deutliche Hinweise auf persönliche Schwierigkeiten mit der Veränderung. Führen Sie als Führungskraft im Anschluss ein informelles Gespräch, um Ideen für die individuelle Unterstützung in der Veränderung zu bekommen.

10-Punkte-Frage/Skalierungstechnik

Die Skalierungstechnik eignet sich im Einzelgespräch wunderbar für einen ersten Impuls, wie es dem Mitarbeiter laut Bauchgefühl geht. Das »10-Punkte-Gespräch« kann gerne locker-informell gehalten werden, z. B. am Kaffeeautomaten oder auf dem Weg zum oder beim gemeinsamen Mittagessen. Stellen Sie eine Skalierungsfrage, die zum wahrgenommenen Thema passt. Fragen Sie zum Beispiel: »Auf einer Skala von 1 bis 10, wobei 1 ›nicht zufrieden/schlecht‹ und 10 ›voll zufrieden/super‹ bedeutet,

- ... wie zufrieden sind Sie mit der neuen CRM-Software?«
- ... wie geht es Ihnen beim Thema neue Teamstruktur?«
- ... wie zufrieden sind Sie aktuell mit den angebotenen Trainings?«
- ... wie zufrieden sind Sie mit der Bedienung der neuen Maschine XYZ?«

Wichtig für den Fragenden: Die Antwort ist nur ein Bauchgefühl, also bitte nicht impulsiv »Warum?« fragen (löst Rechtfertigung und Problemdenken aus). Schauen Sie proaktiv und lösungsorientiert in die Zukunft und bauen auf der Antwort auf:

- »Was brauchen Sie hier für eine Steigerung auf X?«
- »Was würde aus Ihrer Sicht dem Team helfen, auf eine Y zu kommen?«
- »Mal angenommen, bis in 10 Wochen soll aus der 4 eine 7 werden – wie kann ich als Führungskraft dabei sinnvoll unterstützen?«

Mit diesen kurzen Fragen signalisieren Sie echtes Interesse an der Stimmung und Meinung des Mitarbeiters und der Austausch geht so schnell, dass er zwischendurch passieren kann. Wenn Sie schnelle Maßnahmen für die Entwicklung mit dem Mitarbeiter ausmachen, sollten diese auch umsetzbar sein und zeitnah durchgeführt werden. Sollten Sie die Vorschläge erst prüfen müssen (Maßnahmen liegen z. B. außerhalb Ihrer Kompetenzen oder andere Teams sind auch betroffen), dann geben Sie eine entsprechende Rückmeldung. Sonst kommt das Gefühl der »vorgespielten Beteiligung« auf und das ist in dieser Phase sehr hinderlich.

Wird die Skalierungstechnik durch andere Aspekte erweitert, kann sie als Basis für 1:1-Gespräche zwischen Mitarbeiter und Führungskraft gut genutzt werden und in der persönlichen Veränderung unterstützen. Scannen Sie die Abbildung auf der folgenden Seite mit der smARt-Haufe-App, um sich ein Arbeitsblatt zur direkten Nutzung herunterzuladen.

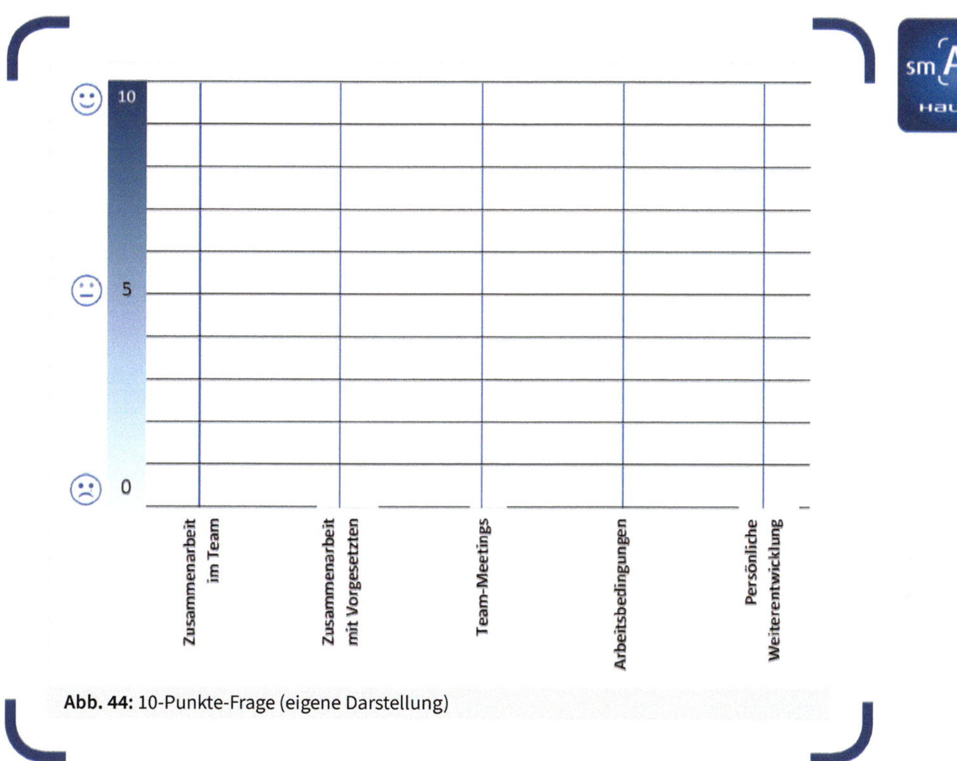

Abb. 44: 10-Punkte-Frage (eigene Darstellung)

In dieser Form als Mitarbeitergespräch mit ca. 15 Minuten Dauer, das einen passenden Rahmen braucht. Es werden Fragen zur Zusammenarbeit im Team, mit dem Vorgesetzten oder zu den Arbeitsbedingungen gestellt und sollen durch den Mitarbeiter skaliert werden. Bezogen auf ein Datum in der Zukunft (klassisch sind 4 bis 8 Wochen) soll der Mitarbeiter dann eine realistische Zielskalierung nennen und was er für die Erreichung der Steigerung braucht / sich wünscht. Wird die Skalierung für die Zukunft nicht verändert, sollen die Rahmenbedingungen genannt werden, die für die Beibehaltung der Zahl notwendig sind.

Achtung: Dieses Gespräch soll keinesfalls zu einem Wunschkonzert ausarten. Falls ein Sachbearbeiter aus der Buchhaltung von *»Aktuell kein Firmenwagen, deshalb eine 2 bei Arbeitsbedingungen«* zu *»Für eine 8 brauche ich den neuen Mercedes zur freien Nutzung«* springt, müssen Sie als Führungskraft klare Grenzen setzen und Sonderbehandlungen in dieser Form ausschließen.

Unterschiede im Umgang mit digitalen Veränderungen und deren Umsetzung kommen besonders zu Beginn schnell zum Vorschein. Wie gehen einzelne Mitarbeiter mit diesen Neuerungen um und auf welche digitale Intelligenz kann aufgebaut werden? Hier können die Verhaltensänderung und der wiederholte Impuls zum »Verlernen« nicht konstant durch den Teamleiter oder punktuelle Trainings sichergestellt werden. Konsequentes Wiederholen und Training on the Job helfen dem Mitarbeiter, sich bewusst von seinen alten Gewohnheiten zu trennen. Barrieren bei der Bedienung und im Verständnis der Technik sind auf dieser Ebene in kleinen Lerngruppen innerhalb der Abteilung gut abzufangen.

!

Lerngruppen für die individuelle Befähigung

Eine gut zu implementierende Lösung sind kleine »Lerngruppen« mit verschiedenen Erfahrungshorizonten, z. B. digitaler Experte vs. fachlicher Experte:
Der im Umgang mit digitalen Hilfsmitteln (z. B. dem neuen Steuerungstablet mit der Holo-Brille) erfahrene Mitarbeiter arbeitet mit einem digital noch unerfahrenen Mitarbeiter zusammen und gibt sein Wissen und die vielen kleinen Kniffe direkt im Job weiter. Andersrum gibt der fachliche Experte sein Fachwissen und die vielen Kniffe im Unternehmen an den digitalen Experten weiter. So profitieren beide von dieser Zweckgemeinschaft. Ob diese Lerngruppe täglich eng zusammenarbeitet oder dreimal pro Woche für ein paar Stunden, hängt vom Bedarf und den Möglichkeiten des Austausches ab. Freiwilligkeit für dieses Format sollte auf beiden Seiten gegeben sein.

Die Leistungsformel

Die individuelle Leistung Ihrer Mitarbeiter und Führungskräfte bestimmt sich aus einer einfachen Formel (auch »Leistungsformel« oder »KWD-Formel« genannt):

Können × Wollen × Dürfen = Leistung

Diese besagt, dass die Mitarbeiterleistung unmittelbar mit den drei Faktoren Können, Wollen und Dürfen zusammenhängt.

- **Können:** Kann der Mitarbeiter das, was er soll? Ist er für die Rolle entsprechend ausgebildet und befähigt? »Können« fängt bei der Grundlagenschulung für Office-Produkte / das ERP-System an, geht über Schnittstellenkenntnisse für interne Prozesse bis zu Weiterbildungen für das Topmanagement in den Soft Skills »Führung und emotionale Intelligenz«. Alles, was man lernen und entwickeln muss oder kann, fällt unter den Faktor »Können«.
- **Wollen:** Will der Mitarbeiter das, was er soll? Sind die Anreize und Ziele richtig gesetzt? Ist der Nutzen so ausformuliert, dass jeder Mitarbeiter ein lohnendes Ziel für sich setzen kann, was er erreichen will? Dieser Faktor wird maßgeblich durch die Vision, die Ziele, die Leistung und Stimmung im Team beeinflusst.
- **Dürfen:** Darf der Mitarbeiter das, was er für seine Rolle soll oder muss? Sind die Handlungsspielräume und die Hoheit über verfügbare Ressourcen klar verstan-

den? Sind die Leitplanken der Befugnis transparent auch im Team definiert? Dieser Faktor wird durch die Organisation im Unternehmen, im Projekt oder im Team beeinflusst.

Leistungsformel als Tool !

Um als Führungskraft eine Übersicht über die gefühlten Leistungsfaktoren Ihrer Mitarbeiter zu bekommen, kann die KWD-Formel mit der **Skalierungstechnik in Mitarbeitergesprächen** eingesetzt werden (Ihde/Lengler, 2015).

Dazu werden dem Mitarbeiter die Formel und die Skalierungstechnik kurz erklärt. Anschließend wird der Mitarbeiter gefragt: »Wie sind die drei Faktoren in Ihrer Situation heute, am xx.xx.xxxx, erfüllt?« (0 = gar nicht erfüllt / 10 = voll erfüllt). Er soll nun diese Faktoren einzeln und nach Bauchgefühl (also spontan) ehrlich skalieren. Eine Visualisierung, wie hier im Bild gezeigt, ist schnell erstellt und verdeutlicht das Ergebnis.

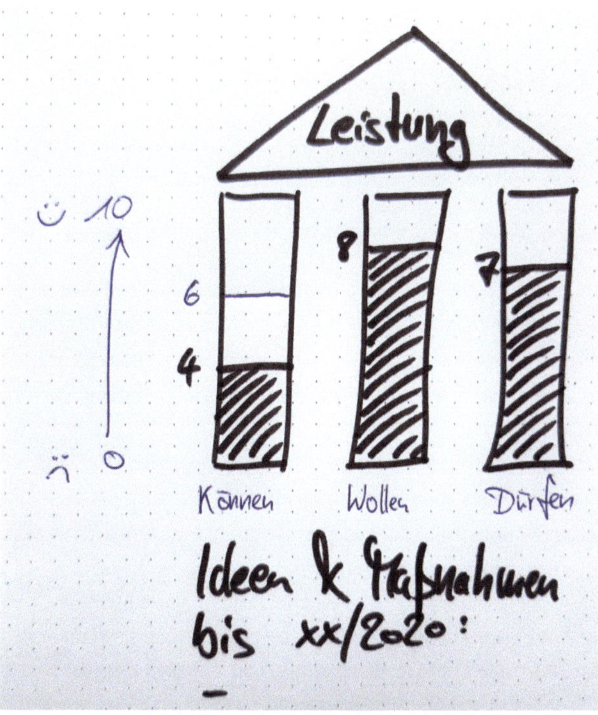

Abb. 45: Leistungsformel visualisiert (eigene Darstellung)

Die einzelnen Werte werden multipliziert und ergeben eine Zahl, die zwischen 1 und 1000 liegt (10 × 10 × 10 = 1000). Das Ergebnis der einzelnen Faktoren ist für die Standortfeststellung viel spannender als das Produkt der Leistungsformel: Hier zeigt sich, wo der Mitarbeiter aktuell Lücken wahrnimmt und wo eine gezielte Unterstützung sinnvoll ist. Wird der Mitarbeiter bei der Schließung der Lücken aktiv einbezogen, gibt er die aus seiner Situation besten Ideen, um die Leistung zu steigern.

Beispiel:

- Können = 4
- Wollen = 8
- Dürfen = 7

Frage der Führungskraft: »Was brauchen Sie, um bei ›Können‹ in den nächsten sechs Wochen (also bis xx/2020) von der Vier auf eine Sechs zu kommen?« Der Mitarbeiter wird Ideen und Themen nennen, die sein persönliches Können in der Situation steigern, also z. B. eine weitere Schulung im neuen ERP-System, fachliche Weiterbildungen für die neue Rolle oder ein Business Coaching, um höchstpersönliche Themen aktiv lösen zu können. Hier wird also individuell mit dem Mitarbeiter eine Lösung für seine persönliche Leistungsformel erarbeitet. Durch die ressourcenorientierten Fragen werden wirklich helfende Ideen gesammelt, anstatt »mit der Gießkanne« allgemeine Weiterbildungen zu verteilen.

Wird die einleitende Frage für ein bestimmtes Thema gestellt, kommen spezielle Ergebnisse heraus. Denkbar ist, die Frage zu beziehen auf

- ... die neue Rolle im Team seit Anfang Juni.
- ... die neue Struktur in der Abteilung.
- ... den aktuellen Change-Prozess im Unternehmen.
- ... das Team im aktuellen Projekt.

Sie werden oft überraschende Ergebnisse bekommen und gemeinsam mit dem Mitarbeiter (oder der Führungskraft) an der Steigerung der Leistung arbeiten.

Begleitung von Führungskräften in der Veränderung

Die meisten Führungskräfte sind im Change in der klassischen Sandwichposition, also zwischen operativen Mitarbeitern und dem Topmanagement verortet. Hier ist direkter Austausch mit Kollegen schwierig, da die meisten Kontakte logischerweise mit Mitarbeitern im Team stattfinden und sich viele Führungskräfte schwertun, Schwierigkeiten mit unteren Ebenen zu besprechen. Wenn im Unternehmen ein reger informeller Austausch zwischen den Führungskräften besteht, durch z. B. regelmäßige Mittagessen, Events nur für Leitungspersonal oder gezielte interne Führungskräfteweiterbildungen, hilft das jeder Führungskraft auch persönlich, mit den Änderungen umzugehen.

Eine effektive und moderierte Methode, die Ideen und Lösungsimpulse mehrerer Führungskräfte aus verschiedenen Fachbereichen zu einem konkreten Thema (fachlich oder persönlich) zu vereinen, ist die Supervision / kollegiale Fallberatung.

!

Supervision / Kollegiale Fallberatung

Ursprünglich ist die Supervision eine interne Fachberatung und ein zielgerichteter Austausch für Mitarbeiter aus psychosozialen und pädagogischen Berufen, die mit ihren speziellen Herausforderungen nur unter Ihresgleichen konkrete Lösungsideen entwickeln können. Die besten Lösungsimpulse für ein konkretes Thema werden erreicht, wenn interdisziplinäre Teilnehmer zusammen in der Supervision/Fallberatung sind: Durch die fachliche Mischung der Teilnehmer wird der Blickwinkel auf das Problem geändert und neue Lösungen werden erarbeitet.

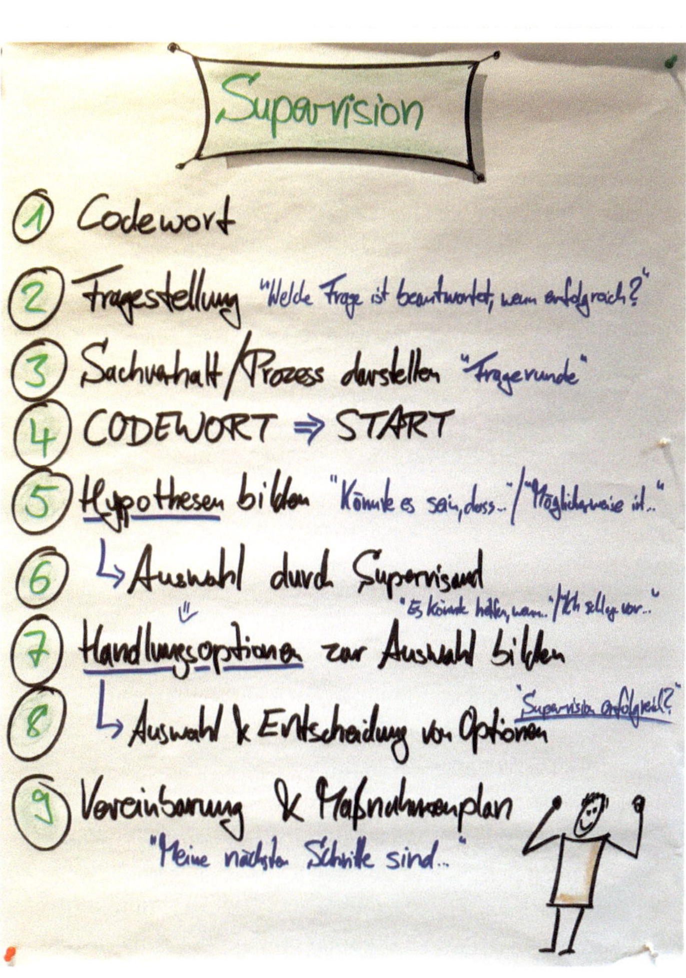

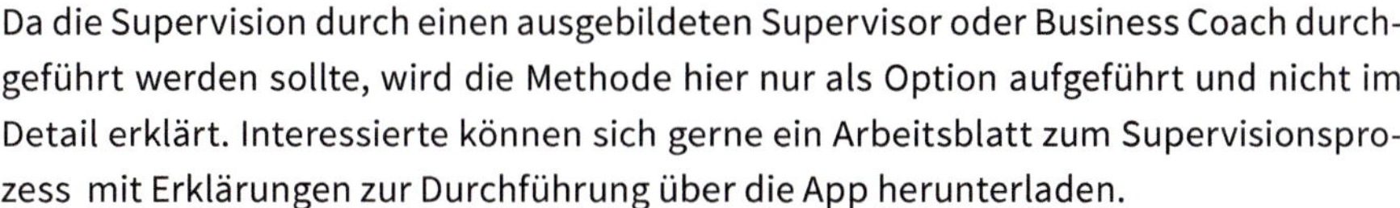
Abb. 46: Supervisionsprozess (eigene Darstellung)

Da die Supervision durch einen ausgebildeten Supervisor oder Business Coach durchgeführt werden sollte, wird die Methode hier nur als Option aufgeführt und nicht im Detail erklärt. Interessierte können sich gerne ein Arbeitsblatt zum Supervisionsprozess mit Erklärungen zur Durchführung über die App herunterladen.

4.2.3.2 Unterstützung auf Team-/Gruppen-/Abteilungsebene

Auf der Team-, Gruppen- oder Abteilungsebene bietet sich für eine gezielte Unterstützung und das gemeinsame Verlernen von alten Verhaltensweisen das bereits vorgestellte Format der Retrospektive an (Vorstellung Kapitel 4.1). Hier geht es in regelmäßigen Abständen zum Abschluss jedes Sprints um die Optimierung der Zusammenarbeit im Team, die Gestaltung von Beziehungen zu Vorgesetzten und darum, wie gemeinsam als Team noch leichter, effizienter und produktiver im neuen Umfeld gearbeitet werden kann.

Wenn Sie nicht in agilen Zyklen oder Sprints mit integrierten Retrospektiven arbeiten, gibt es die Möglichkeit, einen aktiven Teamworkshop anzusetzen. Hier bietet sich zum Beispiel unser Tool »**Herzradar**« an, um gemeinsam mit den Mitarbeitern nach dem Start einer Veränderung gezielt Möglichkeiten zur Optimierung (also zur Anpassung an die Veränderung) zu suchen:

Das Herzradar

Beim Herzradar geht es darum, den aktuellen »Herzschlag« im Team festzustellen und den »Puls« gezielt zu stärken. Zeichnen Sie auf eine Metaplanwand das große Herzradar (siehe Abbildung 47). Innen steht »0 – nicht erfüllt« und außen »10 – voll erfüllt« als Analogie zum Herzschlag auf einem EKG. Je stärker das Herz schlägt, desto gesünder fühlt man sich.

Durch jedes Teammitglied werden im ersten Schritt die folgenden sechs Herzschlagfaktoren einzeln für den **Status quo** im Radar skaliert (eigenes Bauchgefühl skalieren, nicht auf das Team beziehen). Der Istzustand wird mit roten Klebepunkten markiert und dem Team kurz erläutert, woran man die Skalierung festmacht:

1. Ressourcen (Wie bin ich aktuell mit Ressourcen ausgestattet?)
2. Commitment (Wie hoch ist mein Commitment im Team?)
3. Eigenverantwortlich (Wie sehr bin ich in der Lage, eigenverantwortlich im Sinne des Ziels zu handeln?)
4. Sicherheit (Die psychologische Sicherheit, also »wie sicher fühle ich mich im Team?«)
5. Klare Vision (Wie klar und verständlich ist mir die Vision?)
6. Stärkenfokus (Wie sehr ist meine aktuelle Arbeit im Fokus meiner Stärke?)

Danach legt der Moderator gemeinsam mit dem Team ein **Zeitpunkt für die Verbesserung**, also die »Zielskalierung« fest – dann trifft sich das Team das nächste Mal zum Herzradar und reflektiert die im letzten Schritt abzustimmenden Maßnahmen. Sechs bis acht Wochen bieten sich an, je nach Taktung und Dringlichkeit. Länger als acht Wochen Abstand birgt die Gefahr, dass zu spät oder gar nicht mit der Umsetzung gestartet wird.

Die **Zielskalierung** wird im selben Radar mit grünen Klebepunkten durch jeden einzeln gesetzt – jetzt jedoch ohne Erläuterungen. In den meisten Fällen wird eine klare Tendenz sichtbar, oft ist es die fehlende Vision im Team, die sich stark auf mangelndes Commitment auswirkt (das Warum / der Nutzen fehlt, also fehlt das Commitment).

Jedes Teammitglied bekommt jetzt für die **Ideensammlung** mit der Methode »Brainwriting« zwei Post-its. Auf diese werden in zwei Minuten die aus Sicht des Teammitglieds wichtigsten Verbesserungsvorschläge für max. zwei Sektoren im Herzradar geschrieben. Anschließend werden die Verbesserungsvorschläge in die Sektoren geklebt und knapp erläutert. Clustern Sie gerne, wenn es mehrere ähnliche Vorschläge zu einem Thema gibt.

Im vorletzten Schritt wird durch **Dot-Voting** im Team entschieden, welche Ideen bis zum nächsten Herzradar durchgeführt werden müssen/sollten/könnten, um zusammen mit der Veränderung besser umzugehen. Jeder im Team bekommt zwei bis drei Klebepunkte und darf sich frei entscheiden, wo der Fokus gesetzt werden soll.

Letzter Schritt: Gemeinsames formulieren eines **SMARTen Maßnahmenplans** für die Umsetzung der Verhaltensänderungen im Team. Konzentrieren Sie sich auf maximal drei größere Maßnahmen, da sonst die Umsetzung gefährdet ist und sich das Team zu viel vornimmt. Qualität und Wirksamkeit vor Quantität und Masse.

Scannen Sie Abbildung 47 auf der Folgeseite mit der smARt-Haufe-App, um sich ein Arbeitsblatt zum Thema herunterzuladen und den Herzschlag Ihres Teams zu stärken.

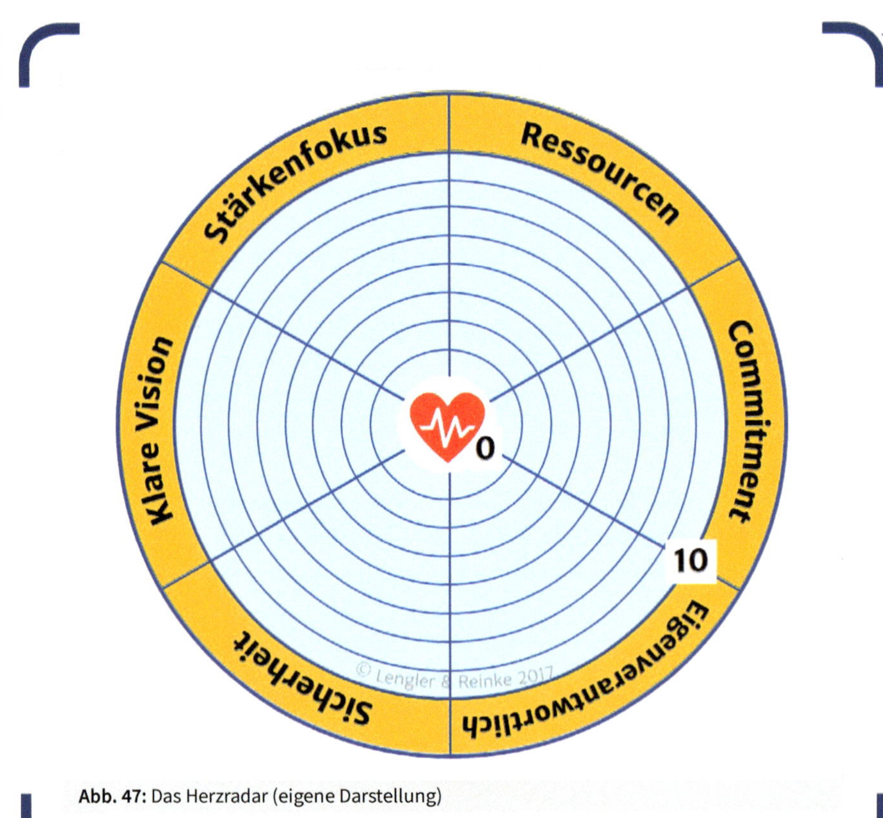

Abb. 47: Das Herzradar (eigene Darstellung)

Durch die Regelmäßigkeit in der Durchführung der Technik werden mit der Zeit sichtbare Quick Wins in der Veränderung produziert. Dies sind wichtige Belege für die Kraft und Verbesserungen, die das Team gemeinsam in der dynamischen Zeit der digitalen Veränderung bereits aufgebracht hat. Gehört als »Motivator« gerne an die Success Wall des Teams oder der Abteilung.

Wiederholung der Erfolge hilft beim Verlernen

Was ebenfalls beim Verlernen hilft, ist die Betonung der Verbesserung in der Kommunikation. Durch wiederholtes Aufgreifen alter Arbeitsergebnisse/KPI, den bewussten Vergleich zwischen »alter und neuer Welt« und das deutliche Herausstellen der Verbesserung und des damit verbundenen Nutzens fällt es den Mitarbeitern leichter, »Altes« loszulassen. Regelmäßige Townhall-Meetings oder Abteilungstreffen mit allen Mitarbeitern und Führungskräften setzen wichtige Impulse im ständigen Lernen: »Die neue Welt ist da, es war ein harter Kampf bis hier – aber schaut auf die Zahlen und unsere Ergebnisse: Es lohnt sich und wir sind spürbar auf dem richtigen Weg zum Erreichen unserer Vision!«

4.3 Digitale Veränderungen durch adaptive Führung aktiv steuern

Sandra Lengler

Über Führung sind schon unzählige Bücher geschrieben und sicher Millionen von Seminaren gehalten worden. Und nach wie vor ist es ein wahnsinnig spannendes und schillerndes Thema, das immer wieder neu erfunden wird. Manchmal stehen wissenschaftliche, manchmal geschäftliche Interessen dahinter, manchmal auch unternehmerische Notwendigkeiten. Schwierig wird das Thema dadurch, dass es dabei nicht nur um Techniken und Fähigkeiten, sondern vor allem auch um Einstellungen und Mindsets geht. Zudem ist Führung von Unternehmen und Menschen auch vor dem Hintergrund der Gesellschaft und der jeweiligen Kulturen unterschiedlich zu betrachten. Führung in Deutschland war 1980 sicher etwas anderes, als es das heute ist. Führung in China ist mit Sicherheit etwas anderes, als es das in den USA oder in Deutschland ist. Führung ist ein komplexes Thema und ein soziales Ereignis.

So haben sich auch die Perspektiven und Empfehlungen zum Thema Führung im Lauf der Jahre immer wieder verändert. War man in den 1920er-Jahren noch der Ansicht, dass Führung vor allem von den Eigenschaften einer Führungsperson (des Leaders) abhängt, haben sich diese Ansichten gerade in den 60er- und 70er-Jahren deutlich verändert. Eine Zeit lang wurde ein kooperativer Führungsstil postuliert – dann hieß es, das Team führt sich selbst. Schon in den 70er-Jahren experimentierte *Volvo* mit sogenannten teilautonomen, selbstgesteuerten Arbeitsgruppen. Heutige Vertreter der agilen Führung hätten damit und dabei ihre wahre Freude gehabt. Gleichzeitig kamen auch schon in den 70er-Jahren die ersten Modelle der situativen Führung auf (Vroom/Yetton, 1973; Hersey/Blanchard, 1977). Im Verlauf der weiteren Jahre konnten sich Führungskräfte dann an Modellen wie der transaktionalen Führung (siehe Burns, 1978) orientieren, die zusammen mit der Führungstechnik »Management by Objectives« (MBO) daherkam. Oder sie führten transformational, was seit den Achtzigern und Neunzigern immer mal wieder modern war.

Unter anderem angestoßen durch systemische Ansätze (z. B. Luhmann, 2001) und das agile Manifest (http://agilemanifesto.org/) setzen Führungskräfte seit der letzten Jahrhundertwende wieder verstärkt auf die Selbststeuerung von Mitarbeitern. Die Arbeitssituationen in der heutigen Geschäftswelt sind so komplex geworden, dass oft die Zeit fehlt, Führungskräfte zu konsultieren, und Mitarbeiter selbst entscheiden müssen. Zudem sind Mitarbeiter oft viel dichter am eigentlichen Geschehen und kennen sich damit häufig besser mit der Sache aus als ihre Führungskräfte. Bei entsprechender Qualifikation, Motivation und dem richtigen Mindset sollten sich Mitarbeiter also selbst steuern und führen. Führung wird somit eher als eine Art »Servant Leadership« ausgeübt: also als »dienende Führung« an den Mitarbeitern, um dort den richtigen Rahmen für die größte Produktivität und Zufriedenheit zu schaffen. Als Aufgaben für adaptive Führungskräfte verbleiben dann u. a. noch,

- Hindernisse beiseitezuräumen und optimale Rahmenbedingungen zu schaffen, damit Mitarbeiter produktiv sein können,
- Feedback- und Sparringspartner für Mitarbeiter zu sein,
- Mitarbeiter zu fordern, zu inspirieren und zu entwickeln,
- nach wie vor eine Entscheidungshoheit auszuüben, aber nur noch für ausgewählte Themen,
- strategische Impulse zu geben und
- sich letztendlich auf Dauer selbst überflüssig zu machen.

Führungskräfte müssen Mitarbeiter heutzutage sicher durch die mitunter raue See von Veränderungsprozessen führen und steuern. Es gilt, Visionen und Strategien zu gestalten, diese motivierend und begeisternd zu vermitteln, eine hohe Selbstständigkeit und Eigenmotivation bei den Mitarbeitern zu aktivieren sowie für die Umsetzung der Veränderungen zu sorgen. Gleichzeitig müssen Führungskräfte unangenehme Probleme besprechen und die Arbeitsbereitschaft und Leistungsfähigkeit von Mitarbeitern auch in belastenden, sich ständig und schnell ändernden Situationen fördern und fordern. Und das alles auch noch in einer komplexen VUKA-Welt, die von manchen als chaotisch empfunden wird. Die Komplexität der heutigen Arbeitswelt darf aber kein Grund für Passivität sein. Die Selbststeuerung von Mitarbeitern darf kein Grund für den Rückzug von Führung sein. Dosiertes Steuerungs- und Führungshandeln ist gefragt.

Es gilt, in einer erfolgreichen Mischung von Ordnung und Chaos zu führen. Dee Hock (2001) nennt dies »chaordic management«. Wir finden hierfür den Begriff der adaptiven Führung sehr passend. Adaptive Führung beinhaltet zunächst eine grundlegende Ausrichtung auf die Selbststeuerung von Mitarbeitern. Darüber hinausgehend bedeutet sie, dass je nach Situation und Mitarbeiter die jeweils am besten passenden Führungsverhalten eingesetzt werden. Welche das in einer zunehmend digitalisierten VUKA-Arbeitswelt sein können, wird in diesem Kapitel aufgezeigt.

Im Interview mit Philipp Depiereux (ChangeRider, 2020) spricht CEO Gisbert Rühl unter anderem über die Bedeutung von Führung in Krisenzeiten wie der Corona-Pandemie und gleichzeitig über die »neue« Art zu führen für hybride und agile Organisationsformen: »Einerseits bin ich nach wie vor der traditionell respektierte CEO. So wie früher auch … aber ich merke natürlich, dass ich die Mitarbeiter anders mitnehmen muss als früher. Das heißt eben auch für mich: Übergang.« Auch Trendforscher am Frankfurter Zukunftsinstitut sprechen »neue« Begriffe wie »Cohesive Leadership« zum Wandel von Leadership 2019+ aus. Einer der Trendforscher Franz Kühmayer (Kühmayer, 2019) spricht in seinem Leadership Report 2019 von einem Führungsstil, der den Zusammenhalt in der Organisation fokussiert und fördert.

Im folgenden Abschnitt wird näher beleuchtet, welche konkreten Instrumente und Lösungsimpulse den Führungsverantwortlichen in hybriden und agilen Welten helfen, die oben aufgeführten Führungsaufgaben zum Leben zu erwecken.

4.3.1 Das VOPA-Modell

Führungskräfte sind Vorbilder sowohl in guten als auch in stürmischen Zeiten der digitalen Veränderungen. Buhse (2014) hat ein Führungsmodell entwickelt, das den Führungskräften eine Orientierung bietet, um die VUKA-Welt mit dem Team gemeinsam erfolgreich zu meistern.

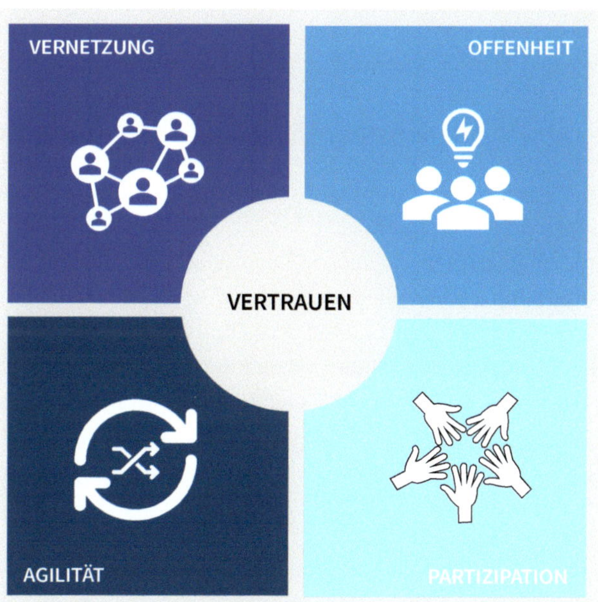

Abb. 48: Das VOPA-Modell (in Anlehnung an Heß, 2019)

Im Kern aller vier Spielfelder geht es um die Kompetenz, Vertrauen aufzubauen, gemeinsam Vertrauen zu leben und einen Raum für Vertrauen zu schaffen.

Vertrauen – darin steckt »sich trauen«. Mitarbeiter können und dürfen der Führungskraft Feedback geben, Ideen mitteilen, risikobereit sein, Fehler machen – alles im besprochenen Rahmen. Feedback ist wertvoll, um daraus zu lernen, was man als Leader selbst und auch im Team verbessern kann. Auch positive Rückmeldungen in festen Zyklen wie Reviews, Retrospektiven und Dailys sind wichtig, damit das Team **zusammen wachsen** und **zusammenwachsen** kann. »Zusammen wachsen« bedeutet hier, partizipativ Ziele zu erreichen, während »zusammenwachsen« in der VUKA-Welt eine wichtige Führungsaufgabe für die lernende Organisation darstellt (siehe Kühmayer, 2019). Denn insbesondere in Zeiten der Corona-Pandemie ab 2020 ist nichts mehr, wie es vorher war. Menschen reagieren unterschiedlich auf Veränderungen. Sie haben unterschiedliche Zeithorizonte, in denen Veränderungen emotional akzeptiert werden (siehe Kapitel 2). Somit haben Führungsverantwortliche auch die Aufgabe, die versetzten emotionalen Achterbahnen aller Teammitglieder durch die digitale Veränderung zu führen. Hierbei ist das »Zusammenwachsen« von besonderer Bedeutung.

Im VOPA-Modell gibt es vier konkrete Felder, mit deren Hilfe sich die Schlüsselkompetenz »Vertrauen« für eine adaptive Führung in der digitalen Transformation fördern und festigen lässt:

Vernetzung (V):
- Vernetzung untereinander durch Team-Events, Austausch, Lerngruppen oder digital über *Yammer* und kollaborative Plattformen (*MS Teams*, *Slack*, *Confluence*) fördern
- Kreativität und Produktivität durch kollektives Wissen im Team steigern
- Wissen konsequent untereinander teilen, voneinander lernen und wachsen

Offenheit (O):
- transparente Informationen für alle im Team schaffen
- selbstverantwortlichen Informationsaustausch ermöglichen
- Lösungen innerhalb des Teams für Aufgaben und Projekte finden
- positive Einstellung zu neuen Ideen und Methoden fördern
- kritische Meinungen im Team fördern und Reibung nutzen

Partizipation (P):
- Mitarbeiter von Beginn bei der Lösung von anstehenden Aufgaben und Projekten miteinbinden
- Verantwortung und Entscheidungsbefugnis bei den Mitarbeitern entsprechend ihren eingebrachten Kompetenzen im Projekt belassen
- Ziele und Zwischenziele gemeinsam, klar und für alle transparent definieren
- gegenseitige Motivation und Unterstützung im Team fördern

Agilität (A):
- stetiger Wandel und schnelle Anpassungsfähigkeit der Führungs- und Unternehmenskultur
- Führungskraft kann sich mit ihrem Team flexibel und schnell an wechselnde Umweltbedingungen anpassen

- Mitarbeiter werden zum selbstständigen Arbeiten befähigt und darin gestärkt
- Entscheidungsfreiheit bleibt so weit wie möglich beim Mitarbeiter
- Fehler werden reflektiert, Lernfähigkeit im Team gestärkt
- Fehlerkultur als Spiegel der lernenden Organisation, wird auf Organisationsebene und Führungsebene durch Reviews, Retros, Fuck-up-Nights, Open-Space-Formate, BarCamps und FedExDays konsequent umgesetzt

Dimension	Open Space	BarCamp	FedExDay
Ziel	alle Mitarbeiter aktivieren und motivieren	Austausch fördern, Feedbackkultur stärken Weiterentwicklung von Themen |Initiativprojekten	konkrete Maßnahmen für Initialprojekte, die kurzfristig umgesetzt werden können
Wie	Ideen sammeln und Themen gemeinsam weiter-entwickeln und gemeinsam verabschieden	Offene Dialoge auf allen Ebenen, Ergebnisse von den einzelnen Sessions werden vorgestellt. Impulse können im offenen Format gegeben werden	Design-Thinking-Methoden zur Ideenfindung
Ergebnis	Höheres Commitment für mittel- und langfristige Digitalisierungsprojekte	Vernetzung abteilungs-übergreifend verstärkt	Prototypen
Formatgröße	20 - 250	50 - 500	5 - 30
Zeit	0,5 - 2,5 Tage	0,5 - 2 Tage	24 Stunden
Adaptive Führungsaufgabe	-Feedback und Sparringspartner in den Übungen sein -strategische Impulse setzen -Zusammenwachsen auf Team- und Organisations-ebene.	-strategische Impulse geben -den einzelnen Mitarbeiter fördern und fordern, sich einzubringen	-Mitarbeiter fordern und fördern, -aktives Feedback einholen, -Hindernisse beiseite-räumen und Rahmen für produktives und kreatives Arbeiten schaffen
Organisationsaufgabe	Nutzen, Ziel und Ergebnis im Vorfeld an die Zielgruppen im Townhall | Podcast | Meetings mitzuteilen	Nutzen, Ziel und Ergebnis im Vorfeld an die Zielgruppen im Townhall | Podcast | Meetings mitzuteilen	Kick-off mit Ziel und Nutzen und Sinn im Vorfeld an die Zielgruppe kommunizieren via Podcast etc.

Abb. 49: Übersicht VOPA-Wirkungsformate für die adaptive Führung (in Anlehnung an Buhse, 2014)

Abbildung 49 zeigt, wie adaptive Führung mithilfe der Formate *Open Space*, *BarCamps* und *FedExDays* gelebt werden kann. In allen drei Formaten werden verschiedene Führungsaufgaben aktiviert. Auf der Organisationsebene sind die Führungskräfte mitverantwortlich dafür, diese Formate einzufordern und aktiv mitzugestalten.

Wenn die Organisation und die Führungsmannschaft diese Kommunikationsformate konsequent für alle beteiligten Mitarbeiter anbietet und deren Ergebnisse für die nächste Etappe in der eigenen digitalen Transformation nutzt, wächst das Vertrauen innerhalb der Organisation und der Teams und stärkt am Ende auch das Selbstvertrauen jedes einzelnen Mitarbeiters. Damit kann die adaptive Führungskraft und letztendlich auch die lernende Organisation der Dynamik der digitalen Transformation gerecht werden. Aktuelle Beispiele für die Anwendung des VOPA-Modells einer erfolgreichen adaptiven Führung in der digitalen Transformation sind der *Bonprix*-Pilot-Store, *Telekom* und *Bosch* (Wagner, 2017).

4.3.2 Die Segelboottechnik

Ein weiteres Instrument, das in der adaptiven Führung gern genutzt wird, ist die Segelboottechnik. Diese Methode ist wirksam für folgende Führungsaufgaben:

- Transparenz im Team schaffen über das, was Einzelne / das Team antreibt, worauf sie stolz sind
- Transparenz im Team schaffen über das, was Einzelne / das Team ausbremst
- Hindernisse in der nahen Zukunft sichtbar machen und im Team an der Lösung arbeiten
- Zusammenhalt im Team fördern und fordern
- Feedback- und Sparringspartner für Mitarbeiter sein – den einzelnen Mitarbeiter fordern, inspirieren und entwickeln

Abb. 50: Die Segelboottechnik (eigene Darstellung)

Bei der Segelboottechnik (vgl. Abb. 50) geht es im Kern um drei wesentliche Bereiche: den Wind in den Segeln, den Anker im Wasser und den Eisberg vor uns. Diese Bereiche werden von der Führungskraft gemeinsam mit dem Team beleuchtet.

Folgende Fragen helfen der Führungskraft, Feedback einzuholen und daraus gemeinsam mit dem Team konkrete Maßnahmen für die Reise der digitalen Transformation abzuleiten.

Der Wind in den Segeln / unser Antrieb:

- Was treibt uns an?
- Was bringt Geschwindigkeit in unser Team?
- Was bringt uns vorwärts?
- Was hilft uns, unsere Aufgaben im Team effizient und effektiv zu erledigen?

Der Anker im Wasser / unsere Bremser:

- Was hält uns zurück?
- Was hindert uns aktuell?
- Gibt es interne oder externe Abhängigkeiten, die uns in unserer Teamarbeit zurückhalten?

Der Eisberg vor uns:

- Welche Hindernisse sehen wir auf unser Team zukommen?

Nach der Sammlung der Aspekte und Themen müssen zur Optimierung unbedingt Maßnahmen definiert werden, die die positiven Aspekte stärken und die negativen Aspekte beseitigen (»die Ketten durchschneiden / den Anker lösen«). Mögliche Hindernisse in der Zukunft werden im Team reflektiert und mit Ideen oder Maßnahmen für einen Umgang mit dem Hindernis hinterlegt.

4.3.3 Delegationspoker

Delegationspoker ist eine Methode, die der adaptiven Führungskraft hilft, indem sie

- den einzelnen Mitarbeiter fordert, inspiriert und entwickelt,
- nach wie vor eine Entscheidungshoheit ausübt, aber nur noch für ausgewählte Themen, und
- sich letztendlich auf Dauer selbst überflüssig macht.

Bei der Technik geht es darum, die Selbstverantwortung im Team und die jedes Einzelnen zu stärken, im Gespräch Hürden, Hindernisse oder Sorgen zu erkennen und gemeinsam aus dem Weg zu räumen. Es ist ein spielerischer Ansatz mit insgesamt sieben Karten, die die verschiedenen Level zwischen Delegation (Team arbeitet selbstbestimmt) und Management (Führungskraft bestimmt allein) abbilden (vgl. Abb. 51).

Wenn Teams mehr Verantwortung und Entscheidungsmacht bekommen sollen, bedeutet das für die Führungskraft den Verlust dieser beiden oft hart erarbeiteten Befugnisse einer klassischen Führungskraft. Im gleichen Zug bekommt das Team mehr Verantwortung. Das sind auf beiden Seiten tiefe Einschnitte in die Komfortzone, die unterstützt und begleitet werden müssen. Dafür ist die Delegationspoker-Methode gut geeignet. Bei der Anwendung dieser Methode wird jedem klar, dass es zwischen »Chef entscheidet« und »Team entscheidet« noch diverse Abstufungen gibt.

Delegationspoker ist eine Methode aus dem Toolset von »Management 3.0« (Appelo, 2011). Mit »Pokerkarten«, die die unterschiedlichen Ebenen von Delegation abbilden, wird im Team (inkl. Leader) »ausgehandelt«, wer wofür wie verantwortlich ist. Die Methode kann remote oder vor Ort mit dem Team angewendet werden.

Abb. 51: Delegationspokerkarten

Im Kern geht es darum, im Gespräch zwischen Führungskraft und Team den Rahmen von Delegation für ein bestimmtes Thema zu bestimmen, der für alle gut passt. Es kann vier oder fünf Runden dauern, bis sich das Team mit der Führungskraft geeinigt hat, welches Level an Entscheidungskompetenz in einem Bereich richtig ist. Je öfter die Führungskraft dieses Instrument einsetzt, desto einfacher wird es, die Verantwortung abzugeben. Und desto sicherer und mutiger wird das Team. Es lernt, Verantwortung für Themen zu übernehmen. Offenheit und Vertrauen werden gestärkt.

Delegationspoker läuft folgendermaßen ab:

Themensammlung und Aufgabe/Szenario kurz vorstellen:
Das Team und die Führungskraft sammeln Themen oder immer wiederkehrende Aufgaben und stellen sie kurz vor. Solche Themen können »Quartalsparty in der Abteilung« oder »Budgetverhandlung für das VR-Projekt 2022« sein. Die Vorstellung dient dazu, den Status quo für alle noch mal darzustellen und auch (bis jetzt) weniger beteiligte Teammitglieder thematisch ins Boot zu holen. Ziel ist es, sich im Team gemeinsam mit der Führungskraft auf ein Level der Delegation für ein bestimmtes Thema zu einigen und den Rahmen dafür festzulegen.

Wichtig: Nur Themen oder Aufgaben auspokern, die immer wiederkehrend sind. Dieses Tool eignet sich nicht für Grundsatzentscheidungen.

1. Runde pokern:
Themen wurden gesammelt und vorgestellt – jetzt geht es mit dem ersten Thema los. Jedes Teammitglied inkl. Führungskraft erhält das Set mit den sieben Karten. Jeder sucht nun die Pokerkarte heraus, die der eigenen Vorstellung nach das passende Level an Delegation zu diesem Thema zeigt, und legt sie **verdeckt** (um Beeinflussung zu vermeiden) vor sich ab: Denke ich persönlich, dass das Thema von der Führungskraft entschieden werden sollte, nachdem sie das Team um seine Meinung gebeten hat, wähle ich die Drei aus. Denke ich jedoch, dass dieses Thema komplett durch das Team entschieden werden kann und soll, dann wähle ich natürlich die Sieben. Wenn die Karten aller Teilnehmer vor ihnen liegen, werden sie gleichzeitig umgedreht.

In der ersten Runde ist das Ergebnis fast immer, dass es keine einheitliche Meinung zum Level der Delegation gibt. Also wird gemeinsam über die Hintergründe gesprochen, um schließlich zu einer einheitlichen Lösung zu kommen: Die niedrigste und die höchste Zahl auf dem Tisch werden durch die jeweiligen Spieler erläutert. Sie machen transparent, was »ihre Zahl« für sie in diesem Themenkontext bedeutet. Das ist die wichtigste Phase im Spiel. Es kann manchmal vier bis fünf Runden dauern, bis sich das Team mit der Führungskraft geeinigt hat. Je öfter die Führungskraft dieses Instrument einsetzt, desto mehr lernt das Team Selbstverantwortung zu übernehmen. Offenheit und Vertrauen wird gestärkt. Die Führungskraft lernt, loszulassen, Kontrolle step by step abzugeben.

! **Transparenz in der Delegation**

Mithilfe des Delegationspokers sprechen Team und Führungskraft gemeinsam über die verschiedenen Delegationslevel zu einem spezifischen Thema. Die notwendigen Rahmenbedingungen werden gemeinsam aufgestellt und die psychologische Sicherheit wird auf beiden Seiten erhöht. Die Führungskraft kann guten Gewissens das Thema an das Team abgeben und das Team kennt die Leitplanken für die mehr oder weniger eigenständige Bearbeitung.

Ziel der Erläuterung soll es nicht sein, die anderen von der eigenen Meinung zu überzeugen. Es gibt hier kein Richtig oder Falsch – es ist die eigene Wahrnehmung zu diesem Thema und jeder bewertet die Dinge anders. Ziel der Besprechung (höchste/niedrigste Zahl) ist es, die beiden äußeren Leitplanken an Delegation festzulegen. In der ersten Runde wird für viele klar, wie das Thema grundsätzlich gesehen wird, und die Einstellung wird reflektiert. Anschließend geht es in die zweite Runde.

2. Runde pokern:
Gleicher Ablauf wie in Runde eins: Karte aussuchen, verdeckt ablegen und, wenn alle fertig sind, gemeinsam umdrehen. Wieder gibt es die beiden Optionen: Einigung/Kon-

sens auf ein Delegationslevel – oder nicht. Wenn sich alle einig sind, wird die Zahl auf dem Delegation Board (siehe Abb. 53) zum entsprechenden Thema eingetragen.

Bei Unstimmigkeiten folgt wieder die Erörterung, was die Zahlen für die Mitarbeiter bedeuten, es wird über die Rahmenbedingungen gesprochen und auch darüber, was für eine Änderung der eigenen Einstellung zum Thema benötigt wird.

Beispiel: Ein Mitarbeiter findet, dass beim Thema »Urlaubsplan« auf jeden Fall die Führungskraft die Entscheidung treffen sollte, und will nicht von seiner Drei (FK entscheidet und berät sich vorher mit Team) abweichen. Alle anderen in der Runde sind bei einer Fünf (Team entscheidet und berichtet an FK). Die Führungskraft kann eine Frage in dieser Art stellen: »Was brauchst du von mir als Führungskraft, um im Team ein gutes Gefühl bei der Entscheidung in der Urlaubssache zu haben?« oder »Was brauchst du, um von der Drei auf eine Fünf zu kommen?« Der Mitarbeiter wird seine Einwände genauer erklären und auch, was ihm als Mitarbeiter bei der Übernahme der Entscheidung hilft.

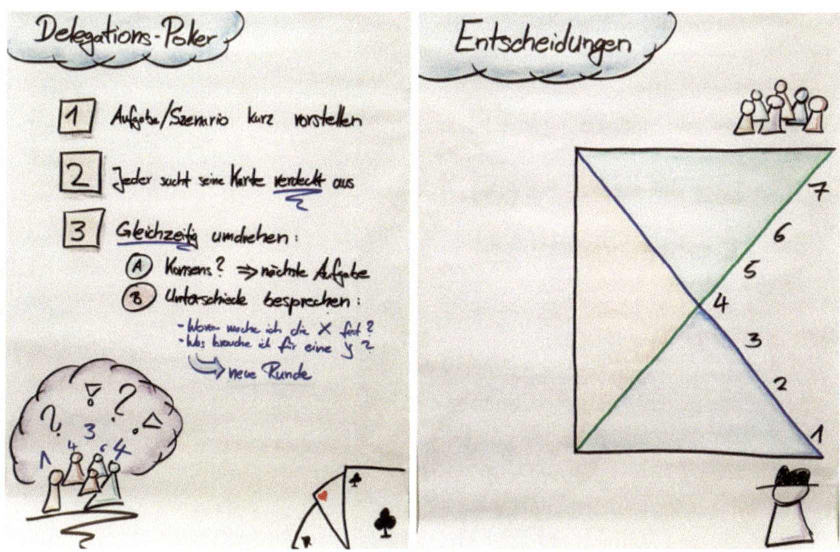

Abb. 52: Delegationspoker auf einen Blick (eigene Darstellung)

Unterschätzen Sie als adaptive Führungskraft nicht das Thema »Angst vor Verantwortung«. Gehen Sie transparent damit um. In vielen traditionellen Bereichen ist selbstbestimmtes Arbeiten totales Neuland – für beide Seiten der Delegation.

Delegation Board

Delegation Board

Team: .... Datum: ....

	1 Tell	2 Sell	3 Consult	4 Agree	5 Advise	6 Inquire	7 Delegate
Gleitzeit-nutzung						☑	
Prozesse					☑		
Mittag				☑			
Ziele			☑				
Flex Office					☑		
...							

Abb. 53: Delegation Board (eigene Darstellung)

Die Ergebnisse des Delegationspokers werden transparent auf einem »Delegation Board« festgehalten. Diese einfache Tabelle wird beim Pokern erstellt und im Büro aufgehängt und stellt das Level der Delegation in den ausgepokerten Themen transparent dar. Weil sich das Team und die Führungskraft weiterentwickeln, sollte die Tabelle von Zeit zu Zeit aktualisiert, sprich: die Themen neu ausgepokert werden.

Neben diesen Teammethoden gibt es auch noch ein Instrument, das sich für die 1-zu-1-Gespräche für die adaptive Führungskraft eignet: das Spiegelgespräch.

4.3.4 Das Spiegelgespräch

Das Spiegelgespräch ist ein Führungsinstrument, das folgende Aufgaben einer adaptiven Führungskraft abdeckt:

- Hindernisse beiseiteräumen und optimale Rahmenbedingungen schaffen, damit Mitarbeiter produktiv sein können
- Feedback- und Sparringspartner für Mitarbeiter sein
- den einzelnen Mitarbeiter fordern, inspirieren und entwickeln

Im Folgenden zeigen wir Ihnen anhand eines Praxisbeispiels den Ablauf eines Spiegelgesprächs.

Praxisbeispiel: Ablauf eines Spiegelgesprächs

Die Ausgangssituation
Sie als adaptiver Leader haben vor zwei Wochen ein Führungskräfteentwicklungstraining absolviert und in der Teambesprechung angekündigt, dass Sie Einzelgespräche führen werden, um alle Perspektiven der Mitarbeiter zu den aktuellen Umbrüchen im Unternehmen kennen- und besser verstehen zu lernen.

Die Zielsetzung
Sie möchten Ihr Verhalten reflektieren, schauen, ob der einzelne Mitarbeiter mit den neu eingeführten Kommunikationsformaten der digitalen Transformation (Daily Stand-ups, Open-Space-Formate, Retrospektiven) und anderen wöchentlichen Teammeetings klarkommt und ob es sonst noch offene Punkte für den Mitarbeiter gibt, um die nächsten geplanten Schritte im Team gemeinsam zu lösen.

Ressourcen
Sie planen 10–15 Minuten pro Einzelgespräch in ruhiger Atmosphäre ein: entweder bei einem gemeinsamen Spaziergang in der Mittagspause oder in einem gebuchten Gesprächsraum.

Ablauf
FK: »Schön, Peter, dass es heute für uns beide zeitlich gepasst hat. Wir haben in den letzten zwei Wochen einige neue Kommunikationsformate eingeführt, wie unsere täglichen 10- bis 15-minütigen Stand-up-Meetings im Team etc. Wie zufrieden bist du mit der Offenheit und dem Austausch untereinander in diesen neuen Kommunikationsformaten?« (10 = sehr zufrieden, 0 = gar nicht zufrieden)

MA: »Aus dem Bauch heraus, würde ich eine 7 geben.«

FK: »Danke, Peter, für deine ehrliche Rückmeldung. Was hätte ich aus deiner Sicht besser machen können, um eine 8 zu erreichen?«

MA: »Das Timeboxing sollten wir im Team besser steuern. Wenn 15 Minuten eingeplant sind, sollten wir versuchen, uns auch daran zu halten. Und wenn durch Homeoffice nicht alle aus dem Team vor Ort sein können, dann wäre es super, wenn wir uns hier parallel online schalten.«

FK: »Sehr guter Vorschlag! Was hältst du davon, wenn du morgen im Daily Stand-up deinen anderen Kollegen im Team diese Idee unterbreitest?«

MA: »Kein Problem, das kann ich machen.«

FK: »Hast du noch weitere Punkte, die uns im Team helfen könnten, die Offenheit und den Austausch untereinander zu stärken?«

MA: »Ja, möglicherweise sollten wir im Team unseren Erfahrungsaustausch noch verbessern. Denn ich kenne ja aktuell von unserem Team nur sechs von acht Kollegen. Zwei Kollegen sind ja komplett neu durch die Reorga bei uns im Team gelandet. Da hätte ich mir von dir mehr Zeit gewünscht, uns alle besser kennenzulernen.«

FK: »Guter Punkt. Nehme ich auf meine Kappe. Ich hätte hier mehr Zeit zum Kennenlernen schaffen sollen für uns alle im Team. Das nehme ich morgen in unser Weekly Meeting mit und werde alle bitten, sich kurz vorzustellen. Gibt es hierzu aus deiner Sicht besondere Fragestellungen, die den Erfahrungsaustausch in unserem Team fördern könnten?«

MA: »Ja, ich war neulich auf so einer »Fuck-up«-Veranstaltung – das fand ich mega. Alle haben über ihre größten Fehler gesprochen und was sie daraus gelernt haben. Vielleicht wäre das auch etwas für unser Team?«

FK: »Gute Idee. Kannst du dir vorstellen, zwei bis drei Fragen dazu für unser Team vorzubereiten?«

MA: »Ja, das kann ich machen. Ich stelle diese Fragen einfach bei uns in *MS Teams* in unseren allgemeinen Channel rein.«

FK: »Gibt es sonst noch Wünsche oder konkrete Erwartungen an mich? Was kann ich noch besser machen?«

MA: »Ehrlich gesagt, wenn ich es offen ansprechen darf … fände ich es gut, wenn wir in den kommenden Reviews mit den Sponsoren unseres Projektes die Fragen direkt stellen dürften und nicht alles über dich laufen lassen müssten. Denn wir stecken viel tiefer im Detail. Beim letzten Review, das ja unser erstes Review war, haben wir am Ende mehr Zeit gebraucht als eingeplant. Und ich persönlich war auch ein wenig gefrustet. Denn ich konnte eine wichtige Frage aus Zeitmangel nicht mehr stellen.«

FK: »Gut, dass du dich traust, mir das auch zu sagen. Das habe ich nicht gewusst. Ich werde das in der Vorbereitung für das kommende Review in vier Wochen gerne berücksichtigen. Ich lerne aktuell auch täglich dazu. Deshalb: Danke für deine Offenheit! Das hilft mir, mein Verhalten zu hinterfragen und mit euch gemeinsam fitter zu werden für unsere neue Vision 2021: Digital Champion in Hamburg.«

MA: »Ja, super. Ansonsten fällt mir aktuell erst mal nichts weiter ein.«

FK: »Dann danke ich dir für dein offenes und ehrliches Feedback. Brauchst du sonst noch weitere Unterstützung für aktuelle Themen in den kommenden zwei Wochen?«

MA: »Nein, das passt so.«

FK: »Gut, dann sehen wir uns zu diesem Gespräch in vier Wochen wieder. Dann kann ich kontinuierlich mit dir und den anderen Kollegen schauen, was uns im Team vorwärtsgebracht hat und was wir auch aus unserer digitalen Teamtransformation gelernt haben.«

FK und MA verabschieden sich auf Augenhöhe.

Fazit: Es ist hilfreich, die Eigenverantwortung des Mitarbeiters zu fördern. Durch die fragende Haltung des adaptiven Leaders wird der Mitarbeiter zu eigenen Lösungen angeregt. In diesem Praxisbeispiel wird auch der Wunsch, als Mitarbeiter selbst zu entscheiden, geäußert. Einigen adaptiven Leadern fällt es am Anfang nicht so leicht, Entscheidungskompetenz abzugeben. Gleichwohl ist es eine adaptive Führungsaufgabe,

- sich letztendlich auf Dauer selbst überflüssig zu machen.

Damit nähern wir uns nun dem schwierigsten Teil, nämlich der persönlichen Transformation von der Führungskraft zur adaptiven Führungskraft / zum adaptiven Leader.

4.3.5 Persönliche Transformation von der Führungskraft zum adaptiven Leader

Immer mehr adaptive Leader lernen, bestimmte Entscheidungen nicht selbst zu treffen, sondern sie an das Team abzugeben. Das Team muss vor allem in der Lage sein, diejenigen Entscheidungen selbstverantwortlich zu treffen, die es selbst betreffen und die es selbst treffen kann. Und das sind oft viel mehr, als die Teammitglieder glauben. Denn wenn ein Team jeden Tag auf die Entscheidung der Führungskraft warten muss, vergeht wertvolle Zeit und das Team kann überhaupt nicht mehr Schritt halten mit den sich ständig verändernden Anforderungen seiner Kunden (Ayberk, 2017).

Dafür gilt es, die eigene Haltung, das eigene Mindset zu hinterfragen. Für diese stetige persönliche Transformation sind folgende drei Fragen hilfreich:

1. Wie ist meine Reflexionsfähigkeit in Bezug auf mein eigenes Handeln? (10 = stark ausgeprägt, 0 = wenig ausgeprägt)
2. Wie zufrieden bin ich mit »Mutig sein für Neues«? (10 = sehr zufrieden, 0 = wenig zufrieden)
3. Wie leicht fällt es mir, bei Entscheidungen loszulassen? (10 = sehr leicht, 0 = sehr schwer)

Abb. 54: Persönliche Transformation von der Führungskraft zum adaptiven Leader – das AL-Modell (© Sandra Lengler 2020)

Wenn Sie diese drei Fragen stetig reflektieren und für sich beantworten, unterstützen sie Sie bei Ihrer Reise der persönlichen Transformation zum adaptiven Leader. Denn hier gilt es, auch in einen persönlichen Entwicklungsprozess einzusteigen, der uns Menschen zum Umdenken bringt.

Fazit: Somit ist es zum einen die Weiterentwicklung des Mindsets und der inneren Haltung als adaptive Führungskraft und zum anderen auch die Umsetzung und Verinnerlichung adaptiver Führungsaufgaben, die zusammen das Fundament bilden, um mit den Menschen in der Organisation gemeinsam die anstehenden digitalen Veränderungen zu meistern (Ayberk, 2017; Cevey, 2017; Kühmayer, 2019).

4.4 Schwierige Situationen und Widerstände bei digitalen Veränderungen erfolgreich meistern

Thomas Fischer

Die Einführung digitaler Neuerungen geht nicht immer reibungslos vonstatten. Es kann zu technischen, organisatorischen oder menschlich bedingten Schwierigkeiten kommen. Wir werden uns in diesem Kapitel auf schwierige Situationen aus der letzteren Kategorie konzentrieren. Solche Situationen sind oft mit dem Begriff »Widerstand« verbunden worden. Wenn wir dann in der Praxis mit Führungskräften über den Umgang mit Widerständen sprechen, macht es manchmal den Eindruck, als müsste der Widerstand und nicht die Ursache für den Widerstand bearbeitet werden. Widerstand hat immer Gründe und ist in bestimmten Situationen auch durchaus berechtigt. Beim Auftreten von Widerstand sind also die Gesamtsituation und die zugehörigen Rahmenbedingungen zu berücksichtigen.

Ein Seminaranbieter möchte zum Beispiel den Einsatz von Papierunterlagen in Seminaren stark reduzieren. Es gibt jedoch auch heutzutage noch Seminarteilnehmer, die sich gerne handschriftliche Notizen in den Unterlagen machen. Sie glauben, dass sie das Vermittelte dann besser behalten. Kann man ein solches Verhalten in diesem Zusammenhang schon als Widerstand bezeichnen?

Oder stellen Sie sich vor, dass bei der Einführung einer neuen papierlosen Personalakte ein Review mit Key Usern durchführt wird. Ziel des Reviews ist es, das neue System zu durchleuchten, Fehler zu finden, auf potenzielle Schwierigkeiten hinzuweisen und Probleme frühzeitig aufzudecken. Selbstbewusste, gute Key User werden den neuen Workflow und das digitale Dokumentenmanagementsystem akribisch und kritisch durchleuchten und viele Fragen stellen. Natürlich kann es hier auch zu deutlicher Kritik, starker Besorgnis, laut geäußerten Änderungsvorschlägen oder vielleicht sogar massiven Vorbehalten kommen. Wir haben schon erlebt, dass solche Verhaltensweisen als Widerstände bezeichnet wurden. Gleichzeitig ist nachvollziehbar, wenn Mitarbeiter sich in solchen Situationen aus der Rolle als Key User Fragen stellen, Befürchtungen äußern und Sorgen haben.

! **Gute Gründe für Widerstände**

Bei der Einführung digitaler Neuerungen gibt es einige bisweilen auch gute Gründe dafür, warum Nutzer Fragen stellen, Diskussionen beginnen, Vorbehalte äußern, Kritik üben und vielleicht sogar Ablehnung zeigen. Diese können zum Beispiel sein:

- Schlechte User Experience bzw. Nutzerfreundlichkeit: Das Handling der digitalen Neuerung ist unbequem, zeitraubend oder arbeitsaufwendig.
- Man hat schlechte Erfahrungen mit der Einführung digitaler Technik gemacht. Manche Features funktionieren nicht wie früher, nicht wie spezifiziert oder sind gar nicht erst vorhanden.
- Die Neuerung bringt nicht die versprochenen Vorteile.
- Manche Menschen sehen vor allem die Nachteile und glauben an schädliche Einflüsse digitaler Neuerungen. Man braucht sich dafür nur die Diskussionen rund um die Einführung von 5G in Deutschland anzuschauen.
- Natürlich gibt es nach wie vor auch irrationale Gründe, aus denen heraus Menschen die Einführung digitaler Neuerungen ablehnen. Manche Menschen können ihre Ablehnung nicht begründen, sondern finden eine neue digitale Technik einfach schlecht.

Bestimmte Widerstände lassen sich einfach dadurch bearbeiten, dass die Gründe für diese Widerstände beseitigt werden. Somit wird das Ergebnis der Veränderung durch Widerstände optimiert. Das trifft zum Beispiel für die ersten drei genannten Fälle zu.

! **Wichtig: Widerstände konstruktiv bearbeiten**

Insgesamt ist es bei digitalen Veränderungen wichtig, Widerstände als solche zu erkennen und mit ihnen ebenso wie mit schwierigen Situationen professionell und konstruktiv umgehen zu können.

4.4.1 Widerstände erkennen

In Anlehnung an Doppler und Lauterburg (2019) lassen sich Widerstände folgendermaßen definieren:

Als Widerstände gegen eine geplante Veränderung sind alle passiven oder aktiven Verhaltensweisen von betroffenen Mitarbeitern zu verstehen, die darauf abzielen, die Veränderungsziele und/oder -maßnahmen abzulehnen, infrage zu stellen, zu unterlaufen oder zumindest nicht durch eigenes Engagement zu unterstützen. Oft werden die Motive des Widerstandsverhaltens nicht artikuliert, bleiben damit für Dritte diffus. Eine offene Auseinandersetzung bzw. Verhandlung um die eigentlichen Interessen finden meist nicht statt.

	Verbal (Reden)	Nonverbal (Verhalten)
Aktiv (Angriff)	**Widerspruch** • Gegenargumentation • Vorwürfe • Polemiken • Drohungen • sturer Formalismus	**Aufregung** • Unruhe • Streit • Intrigen • Gerüchte • Cliquenbildung
Passiv (Flucht)	**Ausweichen** • Schweigen • Bagatellisieren • Blödeln • ins Lächerliche ziehen • Unwichtiges debattieren	**Lustlosigkeit** • Unaufmerksamkeit • Müdigkeit • Fernbleiben • innere Emigration • Krankheit

Indikatoren für Widerstände (in Anlehnung an Doppler/Lauterburg, 2019)

Der eine oder andere mag sich darüber wundern, dass sogar Schweigen ein Indikator für Widerstände sein kann. Wer aber schon mal als Führungskraft vor einer schweigenden Gruppe von Mitarbeitern gesessen hat, denen gerade eine digitale Neuerung bekannt gegeben wurde, weiß damit etwas anzufangen. Es ist ein beklemmendes Gefühl, nach der Bekanntgabe einer digitalen Veränderung von vielen Leuten einfach nur angeschaut zu werden. Manchmal ist die Ablehnung sogar körperlich zu spüren.

Interessanterweise kann auch »Unwichtiges debattieren« ein Indikator für Widerstände sein – wenn also Mitarbeiter bei der Diskussion bestimmter Aspekte einer digitalen Veränderung vom Hundertsten ins Tausendste kommen. In der Regel finden sich diese Verhaltensweisen, wenn es gilt, Anforderungen an die digitalen Neuerungen festzulegen. Mit der Taktik, Unwichtiges lange zu debattieren, versuchen Mitarbeiter, die Einführung digitaler Veränderungen hinauszuzögern. Wir haben schon Situationen erlebt, in denen diese Taktik sogar aufgegangen ist, da die gesamte Situation dem Auftraggeber dann so komplex erschien, dass er lieber noch etwas warten wollte.

Üblicherweise verstehen viele Menschen allerdings vor allem aktive Verhaltensweisen als Widerstände. Letztendlich lässt sich sagen, dass die Form, in der sich Widerstand äußerst, von Mensch zu Mensch sehr stark variiert.

4.4.2 Grundsätze und Spielregeln im Umgang mit Widerständen

In Anlehnung an Doppler und Lauterburg (2019) kann man sagen, dass es keine echte Veränderung ohne Widerstand gibt. Nicht das Auftreten von Widerstand, sondern das Ausbleiben sollte Anlass zur Beunruhigung geben. Widerstand gegen Veränderungen ist etwas ganz Normales und Alltägliches. Wenn bei einer Veränderung keine Widerstände auftreten, kann dies bedeuten, dass von vornherein niemand an die Realisierung glaubt. Je stärker die digitale Veränderung den Berufsalltag von Mitarbeitern und Führungskräften verändert, desto stärker wird oftmals auch der Widerstand sein. Je mehr sich die Mitarbeiter an die bisherigen Vorgehensweisen, Abläufe und Tools gewöhnt haben, je mehr sie durch die Neuerung aus dem üblichen Vorgehen gerissen werden, desto stärker werden die Widerstände sein.

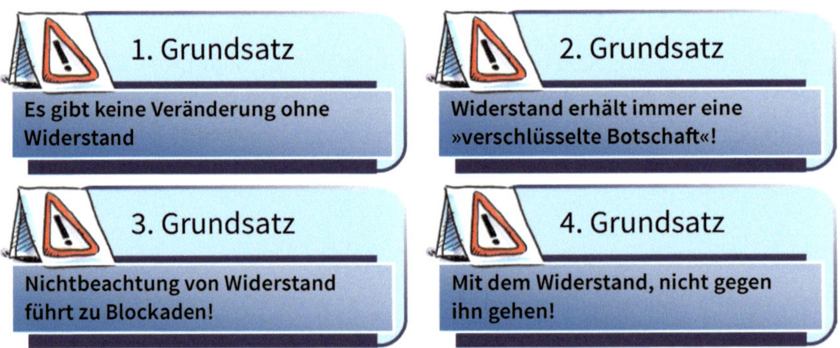

Abb. 55: Vier Grundsätze beim Widerstand in Veränderungsprozessen (eigene Darstellung)

Widerstände enthalten dabei immer eine Botschaft. Sie weisen darauf hin, dass die anstehenden digitalen Neuerungen vielleicht auch technische, organisatorische, ablaufbezogene oder soziale Probleme mit sich bringen können. Sie können auch darauf hinweisen, dass es emotionale Hindernisse geben kann. Letztendlich enthalten Widerstände immer verschlüsselte Botschaften. Dabei gibt es sehr viele mögliche Quellen und damit auch verschlüsselte Botschaften solcher Widerstände. Im Folgenden wollen wir einige Möglichkeiten aufzählen:

- Es gibt **unterschiedliche Interessen** in Bezug auf die digitalen Veränderungen. Manche Beteiligte wollen ihre Arbeit mit hoher Qualität erledigen. Andere Beteiligte möchten vielleicht einfach nur Kosten sparen.
- **Beziehungsdynamiken** spielen mit in den digitalen Wandel hinein. Es kann z. B. sein, dass der Leiter der IT sich nicht mit dem Leiter des Controllings verträgt. In einem Fall haben wir erlebt, dass die Antipathie so groß war, dass der Leiter der IT die Einführung eines Datenmanagementsystems für den Bereich Controlling »runterpriorisiert« und erheblich verzögert hat. In der Tat gab es sogar die Aussage: »Der bekommt sein System erst mal nicht.«
- Manche Widerstände gehen auch auf **versteckte Systemdynamiken** zurück. Wenn in Unternehmen zum Beispiel neue Vorstände beginnen, ist es häufig der Fall, dass sie der Firma ihren eigenen Stempel aufdrücken möchten. In diesem Zug werden manchmal auch digitale Neuerungen eingeführt, die nur begrenzt Sinn ergeben, aber dem Bedürfnis des neuen Vorstandes entspringen, Zeichen und Signale zu

setzen. Wenn in solchen Situationen Widerstände auftreten, sind die versteckten Botschaften anfänglich sehr schwer zu erkennen.

- Manchen Widerständen liegen **Ängste, Sorgen und Befürchtungen** zugrunde. Diese können mit nachvollziehbaren Gründen zusammenhängen, wie z.B. der Angst, seinen Arbeitsplatz zu verlieren, oder der Sorge, nicht ausreichend für den neuen digitalen Workflow qualifiziert zu sein. Mitarbeiter und Führungskräfte können Überforderung oder vielleicht auch Verlust von Macht und Einfluss befürchten. Solche Ängste können aber auch irrational und einfach nur emotionaler Natur sein. In einem Fall haben wir es erlebt, dass die Einführung von Headsets blockiert wurde, weil der Bügel der Headsets so lang war, dass (Zitat) »die Frisur mancher Angestellter dadurch hätte Schaden nehmen können«.
  Scannen Sie Abbildung 56 mit der smARt-Haufe-App, um sich ein kurzes Video zu den emotionalen Gründen für Widerstände anzusehen.

Abb. 56: Emotionale Gründe für Widerstände

- Manche Widerstände resultieren aus **mangelnder Einbindung**. Wir erleben es in Projekten zur Einführung digitaler Veränderungen immer wieder, dass vergessen wird, bestimmte Bereiche, Abteilungen, Personen oder Gremien zu beteiligen. Menschen mögen es überhaupt nicht, erst spät zu erfahren, dass da etwas läuft, bei dem sie aus der Natur der Sache heraus hätten eingebunden werden müssen. Man kann sich jetzt vielleicht denken, im Berufsleben würde die Motivation zum Handeln nicht daraus resultieren, dass jemand beleidigt ist. Wir können aber versichern, dass es zu Schwierigkeiten und Widerständen führt, wenn man den Betriebsrat bei der Einführung eines digitalen Mitarbeitergesprächs nicht beteiligt. Grundsätzlich mögen es Menschen nicht, wenn sie nicht oder erst spät zu

Dingen gefragt werden, die sie als eine ihrer Kernaufgaben, Kompetenzen, Rechte oder Verantwortlichkeiten ansehen.

- Widerstände können auch aus **ideologischen Überzeugungen** resultieren. Die Einführung eines Automaten, bei dem man am Flughafen seinen Koffer aufgeben kann, führt evtl. zum Abbau von Arbeitsplätzen. Ebenso könnte dies beim autonomen Fahren der Fall sein. Vielleicht werden wir in nicht allzu ferner Zukunft Taxis haben, die keinen menschlichen Fahrer mehr haben. Oder wir werden für die Option »menschlicher Fahrer« zusätzlich zahlen müssen. Es wird Menschen geben, die sich aus ideologischen Gründen gegen solche Entwicklungen sträuben.
- Manche Widerstände resultieren aus einem **Mangel an Informationen**. Es gibt Führungskräfte und Mitarbeiter, die Veränderungen nur mitgehen, wenn sie sie auch verstanden haben. Dazu sind Informationen über Inhalte digitaler Veränderungen genauso wichtig wie über Gründe und Hintergründe eines digitalen Wandels.
- Eine **zu hohe Veränderungsdynamik** kann auch ein Grund für Widerstände sein. Zu viele digitale Neuerungen in zu kurzer Zeit führen relativ sicher dazu, dass irgendwann einfach »zugemacht« wird und eine Blockade entsteht.
- **Gewohnheit und Bequemlichkeit** sind ebenfalls mögliche Hintergründe für Widerstände. Menschen werden ungern in gewohnten Abläufen und Vorgehensweisen gestört. Der Mensch ist ein Gewohnheitstier und was sich einmal eingespielt hat, wird ungern geändert. Nicht umsonst sagt man auch »Never change a running system«.
- Auch **Orientierungslosigkeit** kann eine mögliche Botschaft hinter Widerständen sein. Wenn digitale Veränderungen eingeführt werden, ohne dass man mit ihnen Ziele erreichen oder zu einer Vision und Mission beitragen möchte, führt das bei manchen Menschen auch zu Widerständen.
- Last but not least können natürlich auch eine **geringe Nutzerfreundlichkeit**, unbequemes, aufwendiges oder zeitraubendes Handling, fehlende Features der digitalen Neuerung oder mangelnde technische Voraussetzungen Gründe für Widerstände sein. Im Februar 2020 ergab zum Beispiel eine Umfrage der Apothekerkammer Berlin zum digitalen Fälschungsschutzsystem *Securpharm* bei deutschen Apothekern, dass ca. 31 % finden, dass »*Securpharm* ihren Alltag massiv negativ beeinflusst« hat. Es wurde beklagt, dass Code-Angaben irreführend oder unleserlich sind. Zudem bemängeln Apotheker die Doppelerfassung von Packungscodes und »Alarmmeldungen, ohne zu wissen, wie man sich verhalten soll«. Solche Umfrageergebnisse bei der Einführung digitaler Neuerungen sind kein Einzelfall, werden aber ungern an die große Glocke gehängt. Während des Lockdowns im Rahmen der COVID-19-Pandemie sollten Schüler mittels Homeschooling unterrichtet werden. Dabei stellte sich heraus, dass manche Lehrer und

Schüler kein Internet, keine Mailadresse oder keine geeigneten Computer hatten. Eine schlechte User Experience oder mangelnde Infrastruktur darf als möglicher Grund für Widerstände keinesfalls unterschätzt werden.

Die Nichtbeachtung von Widerständen führt immer zu Blockaden. Widerstände zeigen, dass die Voraussetzungen für eine reibungslose Einführung im geplanten Sinne nicht bzw. noch nicht bei jedem gegeben sind. Wenn diese Widerstände ignoriert werden, müssen die »Widerständler« folgerichtig lauter werden, damit man sie hört. Stuttgart 21 ist ein Beispiel dafür. Wenn dann verstärkt Druck auf widerständige Personen ausgeübt wird, führt das lediglich zu verstärktem Gegendruck. Unbewusst reagieren wir auf Druck häufig impulsiv mit Gegendruck. Am besten ist es allerdings, in Situationen, in denen Widerstand aufkommt, Druck wegzunehmen und dem aufkommenden Widerstand Raum zu geben.

Wichtig: Mit dem Widerstand gehen, nicht gegen ihn !

Gehen Sie mit dem Widerstand – und nicht gegen ihn. Widerstände beinhalten immer auch eine mehr oder weniger unterschwellige emotionale Energie. Diese Energie muss aufgenommen und kanalisiert werden. Die Kunst im Umgang mit Widerstand heißt also »Judo«! Das heißt, man nutzt die Kraft der anderen für den eigenen Schwung. In Workshops oder Projektsitzungen bedeutet das zum Beispiel, dem Widerstand so lange zuzuhören und ihn (auch emotional) zu verstehen, bis der Punkt gekommen ist, an dem sich die Situation drehen lässt (vgl. Kapitel 4.4.5.3 zur Sternanalyse). Für diesen Punkt gibt es keine Regel und keine Messgrößen. Man merkt einfach irgendwann, dass die Leute bereit sind, sich auf den Blick nach vorne einzulassen.

4.4.3 Widerständen vorbeugen

Auch wenn das Auftreten von Widerständen in digitalen Veränderungssituationen normal ist, müssen Sie nicht unbedarft in jeden Widerstand »hineinlaufen«. Manche Widerstände sind vorhersehbar. Sie resultieren daraus, dass sich Führungskräfte und Mitarbeiter bei der Einführung digitaler Neuerungen natürlicherweise viele Fragen zu ihrer Zukunft stellen. Wenn Sie die Antworten auf diese Fragen vorbereiten oder einige dieser Fragen sogar frühzeitig beantworten, können Sie auf diese Weise manchen Widerständen vorbeugen. Um »vorherzusehen«, welche Fragen sich Betroffene bei der Einführung digitaler Neuerungen stellen, bemühen wir hier ein sehr altes, aber für diesen Fall ergiebiges Modell. Aus der Bedürfnispyramide (Maslow, 1981) lassen sich solche Fragen ableiten.

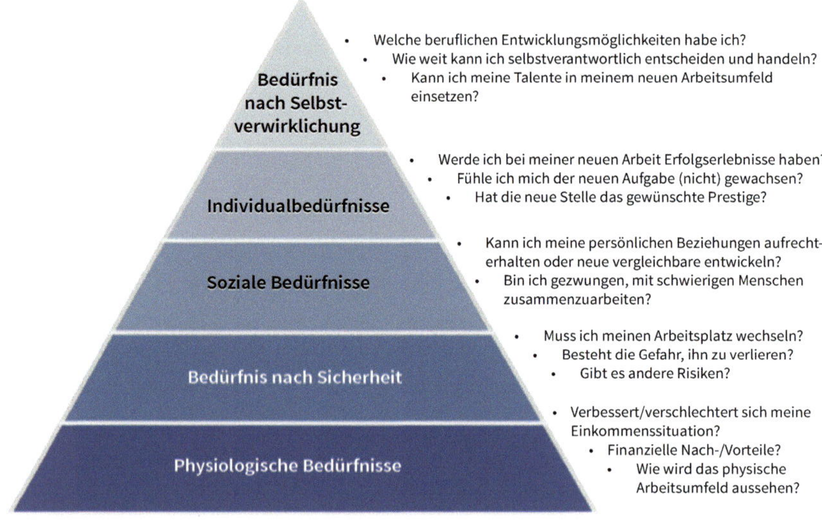

Abb. 57: Bedürfnisse im digitalen Wandel (eigene Darstellung)

Stellen Sie sich zum Beispiel vor, dass bei einem Reiseveranstalter eine Software eingeführt wird, mit der die Stammdaten für Hotelverträge von Einkäufern gleich vor Ort in den jeweiligen Ländern in das System eingepflegt werden können. Dadurch werden ca. 20 Mitarbeiter in Deutschland überflüssig, die diese Stammdaten bisher in das System eingepflegt haben. Diese Mitarbeiter werden sich mit Sicherheit unter anderem folgende Fragen stellen:

- Besteht die Gefahr, meinen Arbeitsplatz zu verlieren?
- Muss ich meinen Arbeitsplatz wechseln?
- Was wird meine neue Aufgabe sein und werde ich ihr gewachsen sein?

Wenn in der Produktion eines Multitechnologieunternehmens mehrere kollaborative Roboter angeschafft werden, die in direkter Interaktion mit Kollegen Pappschachteln herstellen sollen, werden sich diese Mitarbeiter mit Sicherheit unter anderem folgende Fragen stellen:

- Kann ich in der Zusammenarbeit mit dem Roboter und neben ihm bestehen? Fühle ich mich dieser Aufgabe gewachsen?
- Kann ich meine persönlichen Beziehungen aufrechterhalten oder habe ich zukünftig nur noch einen solchen Roboter als Kollegen?

Viele der Fragen, die im digitalen Wandel bei Betroffenen auftreten, sind vorhersagbar. Dementsprechend lassen sich auch gute Antworten auf solche Fragen vorbereiten. Solche Antworten müssen dabei sehr spezifisch auf die jeweilige Situation zugeschnitten sein.

Viele Führungskräfte glauben, in solchen Situationen ginge es vor allem darum, die Mitarbeiter und Betroffenen zu beruhigen. Doch weit gefehlt. Mit solchen beruhigenden Antworten erreichen Sie oft sogar das Gegenteil: Die Mitarbeiter und Betroffenen sind erst recht beunruhigt. Zusätzlich entstehen die wildesten Gerüchte.

Wir haben einen anderen Fall miterlebt, bei dem im Raum stand, dass durch einen digitalen Wandel eventuell auch Freisetzungen von Mitarbeitern anstehen könnten. Entsprechende Fragen der Belegschaft wurden vom Vorstand auf der Betriebsversammlung abwehrend beantwortet. Er versicherte, dass »man aktuell noch nicht darüber nachdenkt, Mitarbeiter zu entlassen«.

Die Formulierung solcher Antworten ist oft verräterisch. Nach der Betriebsversammlung waren sich jedenfalls einige Mitarbeiter sicher, dass es Entlassungen geben würde. Gerüchte machten die Runde. Aus den Gerüchten wurde schnell vermeintliches Wissen und dann entstanden »Wahrheiten«. Es wurde für »wahr genommen«, dass Mitarbeiter entlassen würden. Infolgedessen bewarben sich vor allem Leistungsträger aus dem IT-Bereich bei anderen Firmen. An dieser Stelle beschloss der Vorstand, einen Workshop mit den Betroffenen zu veranstalten, um alles wieder einzurenken. In den meisten Fällen ist es dann aber schon zu spät und der entstandene Schaden lässt sich nicht wiedergutmachen.

Darum geht es bei der Vorbeugung von Widerständen !

Es geht nicht darum, die Antworten zu geben, die am meisten beruhigen. Sondern es geht darum,

- Sorgen und Befürchtungen aufzunehmen und auch mal zuzuhören. Es ist also nicht nur Sendemodus, sondern auch mal Empfang angesagt.
- in echten Dialog mit den Betroffenen zu treten. Wenn also noch nicht sicher ist, was genau passieren wird, können Sie das auch genau so formulieren.
- die Dinge, die Sie wissen und sagen können, auf Augenhöhe mit den Betroffenen zu teilen. Häufig haben Führungskräfte in solchen Situationen einen Informationsvorsprung. Diesen gilt es auszugleichen.
- klare und nachvollziehbare Antworten auf Fragen der Mitarbeiter und Betroffenen zu geben. Gehen Sie davon aus, dass alle Fragen aus der Perspektive der Mitarbeiter und Betroffenen berechtigt sind.
- bei Änderungen, die Sie nicht bekannt geben dürfen, klar zu sagen, dass Sie dazu aus bestimmten Gründen noch nichts sagen können. Diese Gründe können z. B. sein, dass das Konzept noch nicht fertiggestellt ist, dass davon nichts an die Öffentlichkeit dringen darf, dass die Gespräche mit dem Betriebsrat noch nicht abgeschlossen sind, dass Sie eine Schweigeverpflichtung unterzeichnet haben und vieles mehr. Ehrlichkeit ist in solchen Situationen heutzutage der bessere Berater als wohlklingende, aber schwurbelige Formulierungen.

Auf diese Weise können Sie schon einer ganzen Menge an Widerständen und schwierigen Situationen erfolgreich vorbeugen.

4.4.4 Empfehlungen zum Umgang mit Widerständen

Im ersten Schritt gilt es, Widerstände vorherzusehen und überhaupt als solche zu erkennen und zu identifizieren. Manche Führungskräfte gehen dabei auch heutzutage noch ziemlich unbedarft an die Sache heran.

Beispiel: Keine Lust auf kollaborative Roboter

Folgende Situation haben wir wirklich erlebt: Ein Topmanager eines Multitechnologieunternehmens hatte auf einer Messe einen kollaborativen Roboter gesehen, der ihm so gut gefiel, dass er spontan drei Stück davon kaufte. Er wollte sie in einem der Produktionswerke des Unternehmens einsetzen, wusste zwar noch nicht so genau, wofür, hatte aber schon einige Ideen. Die Roboter wurden geliefert und standen zunächst im Werk herum, ohne installiert und produktiv eingesetzt zu werden. In dieser Zeit hatten die Mitarbeiter ausreichend Gelegenheit, sich in ihren wildesten Fantasien auszumalen, was durch den Einsatz der Roboter alles passieren könnte.

Als die Mitarbeiter nun darüber informiert wurden, wie die Roboter zukünftig eingesetzt werden sollten und wer wann auf welche Weise mit ihnen zusammenarbeiten sollte, äußerten sie erhebliche Vorbehalte und Befürchtungen, auf die die Führungsebenen zunächst überhaupt nicht eingingen. Offenbar dachten sie, irgendwie würde schon alles glatt gehen. Diese Haltung änderte sich erst, als der Betriebsrat mit einer ganzen Reihe von rechtlichen Fragen (z. B. zur körperlichen Unversehrtheit bei der Zusammenarbeit, zum potenziellen Verlust von Arbeitsplätzen etc.) auf den Plan trat. Erst jetzt wurde dem Management klar, dass es in der Belegschaft unterschwellig viele Widerstände gegen das Vorhaben gab. Die spontane Reaktion des Managements war leider wenig hilfreich: Man werde sich nicht unter Druck setzen lassen, es handele sich um eine unternehmerische Entscheidung, die den Betriebsrat nichts angehe, und man werde solche Fragen schon berücksichtigen. Im Grunde bedeutete das: »Wir lassen uns nicht reinquatschen.« Das wurde wiederum vom Betriebsrat als Nichtbeachtung relevanter Einwände wahrgenommen. Sie können sich sicher vorstellen, wie die Geschichte weiterging.

Widerstand wird oft als Druck wahrgenommen. Die erste, spontane Reaktion auf Druck ist bei vielen Menschen häufig Gegendruck. Hier empfehlen wir, nicht sofort mit Gegendruck zu reagieren. Es ist unbedingt sinnvoll, die eigene, spontane Reaktion zu überprüfen und Widerstände eher als Chance zum Lernen und nicht als Angriff zu verstehen. Das ist allerdings viel leichter gesagt als getan. Deshalb ist hier Erfahrung und durchaus auch Training erforderlich.

Grundsätzlich gelten dann im nächsten Schritt die Regeln professioneller Kommunikation. Es gilt, Feedback anzunehmen, Einwände sachlich zu prüfen, Hintergründe geduldig zu erklären, aber auch ehrliche Offenheit und Änderungsbereitschaft zu zeigen. Sie müssen nicht allen Wünschen sofort zustimmen. Wichtig ist aber, dass Rückmeldungen zu geplanten digitalen Veränderungen sichtbar aufgenommen und zeitnah bearbeitet werden.

Wenn aus validen Rückmeldungen Anpassungen für die Einführung einer digitalen Veränderung abgeleitet wurden, kann es Betroffene geben, die immer noch nicht zufrieden und nach wie vor widerständig sind. In solchen Fällen ist es wichtig, in Kontakt zu bleiben und weiter mit den entsprechenden Personen zu sprechen. Erläutern Sie wiederholt die Hintergründe, Ziele und Vorgehensweisen bei der digitalen Veränderung. Versuchen Sie, in den Gesprächen Verständnis zu wecken. Redundanz ist in dieser Phase didaktisch wertvoll. Es geht darum, zu erklären, zu erklären und zu erklären. Steter Tropfen höhlt den Stein.

Wenn alle Geduld, alles Verständnis und alle Maßnahmen nichts helfen, muss die Gangart manchmal intensiver und konsequenter werden. Gegebenenfalls müssen Sie in klaren Anweisungen festhalten, dass das neue CRM-System jetzt von jedem Mitarbeiter genutzt werden muss. Oder dass jeder Gutachter nun verpflichtend die Diktiersoftware einsetzen muss. Oder dass die Schichtplanung nun zwingend per Direktive mit der neuen App und nicht mehr per Excel durchgeführt werden muss.

Wichtig: Konsequentes Handeln ist erforderlich !

In einigen seltenen Fällen hilft nicht einmal eine strikte Arbeitsanweisung. Dann ist konsequentes Handeln erforderlich. Sie müssen also bereit sein, arbeitsrechtliche Konsequenzen anzukündigen und auch durchzusetzen, wenn bestimmte Betroffene sich der Umsetzung einer digitalen Veränderung weiterhin verweigern. Dabei gelten folgende Spielregeln:

- Bevor Sie Konsequenzen ankündigen, schöpfen Sie immer alle Mittel des Dialogs und der Verhandlung aus. Die Ankündigung einer Konsequenz sollte immer die Ultima Ratio sein.
- Bitte kündigen Sie Konsequenzen immer an, bevor Sie sie eintreten lassen.
- Bitte kündigen Sie Konsequenzen nicht an, wenn Sie nicht bereit, in der Lage, fähig oder willens sind, sie auch eintreten zu lassen.

Letztendlich ist es bei allen Gesprächen, Meetings und Workshops wichtig, immer auf konstruktive Absprachen und Vereinbarungen hinzuarbeiten.

Scannen Sie Abbildung 58 mit der smARt-Haufe-App, um sich ein kurzes Video zum konsequenten Handeln bei Widerständen anzusehen.

Abb. 58: Konsequentes Handeln bei Widerständen

4.4.5 Methoden, Tools und Vorgehensweisen zum Umgang mit Widerständen

Die Formen und Ausprägungen von Widerständen können genauso unterschiedlich sein wie deren Hinter- und Beweggründe. Deshalb ist es sehr schwierig, klare Empfehlungen auszusprechen, welche Methode oder Vorgehensweise bei welcher Art von Widerstand zu wählen ist. Im Folgenden wollen wir einige Methoden zum Umgang mit Widerständen aufzeigen, wobei immer im Einzelfall überlegt werden muss, welche Methode infrage kommt. Dazu empfiehlt es sich, die Widerstände zunächst einmal näher anzuschauen, zu analysieren und deren Motivation zu hinterfragen und zu ergründen. Auf dieser Basis kann dann entschieden werden, welche Methode wann Sinn ergibt.

4.4.5.1 Lösungsorientierte Team- und Einzelgespräche

Wenn bei der Einführung von digitalen Neuerungen Widerstände auftreten, werden zunächst einmal Gespräche geführt. Es ist dabei wie in einer guten Ehe: Erst mal redet man miteinander, bevor man irgendwelche dummen Sachen macht.

Deshalb sollten Sie mit »widerständigen« Personen mit Geduld und echtem Interesse Gespräche führen, um

- deren Anliegen, Bedürfnisse und Wünsche zu verstehen,
- gegebenenfalls Ursachenforschung zu betreiben,

- herauszufinden, unter welchen Umständen sie bereit wären, mit dem digitalen Wandel mitzugehen und, wenn nötig und möglich,
- bestimmte Aspekte der digitalen Veränderung kritisch zu überdenken und nach neuen Lösungen zu suchen, die für alle Beteiligten vorteilhaft sind.

Scannen Sie Abbildung 59 mit der smARt-Haufe-App, um sich ein kurzes Video mit Beispielen zur Gesprächsführung bei Widerständen anzusehen.

Abb. 59: Gesprächsführung bei Widerständen

Zukunftsorientierte Gespräche

!

In bestimmten Fällen ist es nicht hilfreich, nach den Ursachen für Widerstände zu fragen. Ursachenforschung ist immer eine vergangenheitsbezogene Vorgehensweise. In manchen Fällen führt sie sogar dazu, dass Widerstände größer werden. Alternativ zur Fragen nach den Ursachen können Sie hier eine zukunftsbezogene Vorgehensweise wählen. In solchen Fällen ist es viel schlauer danach zu fragen, was die Betroffenen benötigen, um mit dem digitalen Wandel mitzugehen. Ebenso können Sie auch fragen, unter welchen Umständen die Betroffenen bereit wären, die digitale Veränderung mitzutragen. Das macht im Gespräch einen kleinen, in der Wirkung aber manchmal erheblichen Unterschied aus.

Vor allem in Teammeetings und Workshops, in denen Widerstände auftreten, ist diese Vorgehensweise sehr wirksam. Zunächst ist es in solchen Workshops wichtig, dem Widerstand Raum zu geben und erst einmal einfach zuzuhören. Bei heftigem Widerstand kann es eine ganze Weile dauern, bis es überhaupt möglich ist, auch in die Zukunft zu schauen. Es ist sehr schwierig und benötigt in der Regel sehr viel Erfahrung, einen guten Zeitpunkt für diesen Wechsel zu finden. In Workshops und Teammeetings können Sie ebenfalls vergangenheitsorientiert nach den Ursachen oder zukunftsorientiert nach den Wünschen der Beteiligten fragen. Letztendlich laufen beide Vorgehensweisen darauf hinaus, gemeinsam zu schauen, welche Anpassungen an der digitalen Veränderung erforderlich sind, damit sie funktionieren kann. Es gilt also, die negativen Emotionen aufzunehmen, um die Situation dann irgendwann zu drehen. Wir können gar nicht genug betonen, wie wichtig es ist, dem Widerstand ausreichend Raum zu geben: Widerständige Personen müssen sich »auskotzen«, jammern und meckern können – natürlich nur bis zu einem gewissen Grad. Ab einem gewissen Zeitpunkt müssen alle Beteiligten in die Handlungsorientierung gehen und schauen, was mit der berechtigten und auch der unberechtigten Kritik gemacht wird.

Gespräche sollten immer lösungsorientiert geführt werden. Wenn Sie also nach Wünschen, Vorschlägen, Umständen oder Voraussetzungen gefragt haben, unter denen sich die Betroffenen die digitale Veränderung vorstellen können, geht es im Anschluss darum, Vereinbarungen zu treffen. Wenn bestimmte Wünsche oder Erwartungen erfüllt werden können, können Sie sie auch als Maßnahmen oder Vereinbarungen festhalten. Manche Betroffene möchten z. B. eine Schulung im neuen System. Oder es würde ihnen helfen, wenn ein Kollege sie einarbeitet. Warum nicht? Wenn sich Wünsche, Anforderungen oder Rahmenbedingungen von und für Mitarbeiter problemlos realisieren lassen, bricht Ihnen kein Zacken aus der Krone, wenn Sie den Betroffenen entgegenkommen. Schwieriger wird es, wenn solche Wünsche oder Ideen aus verschiedenen Gründen nicht realisierbar sind. Dann müssen Sie evtl. andere Rahmenbedingungen finden, unter denen sich Mitarbeiter vorstellen können, mit der digitalen Veränderung mitzugehen.

!

Tipp: Wir werden da nicht drum herumkommen

Manchmal gibt es keinen Spielraum und Sie können den widerständigen Personen nicht entgegenkommen. Interessanterweise bietet die Einführung digitaler Veränderungen hier eine Option, die wir in anderen Situationen im Change-Management nicht für so einfach umsetzbar halten. Wenn es hart auf hart kommt und die Diskussionen sich zuspitzen, hilft es im digitalen Wandel nach unserer Erfahrung manchmal auch, einfach darauf hinzuweisen, dass die Digitalisierung sowieso kommt und dass sich niemand diesen Veränderungen entziehen kann. Wir haben in solchen Situationen schon oft folgende Sätze verwendet:

- »Wir werden da nicht drum herumkommen.«
- »Man wird sich dem einfach stellen müssen.«
- »Ob es uns jetzt gefällt oder nicht, wir werden da mitgehen müssen.«
- »Da wird noch viel mehr kommen und diese Veränderung ist im Vergleich dazu noch gar kein großes Ding.«

Es ist hochinteressant, wie solche Sätze die Diskussion und die geäußerten Widerstände verändern. Auf einmal werden widerständige Personen stiller und beginnen, konstruktiv zu diskutieren. Probieren Sie es einmal aus!

4.4.5.2 Konfliktmoderation und Mediation

Wenn sich aus der Analyse ergibt, dass konkurrierende Interessen oder Ziele der Hintergrund für die Widerstände sind, kann es sinnvoll sein, in eine Konfliktmoderation oder Mediation einzusteigen. Möchte der Finanzvorstand mit der Einführung fahrerloser Transportsysteme Kosten sparen und möchte die Logistik Arbeitsplätze erhalten, wird es hier vermutlich einen Konflikt geben. In solchen Situationen ist es erforderlich, alle wichtigen Beteiligten an einen Tisch zu bringen und die Interessen und Ziele auszubalancieren, soweit das möglich ist.

Bei einer **Konfliktmoderation** unterstützt ein allparteilicher Moderator die beteiligten Parteien dabei, im Rahmen eines strukturierten Prozesses Lösungen zu finden. Grundlage für den Prozess ist dabei meistens ein sogenannter allgemeiner Moderationszyklus. Dabei wird zunächst die Wahrnehmung der Ausgangslage durch die beteiligten Parteien besprochen. Im weiteren Verlauf führt der Moderator einen Perspektivenwechsel herbei. Die Beteiligten versetzen sich dabei in die Lage der jeweils anderen Parteien und versuchen, deren Perspektive nachzuvollziehen. Dieser Schritt ist wichtig, um die Lösungsfindung vorzubereiten. Im nächsten Schritt werden die Erwartungen, Wünsche und ggf. auch Forderungen aller Beteiligten aufgenommen. Dann wird besprochen, wer welche Erwartungen unter welchen Rahmenbedingungen umsetzen kann. Bei diesem Prozess unterstützt der Moderator alle Parteien gleichermaßen und macht in der Regel keine eigenen Vorschläge.

Die Grundlage einer **Mediation** ist häufig das Harvard-Konzept (Fisher et al., 2018). Hierbei wird möglichst eine Win-win-Lösung angestrebt, die von allen Beteiligten als gleichermaßen fair empfunden wird. Die Schritte sind im Einzelnen:

- **Auftragsklärung:** Die Parteien werden über das Mediationsverfahren sowie die Rolle und Haltung des Mediators informiert. Es wird eine Art Vertrag bzw. eine Mediationsvereinbarung abgeschlossen. Zudem wird das weitere Vorgehen abgestimmt.
- **Themensammlung:** Die Beteiligten erläutern ihre Anliegen und Themen, die bisher zu Auseinandersetzungen geführt haben.
- **Trennen von Positionen und Interessen:** Die Beteiligten schildern ihre Sicht und Wahrnehmung der Themen und Streitpunkte. Hierbei werden zunächst Positionen geschildert, z. B. dass die neue App »einfach nur blöd« ist. Dahinter stecken meist tiefer gehende Interessen. In diesem Fall z. B. die Befürchtung, mit der neuen App nicht zurechtzukommen.
- **Lösungskriterien festlegen:** Es werden Kriterien entwickelt, anhand derer später die Güte der Lösung beurteilt werden kann.
- **Sammeln von Lösungsoptionen:** Das Harvard-Modell verlangt, dass mehrere Lösungsoptionen betrachtet werden, weil mit der Anzahl der Optionen auch die Wahrscheinlichkeit steigt, dass gute Ansätze darunter sind.

- **Bewertung und Verhandlung der Lösungsoptionen:** Hier werden die in der vorherigen Phase gesammelten Lösungsoptionen von den Parteien bewertet und verhandelt. Dabei wird auch besprochen, inwieweit die gefundenen Lösungen mit den in der vorherigen Phase ermittelten Interessen der Parteien oder den vorher erarbeiteten Kriterien für eine gerechte Lösung im Einklang stehen.
- **Vereinbarung und Abschluss:** Die Ergebnisse werden zusammengefasst und festgehalten. Es ist zudem sinnvoll, ein Review und Controlling zu vereinbaren, also einen Zeitpunkt, zu dem man sich noch mal anschaut, inwiefern die Umsetzung der Vereinbarungen auch funktioniert hat.

4.4.5.3 Sternanalyse

Bei der Sternanalyse wird grundsätzlich der gleiche Prozess zugrunde gelegt, der auch bei lösungsorientierten Gesprächen verfolgt wird. Zusätzlich wird dieser Prozess in einer speziellen Form visualisiert. Man kann die Sternanalyse mit einer Gruppe oder auch einzelnen Personen durchführen. Sie kann geplant in einem Workshop oder auch anlassbezogen durchgeführt werden – wenn z. B. in einem Teammeeting Widerstand oder auch einfach nur Argumente gegen eine digitale Neuerung aufkommen.

Durchführung der Sternanalyse:

- Zunächst schreiben Sie als Führungskraft, Moderator oder Leiter des Meetings das Thema der digitalen Neuerung in die Mitte des Flipcharts.
- Danach visualisieren Sie die Gegenargumente, indem Sie von außen auf das Thema zeigende Pfeile zeichnen und die Argumente an diese Pfeile schreiben. (Sie können das auch umgekehrt machen und die Pfeile von innen nach außen zeichnen.) Beim Sammeln der Argumente ist es wichtig, neutral oder zumindest beherrscht zu bleiben und nicht gleich dagegen zu argumentieren. Schreiben Sie einfach alles auf, ohne es zu bewerten. So können die Teilnehmer Druck ablassen. Oft hilft es den Mitarbeitern schon, wenn ihre Argumente oder Befürchtungen gehört und für alle sichtbar aufgeschrieben werden, egal wie »richtig« sie sind. Dann ist es erst mal raus.
- Im nächsten Schritt fragen Sie die beteiligten Personen dann, was ihnen dabei helfen würde, das entsprechende Gegenargument aufzulösen. Ab diesem Zeitpunkt beginnen die Beteiligten, sich gedanklich damit auseinanderzusetzen, unter welchen Umständen sie bereit wären, mit der digitalen Neuerung mitzugehen. Oftmals kommen dann auch sehr gute und vor allem konstruktive Vorschläge, und zwar aus dem Team. Das erhöht die Beteiligung und die Chance auf echte Umsetzung der Ideen. Diese Vorschläge und Ideen visualisieren Sie wiederum, indem Sie Pfeile nach außen (bzw. nach innen) zeichnen und die Vorschläge dranschreiben. Im besten Fall finden Sie für jeden Gegenargumentpfeil auch einen Lösungsvorschlagspfeil.

- Im letzten Schritt werden dann aus den Lösungsvorschlägen Maßnahmen abgeleitet. Manchmal sind Ideen unter den Vorschlägen, die sich beim besten Willen nicht umsetzen lassen, weil sie z. B. außerhalb Ihrer Befugnisse als Führungskraft liegen. Solche Vorschläge verwerfen Sie aber nicht gleich, sondern lassen sie nach dem Meeting noch mal gesondert und ernsthaft prüfen. Erst wenn klar ist, dass sie sich wirklich nicht umsetzen lassen, werden sie verworfen. Dabei ist es wichtig, dass die Beteiligten zeitnah eine offene und transparente Rückmeldung dazu erhalten, warum ihre Ideen und Vorschläge nicht realisierbar sind. Dieses Vorgehen zeigt ihnen, dass Sie insgesamt an einer ehrlichen Prüfung und Abwägung aller Interessen arbeiten. Selbst wenn eine Idee dann nicht umgesetzt wird, wird klar, dass Sie es wenigstens probiert haben.

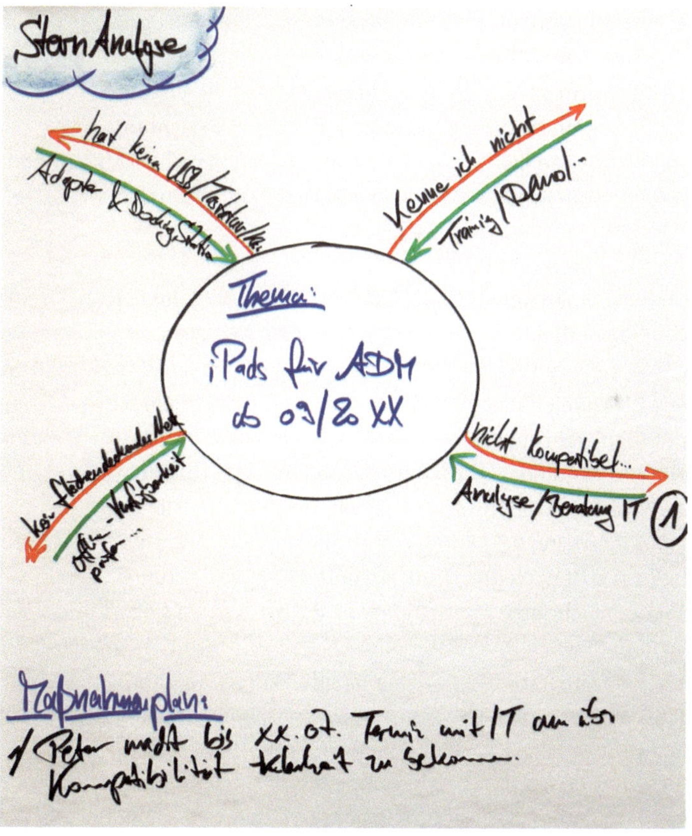

Abb. 60: Beispiel für die Sternanalyse (eigene Darstellung)

4.4.5.4 Trauerrituale

Manchen Menschen fällt es schwer, emotional von althergebrachten Vorgehensweisen und Prozessen Abschied zu nehmen. Man hat halt Ersatzteile immer gefräst und die Abschlussarbeiten noch mit der Hand durchgeführt. Jetzt soll das ein 3D-Drucker übernehmen. Früher konnte man noch mit dem Stapler fahren, heute werden die Stapler nach und nach durch fahrerlose Transportsysteme abgelöst. Es gilt also, Abschied zu nehmen.

Rituale helfen bei Verabschiedungen. Das ist in der ganzen Welt so und es wird über Generationen eingeübt. In Deutschland tragen Menschen z.B. schwarze Kleidung, wenn jemand stirbt. In Indien tragen die Menschen weiße Kleidung, da der Tod als Übergang in eine andere Daseinsform gesehen wird. In Deutschland gibt es bei Beerdigungen den sogenannten Leichenschmaus. Dieses gemeinsame Essen hat eine große Kraft. Die Anwesenden unterhalten sich über gemeinsame Erlebnisse mit dem Verstorbenen und lachen auch darüber. Zudem schauen sie nach vorne. Es ist wie eine heilsame Verabschiedung, die bei der endgültigen Trennung hilft. So sind auch Trauerrituale bei der Verabschiedung von alten Vorgehensweisen und Prozessen gedacht. Sie sollen helfen, emotional Abschied zu nehmen und sich zu trennen. Zudem sollen sie dabei unterstützen, nach vorne zu schauen.

Rituale, bei denen das Alte symbolisch verabschiedet wird, können z. B. sein:

- eine gemeinsame Feier, ein Frühstück oder eine Kaffeerunde veranstalten, bei der die Anwesenden von alten Workflows, Prozessen, Vorgehensweisen oder Tools Abschied nehmen
- alte Erlebnisse mit Prozessen, Systemen oder die alten Workflows, Vorgehensweisen oder Tools selbst auf Karten schreiben und diese Karten vorlesen, durchkreuzen, zerreißen, schreddern oder sogar verbrennen
- Kondolenzschreiben verfassen und sich damit von althergebrachten Prozessen, Workflows, Systemen oder Vorgehensweisen verabschieden

Rituale, mit denen das Neue symbolisch begrüßt wird, können z. B. sein:

- Karten schreiben, auf denen steht, was das Positive an der digitalen Neuerung ist
- eine Rede darüber schreiben, welche Verbesserungen sich für die Zukunft aus der digitalen Veränderung ergeben, und sie halten
- ein Kochevent organisieren, bei dem gemeinsam ein Essen zur Feier der Einführung einer digitalen Neuerung vor- und zubereitet wird

Achtung: Trauerrituale sind nicht jedermanns Sache !

Trauer- und Begrüßungsrituale im betrieblichen Umfeld sind nicht jedermanns Sache. Deshalb ist es äußerst wichtig, im Vorfeld gut einzuschätzen und zu planen, ob, und wenn ja, welche Form eines Rituals bei der Einführung welcher digitalen Neuerung für welche Zielgruppe gut passen könnte.

4.4.5.5 »What if ...«-Technik

Eine entfernte Grundlage der »What if ...«-Technik ist die Szenariotechnik. Bei der Szenariotechnik werden mögliche Entwicklungen der Zukunft analysiert. Diese Analysen münden in die Darstellung hypothetischer zukünftiger Situationen mit ihren Varianten und Alternativen. Zudem werden die Wege beschrieben, die zu diesen Situationen führen können. Die Darstellung der Wege eröffnet Steuerungsmöglichkeiten, da ihr Verlauf an verschiedenen Stellen beeinflusst werden kann.

Bei der »What if ...«-Technik können Sie z. B. zusammen mit den Beteiligten untersuchen, was passieren würde, wenn die digitale Neuerung nicht eingeführt wird. Die Schritte sind dabei ähnlich wie bei einer Szenarioanalyse:

1. Problemanalyse, bei der zunächst das zu untersuchende Thema und die Einflussfaktoren festgelegt werden
2. Einflussanalyse, bei der analysiert wird, wie und wie stark sich die Einflussfaktoren gegenseitig beeinflussen
3. Erarbeitung von Alternativen und Projektion der Szenarien
4. Bewertung und Interpretation der Szenarien. Hierbei werden auch die Chancen und Risiken der Szenarien eingeschätzt und Handlungsoptionen abgeleitet.

Beispiel: Einsatz von »What if ...« bei Widerständen

Im Folgenden wollen wir die »What if ...«-Technik in einem vereinfachten Anwendungsbeispiel darstellen. Ein Unternehmen bildet Azubis u. a. auch in der Verschaltung von elektrischen Schaltschränken aus. Dies geschieht bisher sehr traditionell. Das heißt, dass die Azubis papierbasierte Schaltpläne erhalten und zunächst unter klassischer Anleitung erlernen, wie sie diese Schaltpläne in die Verknüpfung von elektrischen Verschaltungen im Schaltschrank umsetzen. Das ist eine nicht immer ganz so spannende Angelegenheit. Das besagte Unternehmen überlegt nun, diese klassische Ausbildung durch den Einsatz einer VR-Brille zu ergänzen. Zusätzlich zur klassischen Methode können die Azubis die Umsetzung des Schaltplans in die Verknüpfung der Schaltungen nun auch in einem virtuellen Raum erlernen. Den Azubis gefällt diese Möglichkeit sehr. Sie freuen sich auf die VR-Brille. Unter den Ausbildern wird gemurrt, gemeckert und kritisiert. Der Originalton geht in die Richtung:

- Wozu benötigen wir das?
- Das wird sicher nicht richtig funktionieren.
- So ein neumodischer Blödsinn.
- Das ist ja nur Spielkram.

In einem Teammeeting wird nun mithilfe der »What if …«-Technik gemeinsam mit den Ausbildern erarbeitet, welche zukünftigen Entwicklungen bzw. Szenarien es mit der Ausbildung geben kann. Bei der Betrachtung der Alternativen wird schnell klar, dass die Anzahl der Azubis in den letzten Jahren sowieso zurückgegangen ist, dass neue Azubis sich heutzutage den Einsatz solcher Methoden wünschen, dass andere Unternehmen solche Methoden (zukünftig) auch einsetzen (werden) und dass das Unternehmen eventuell bald keine Azubis mehr bekommen wird, wenn es hier nicht mit der Zeit geht. Nach der Analyse der möglichen Szenarien ist schnell klar, dass VR-Brillen der richtige Weg sind. Das Murren, Meckern und die Kritik lassen nach dem Meeting schlagartig nach und kommen auch nicht wieder auf.

4.4.5.6 Der Einsatz systemischer Fragen

Der systemische Ansatz kommt ursprünglich aus der Psychoanalyse und der Verhaltenstherapie. Aus diesem Einsatzfeld wurde er dann in den wirtschaftlichen Bereich übertragen und wird dort vor allem von Coaches, Mediatoren und Beratern eingesetzt. Systemische Fragen sind ein Instrument dieses Ansatzes. Sie dienen nicht dem Informationsgewinn des Fragenden, sondern dazu, dem Gefragten zu helfen, vorhandene Denkmuster aufzubrechen und neue Perspektiven zu gewinnen. Sie sind nicht dazu da, Informationen über Zahlen, Daten und Fakten zu erhalten, sondern dazu, dem Gefragten seine subjektiven Vorstellungen und Konstruktionen der Wirklichkeit deutlich zu machen und ihm die Möglichkeit zu deren Modifikation zu geben. Der Gefragte soll also angeregt werden, eingefahrene Denkmuster zu ändern.

In manchen Situationen ist der Dialog festgefahren. Ein Mitarbeiter äußert vielleicht, dass die neue elektronische Personalakte keinesfalls auch über eine App zugänglich sein darf. Eine Führungskraft meint, dass das bei der Berücksichtigung der entsprechenden Rechtevergabe kein Problem sei. Ein Wort gibt das andere, irgendwann drehen sie sich im Kreis. Sie kommen nicht weiter und stecken in einer Sackgasse. In solchen Situationen können systemische Fragen eingesetzt werden, um gedankliche Blockaden oder allzu eingefahrene Denkmuster zu verändern.

Solche Fragen können zum Beispiel sein:

- **Hypothetische Fragen:** Angenommen, Sie könnten hier im Unternehmen völlig frei handeln und bestimmen – was würden Sie tun? Angenommen, es wäre überlebensnotwendig, dass Sie mit Ihren Kollegen optimal zusammenarbeiten – was wäre Ihr persönlicher Beitrag? Auf das obige Beispiel zugeschnitten: Angenommen, es wäre überlebensnotwendig, dass die elektronische Personalakte auch über eine App zugänglich sein müsste – was wären Ihre Forderungen für diese Situation?
- **Fragen nach Ausnahmen:** Wann ging es Ihnen bei der Einführung einer digitalen Neuerung gut? Wann hatten Sie das letzte Mal Spaß mit einem digitalen System? Auf das obige Beispiel zugeschnitten: Unter welchen Umständen würde es Ihnen gefallen, wenn die elektronische Personalakte auch über eine App zugänglich wäre? Wann hätten Sie Spaß daran, dass die elektronische Personalakte auch über eine App zugänglich ist?
- **Zukunftsfragen:** Stellen Sie sich vor, wir würden die digitale Neuerung in zwei Jahren erfolgreich nutzen – was werden Sie dazu beigetragen haben? Auf das obige Beispiel zugeschnitten: Stellen Sie sich vor, ein, zwei Jahre sind vorbei und man kann auf die neue elektronische Personalakte auch per App zugreifen – was hätten Sie dafür getan, damit es gut und sicher funktioniert?
- **Zirkuläre Fragen:** Wie, glauben Sie, sehen die Kollegen die aktuelle Situation? Was würde ein unsichtbarer Beobachter zu dieser Situation sagen? Was würde uns Ihr bester Freund in dieser Situation raten? Auf das obige Beispiel zugeschnitten: Wie sehen Ihre Kollegen den Sachverhalt, dass wir über eine App auf die elektronische Personalakte zugreifen möchten? Was würden die Kollegen aus der IT dazu sagen, dass wir über eine App auf die elektronische Personalakte zugreifen möchten?
- **Verschlimmerungsfragen:** Was müssten wir tun, damit die Situation noch schlimmer wird? Auf das obige Beispiel zugeschnitten: Was müssten wir tun, damit die Einführung der App, über die man auf die elektronische Personalakte zugreifen kann, so richtig in die Hose geht /eine Katastrophe wird?

Systemische Fragen sollen Denkanstöße geben !

Beim Einsatz von systemischen Fragen geschieht die eigentliche Veränderungsarbeit im Bewusstsein des Gefragten. Systemische Fragen sollen Denkanstöße geben. Sie können Widerstände auflösen, indem sie zum Perspektivenwechsel anregen. So wird der Widerstand nicht durch Argumente von außen, sondern durch eigene Überlegungen aufgelöst. Eine solche Änderung von Widerständen ist in der Regel sehr kraftvoll und nachhaltig.

4.4.5.7 Eskalationen

Wenn im Einsatz der verschiedenen Methoden keine Lösung im Ausgleich von Interessen möglich ist, muss ggf. durch eine hierarchische Ebene entschieden werden. Aus unserer Erfahrung heraus gilt dabei der Grundsatz, dass schnell und sachgerecht eskaliert werden sollte. Viel zu häufig werden Probleme mit Widerständen bei der Einführung digitaler Veränderungen verschleppt, verschwiegen, verklausuliert oder auch einfach ignoriert. In vielen Unternehmen ist heutzutage eine bedauerliche Konfliktscheu zu beobachten, die dazu beiträgt, dass die Bearbeitung von Widerständen vermieden wird – in der Hoffnung, dass es schon irgendwie funktionieren wird.

Viele Leiter von Digitalisierungsprojekten führen beim Auftreten von Widerständen zunächst schier unzählige, sehr verständige und freundliche Gespräche mit den Betroffenen. Nicht selten wird versucht, eine Eskalation um jeden Preis zu vermeiden – selbst dann, wenn allen anderen schon klar ist, dass es hier keine andere Möglichkeit gibt. Eine Eskalation ist nichts Schlimmes, sie gehört zur Einführung von digitalen Neuerungen genauso dazu wie Notfalltreppen in einem Hotel.

! **Eskalation gehört zum Geschäft**

Viele – vor allem auch wenig erfahrene – Projektleiter vermeiden eine Eskalation mit der Begründung, dass sie ja niemanden »hinhängen« oder gar »verpetzen« möchten. Diese Wortwahl hört sich so an, als wären die Beteiligten Mitglieder in einer Gang. Die dahinter stehenden Prinzipien würden auch gut in ein quasi-kriminelles Umfeld passen. Getreu dem Motto »Wir verraten niemanden«. Dazu gibt es an dieser Stelle nur eines zu sagen: Das geht im betrieblichen Umfeld gar nicht. Zur Arbeit in Unternehmen gehört auch die konstruktive Bearbeitung von Widerständen. Und wenn es nicht anders geht, gehört dazu auch die Eskalation. Im Französischen bedeutet das Wort »escalier« übrigens »Treppe«. Man gibt also ein Thema eine Treppenstufe höher an eine andere Hierarchieebene.

4.4.5.8 Konfrontation als Mittel

Bei manchen Einführungen digitaler Neuerungen treten so vielschichtige Widerstände auf und ist die Situationen so verfahren, dass ungewöhnliche Mittel eingesetzt werden müssen. Insbesondere wenn die Widerstände vor allem passiv sind und die Betroffenen mit ihren Interessen, Einschätzungen und Wünschen hinter dem Berg halten, kommen Sie mit den üblichen Mitteln manchmal nicht weiter. Hier gilt dann das Motto »Was man nicht verhindern kann, muss man beschleunigen«: Eine Konfrontation oder gar Provokation ist erforderlich. Diese dienen dabei unterschiedlichen Zwecken:

1. Zum einen gibt es die Konfrontation, die Erkenntnis, Einsicht und Bewusstsein auslösen soll. Sie soll zugleich irritieren und aufrütteln. Wenn die Betroffenen

dann sagen, dass sie nun einiges zu verarbeiten hätten und erst mal nachdenken müssten, ist die Konfrontation erfolgreich gewesen.
2. Zum anderen gibt es Konfrontationen, die eine Aktivierung von Energien und Bewegung in die gewünschte Richtung bewirken sollen. Als Grundlage für diese Art von Konfrontation kann die provokative Therapie (Farrelly/Brandsma, 2005) dienen.

Eine Konfrontation ist zunächst einmal nichts anderes als eine Gegenüberstellung von unvereinbaren Aussagen, Behauptungen, Meinungen oder Sachverhalten. Den widerständigen Personen werden also Meinungen oder Aussagen präsentiert, die mit ihren Vorstellungen nicht übereinstimmen. Mitarbeitern, die glauben, sie würden auch in den nächsten zehn Jahren noch papierbasiert arbeiten, wird z. B. gesagt, dass das niemals passieren wird. Taxifahrern, die glauben, dass *Uber* und *Moia* durch einen Streik aufgehalten werden können, wird z. B. gesagt, dass dieser Trend unumkehrbar ist.

Soweit handelt es sich hierbei noch um eine mehr oder weniger normale Argumentation. Eine Konfrontation wird es dann, wenn besondere Mittel oder Techniken eingesetzt werden. Das kann eine Konfrontation mit der Realität in einem fortgeschrittenen Unternehmen sein. Mitarbeiter, die nicht an den Erfolg eines ERP-Systems glauben, werden z. B. durch einen Besuch bei einem anderen Unternehmen mit der Realität eines funktionierenden ERP-Systems konfrontiert. Das kann auch eine Konfrontation mit einem Augenzeugen sein. Ein Mitarbeiter von *Google* oder *Microsoft* berichtet z. B. über die erfolgreiche Nutzung von *MS Teams* vor einem Zuhörerkreis von widerständigen Mitarbeitern eines Unternehmens, in dem gerade *MS Teams* eingeführt werden soll. Das kann auch eine Live-Konfrontation mit den Ansichten des Topmanagements oder den Meinungen von Kunden sein. Dazu lässt sich die Fishbowl-Methode als Konfrontationsmethode einsetzen.

Beim Fishbowl gibt es immer einen Innen- und einen Außenkreis. Im Innenkreis sitzen z. B. Vertreter des Topmanagements oder Kundenvertreter – im Außenkreis betroffene und unter anderem auch widerständige Mitarbeiter. Die Personen im Innenkreis diskutieren – ggf. auch unter der Leitung eines Moderators – ein ausgewähltes Thema. Dieses Thema kann z. B. die Einführung einer digitalen Neuerung sein. Dabei können sich die Vertreter des Topmanagements darüber austauschen, was sie von bestehenden analogen Prozessen halten, wie viel Papier im Unternehmen für Akten verschwendet wird, warum sie fahrerlose Transportsysteme benötigen oder warum Arbeitszeiten mit einer App erfasst werden sollen.

Noch wirksamer ist oftmals die Live-Konfrontation mit Kundenmeinungen. In einem solchen Fall sitzen Kunden im Innenkreis und betroffene Mitarbeiter im Außenkreis. Die Kunden können dann z. B. darüber sprechen, welche Wünsche sie an ein digitales Bürgerterminal haben. Oder wie sie den analogen Prozess zur Bestellung einer A1-Bescheinigung, die Informationen über einen analogen Recruitingprozess oder die Möglichkeiten zur digitalen Buchung von Reisen beurteilen. Die Rückmeldungen und Aussagen in diesen Diskussionen sind manchmal so klar, deutlich und ehrlich, dass sie zugleich heilsam sind. Heilsam in dem Sinn, dass betroffene und wiederständige Mitarbeiter stark ins Nachdenken kommen. Diese Personen sitzen im Außenkreis und dürfen dort nur zuhören.

Man kann die Durchführung des Fishbowls so gestalten, dass die Personen im Außenkreis sitzen bleiben müssen. Man kann die Methode aber auch so durchführen, dass Vertreter des Außenkreises zeitweilig mitdiskutieren können. Dabei lässt man einen oder mehrere Plätze im Innenkreis frei, die dann zeitweilig von einer Person aus dem Außenkreis eingenommen werden können. Nur wer im Innenkreis sitzt, darf mitreden. Die Wirkung einer Fishbowl-Diskussion ist oft sehr stark, da die Personen aus dem Außenkreis live und direkt mit abweichenden Meinungen konfrontiert werden. Wichtig ist, dass danach eine Fortführung der Diskussion mit den Betroffenen und auch den widerständigen Personen stattfindet. Diese sollte miteingeplant und entsprechend vorbereitet werden. In dieser weitergehenden Diskussion kann dann eine Reflexion der Erkenntnisse erfolgen. Auf diese Weise findet eine systematische Bearbeitung der Widerstände statt.

Darüber hinausgehend kann auch die provokative Therapie (Farrelly/Brandsma, 2005) als Mittel der Konfrontation eingesetzt werden. Das Prinzip ist dabei, den Widerstand des Gegenübers in die Richtung zu aktivieren, die eigentlich gewünscht ist.

! **Wichtig: Die Provokation muss liebevoll sein**

Wenn Menschen den Begriff »provokativen Therapie« hören, denken sie oft an harte Provokationen. Dabei ist hier das Gegenteil der Fall. Die Provokationen müssen wertschätzend erfolgen, sonst wirken und helfen sie überhaupt nicht. In der provokativen Therapie wird viel gelacht und häufig herrscht eine Atmosphäre, die äußerst fokussiert und gleichzeitig gelöst ist. Die Klienten sind oft erstaunt, irritiert, energiegeladen und können über die bestehenden Probleme lachen und gleichzeitig weinen. Es wird ein Klima erzeugt, in dem viel Bewegung möglich ist und auch entsteht. Die provokative Therapie nutzt dazu das sogenannte LKW-Prinzip (Höfner, 2019). »LKW« steht dabei für die **L**iebevolle **K**arikatur des **W**eltbilds des Gegenübers. Wenn Sie bei Widerständen Provokationen als Methode einsetzen möchten, ist es wichtig, dass Sie eine positive Grundhaltung zu den Betroffenen haben. Gleichzeitig müssen Sie das Absurde in den Widerständen erkennen, um einen Hebel zu finden, an dem Sie ansetzen können. Mit diesem Hebel soll der Widerstand der Betroffenen gegen die Provokationen so gereizt werden, dass sie ihr Verhalten überdenken und auch ändern. Es ist eine hohe Kunst, die erforderlichen Provokationen so einzusetzen, dass sie wertschätzend, aufrüttelnd und gleichzeitig in eine bestimmte Richtung aktivierend sind.

Methoden und Techniken aus der provokativen Therapie, die auch bei Widerständen eingesetzt werden können, sind unter anderem:

- **Begeisterung für den Widerstand zeigen:** Wichtig ist, dass es eine übertriebene Begeisterung ist, die dabei gleichzeitig immer noch wertschätzend sein muss. Sie können hierbei die Notwendigkeit für eine Veränderung verneinen oder das widerständige Verhalten ausdrücklich empfehlen. Sätze können z. B. sein: »In unserem Alter sollten wir auf keinen Fall ...«, »Als Mitarbeiter unserer Abteilung müssen wir alle unbedingt gegen ...«, »Mit unserer Erfahrung dürfen wir keinesfalls ...«. Wenn diese Sätze schon mit ihrer Formulierung bei Ihnen Widerspruch auslösen, sind sie gut für den provokativen Ansatz geeignet.
- **Übertreibungen:** Hier werden die Vorteile des widerständigen Verhaltens bis ins Skurrile betont und die Nachteile des Verhaltens gleichzeitig bis ins Bodenlose heruntergespielt.
- **Lösungen verneinen:** Solche Provokationen funktionieren gut, wenn sie mit überzeugender Inkompetenz oder sehr deprimiert gegeben werden. Sätze können z. B. sein: »Für unsere Situation gibt es überhaupt keine Lösung ...«, »Hier werden wir uns ergeben müssen, ohne dass wir überhaupt irgendetwas tun können ...«, »Es wird unter keinerlei Umständen möglich sein, dass das funktioniert ...«.

Auch wenn Interventionen, Methoden und Techniken aus der provokativen Therapie nicht ganz einfach einzusetzen sind, sind sie doch ein sehr gutes Mittel der Konfrontation. Und Konfrontation und Irritation sind bei der Einführung digitaler Neuerungen manchmal auch erforderlich.

4.4.5.9 Last but not least: Informationen, Informationen, Informationen

Bei der Einführung mancher digitalen Neuerungen fehlt es einfach an Informationen. Den Betroffenen wurde nicht oder nicht ausreichend erklärt, was, wieso, weshalb und warum geplant und gemacht wird. Mangelnde Informationen werden schnell durch Gerüchte ersetzt (siehe auch Kapitel 3.6). Es ist überraschend, welcher Wildwuchs an Vermutungen, Spekulationen, Fantasien und Unterstellungen sich dabei entwickeln kann. Bei der Einführung eines digitalen CRM-Systems für den Vertrieb kann das z. B. so weit gehen, dass Vertriebsmitarbeiter vermuten, der Arbeitgeber würde sie ausspionieren wollen. Bei der Einführung von digitalen Schulungsmodulen mit VR-Brillen bei Azubis besagten Gerüchte, man wolle sogar die Augenbewegung der Azubis messen, um deren Fehlerquote zu dokumentieren. Bei der Einführung einer papierlosen Personalakte wurde spekuliert, dass das Unternehmen dann Auswertungen über diese digitalen Personalakten fahren möchte. Man kann es manchmal nicht glauben, aber der menschlichen Fantasie entspringen die skurrilsten Ideen! Es ist sicher nachvollziehbar, dass aus solchen Vorstellungen und Fantasien Widerstände resultieren können.

Manchmal werden digitalen Neuerungen eingeführt, ohne dass das große Ganze erklärt wird. Es gibt kein Big Picture oder den Betroffenen wird einfach nichts klar. Daraus resultiert ein Orientierungsmangel und die Menschen verstehen einfach nicht, was warum eingeführt wird. Es gibt Menschen, die sagen: »Solange ich etwas nicht verstanden habe, kann ich dabei auch nicht mitmachen.« Wer also Engagement möchte, muss dafür Sinn bieten. Und Sinn entsteht, wenn den Betroffenen erklärt wird, welche digitalen Neuerungen wieso und zu welchem Zweck eingeführt werden.

! **Wichtig: Dialogsituationen schaffen**

Eine einfache One-Way-Information reicht oft nicht mehr aus, wenn schon Widerstände aufgetreten sind. Es gilt, Dialogsituationen zu schaffen. In diesen Situationen müssen die Betroffenen Fragen stellen und sich mit Ihnen und anderen austauschen können. Das Ziel von Informationsformaten bei Widerständen sollte also immer sein, die Betroffenen mitzunehmen, und zwar in ihrer Geschwindigkeit.

4.4.6 Sonstige schwierige Situationen

Nicht jede schwierige Situation bei der Einführung digitaler Neuerungen oder Veränderungen hat mit Widerstand von Betroffenen zu tun. Darüber hinausgehend kann auch Folgendes passieren:

- Die digitale Neuerung oder Veränderung **läuft technisch oder funktional nicht so wie gewünscht**. Solche Flops gibt es zur Genüge. Bei fast allen Einführungen digitaler Veränderung kommt es zumindest zu Beginn zu solchen Problemen. Bei der Einführung der Lkw-Maut in Deutschland wurden anfänglich teilweise defekte Erfassungsgeräte in Lkw eingebaut. Die Wirtschaftswoche berichtet von einer langen Liste schwieriger und gefloppter SAP-Einführungen bei *Haribo, Lidl, Deutsche Post* usw. (Kroker, 2018). Wir haben erlebt, dass die Einführung fahrerloser Transportsysteme oder Web- oder Videokonferenzsystemen anfänglich mit teils erheblichen technischen Schwierigkeiten verbunden war. Diese Probleme waren bei manchen Digitalisierungsprojekten auch noch nach Jahren nicht oder nur rudimentär gelöst.
- Manche digitalen Neuerungen funktionieren zwar, aber **keiner oder nur wenige nutzen sie**. In CRM-Systemen sollen Vertriebsmitarbeiter z. B. ihre Kundenbesuche dokumentieren. Da Vertriebsmitarbeiter in der Regel aber sehr selbstständig und vor allem selbstgesteuert arbeiten, empfinden sie solche Systeme als Kontrolle und teilweise auch als eine Gängelung. Deshalb kann es vorkommen, dass das CRM-System zwar erfolgreich eingeführt wurde, es aber keiner nutzt.
- Manchmal entstehen **Machtkämpfe zwischen Bereichen**, da es unterschiedliche oder unvereinbare Anforderungen an eine digitale Neuerung gibt. HR, Finance und Legal möchten eine detaillierte digitale Erfassung aller Monteurstunden, der Baubereich möchte zu viel bürokratischen Aufwand vermeiden.

- Bei manchen digitalen Neuerungen gibt es auch eine sogenannte **Hidden Agenda**. Es wird z. B. eine Spracherkennungssoftware für Diktate eingeführt, um die Arbeit für Gutachter vermeintlich zu erleichtern – aber eigentlich soll Personal entlassen werden. Oder Workflows werden teilautomatisiert, damit die Mitarbeiter sich auf strategische Aufgaben konzentrieren können – nach der Einführung sind dann aber deutlich weniger Mitarbeiter nötig. Oder es werden Robo-Advisor oder Algorithmen zur Vermögensberatung eingesetzt, damit die Berater sich mehr auf die Kundenbetreuung und Akquisition fokussieren können – und im gleichen Zug wird die Anzahl der Berater um 30 % reduziert. Die Anzahl der Einführung digitaler Neuerungen mit einer Hidden Agenda ist sehr hoch.
- Die Mitglieder des Projektteams, das die digitale Neuerung einführen soll, haben **keine ausreichenden Qualifikationen oder bringen nicht ausreichend Kapazität für die Projektarbeit mit**. Wir haben schon oft erlebt, dass Führungskräfte in Unternehmen mehr daran interessiert waren, ihre operativen Aufgaben zu erledigen, als Digitalisierungsprojekte zu unterstützen. In solchen Fällen werden dann die Mitarbeiter in die entsprechenden Projekte geschickt, die aufgrund mäßiger Qualifikation sowieso nicht so viel zum Tagesgeschäft beitragen. Oder Führungskräfte senden Mitarbeiter mit möglichst wenig Kapazitäten in die Digitalisierungsprojekte und -prozesse, damit sie nach wie vor das Tagesgeschäft unterstützen können. So ist es möglich, dass Führungskräfte das Digitalisierungsprojekt zwar offiziell unterstützen, die täglichen Prioritäten aber ganz anders setzen. Immer wenn dann eine Entscheidung zwischen Aufgaben zu fällen ist, ist es natürlich wichtiger, dass die Produktion läuft, dass der Kunde besucht wird oder dass die Waren versandt werden. Das hört sich im Einzelfall auch immer nachvollziehbar an, behindert aber den Fortschritt von Digitalisierungsprojekten erheblich.
- Manchmal ist auch der eigentliche **Auftraggeber Teil des Problems**. Es gibt Projektsponsoren, die beim Treiben übertreiben. Sie möchten dann zu schnell zu viel. Neben einer neuen Produktionsstätte werden neue Prozesse, neue Strukturen und neue digitale Systeme eingeführt. Und das alles mit der alten Belegschaft. Diese hängt aber so sehr dem Alten hinterher, dass die Produktion anfänglich überhaupt nicht funktioniert. Manchmal funktioniert sie dann sogar so schlecht, dass Insolvenz angemeldet werden muss. Oft wird damit argumentiert, dass solche Änderungen aufgrund der Marktsituation erforderlich seien. Mit einem solchen Vorgehen wird allerdings nicht selten die Belegschaft bzw. das Unternehmen überfordert. Wenn Leistungsträger dann das Unternehmen verlassen, Prozesse einfach nicht funktionieren, digitale Systeme nicht genutzt werden, dann hilft es auch nichts zu betonen, dass der Markt die digitalen Änderungen gebraucht hätte. Gras wächst nicht schneller, wenn man daran zieht. Nicht jeder Mitarbeiter ist wie Bambus, der sich einem Sprichwort zufolge biegt, aber nicht bricht.

Die im Kapitel 4.4.5 aufgeführten Mittel lassen sich natürlich auch für diese schwierigen Situationen einsetzen. Wenn digitale Neuerungen technisch oder funktional nicht den Erwartungen entsprechen, muss getestet werden, müssen Betroffene eingebunden werden, müssen lösungsorientierte Gespräche geführt werden. Wenn digitale Neuerungen nicht genutzt werden, sollten Sie mit den Betroffenen sprechen oder es sind Konfrontationen erforderlich. Bei Machtkämpfen sind ggf. Konfliktmoderationen oder Mediationen erforderlich. Bei einer Hidden Agenda entstehen oft Widerstände bei den Betroffenen, bei der die »What if ...«-Technik zum Einsatz kommen kann. Wenn Führungskräfte Mitarbeiter in Digitalisierungsprojekte entsenden, die nicht ausreichend Qualifikation oder Kapazität mitbringen, müssen Sie ggf. auch mal eskalieren. Wenn der Auftraggeber Teil des Problems ist, können zum Beispiel lösungsorientierte Gespräche, systemische Fragen oder provokative Elemente helfen. Es ist wichtig, solche schwierigen Situationen nicht auszusitzen, sondern sie aktiv anzugehen und konstruktiv Lösungen zu finden.

! **Culture eats strategy for breakfast**

Eine Zeit lang hieß es »Strategy eats structure for breakfast«. Inzwischen sagt man »Culture eats strategy for breakfast«. »Culture« tut das Gleiche mit digitalen Neuerungen, wenn sie nicht ausreichend berücksichtigt wird. Wir können digitalisieren, wie wir wollen: Wenn es uns nicht gelingt, die Menschen dabei mitzunehmen, werden wir erhebliche Probleme beim digitalen Wandel haben.

5 Best Practices und Spielregeln im Change

Marcus Reinke

Kapitelintro: Scannen Sie das Bild mit der smARt-Haufe-App.

Dieses Kapitel soll als zusammenfassender Abschluss unseres Buches dienen. Es gibt Ihnen für die einzelnen Phasen Ihrer Reise durch die digitale Veränderung wertvolle Tipps und Tricks aus unserer Beraterpraxis, damit Sie vermeidbare Fehler auch vermeiden. Aufgebaut ist dieses Kapitel nach den acht von John P. Kotter definierten Schritten im Change-Management (siehe Kapitel 3.3.3), inhaltlichen Praxisbezug bekommt es durch die Orientierung an der Fallstudie Kaiser SE (vgl. Kapitel 3.1). Für jede Phase wird förderliches und hinderliches Verhalten mit einem Praxisbeispiel verdeutlicht.

Scannen Sie die Abbildung oben mit der smARt-Haufe-App, um sich den Inhalt des Kapitels mit zusätzlichen **Übersichten der größten Treiber und Hindernisse in jeder Phase** anzusehen.

Abb. 61: Die acht Phasen nach John Kotter (in Anlehnung an Kotter, 1996)

5.1 Gefühl der Dringlichkeit erzeugen

Marcus Reinke

Um im Unternehmen auf breiter Basis ein greifbares Gefühl von Dringlichkeit (Wichtigkeit und Notwendigkeit sind hier inbegriffen) für eine Veränderung zu erzeugen und aufrecht zu halten, sind Transparenz und der Dringlichkeit entsprechendes Verhalten im Management zwingend notwendig. Wenn Sie schnell reagieren müssen, jedoch die ersten Change-Initiativen erst acht Wochen später als kleines Pilotprojekt beginnen, wird niemand die Dringlichkeit und den Ernst der Lage spüren.

Dringlichkeit bei der Kaiser SE

Warum sollte die langjährig und stabil im Markt bestehende Kaiser SE ein innovatives Geschäftsmodell mit dem Risiko des Scheiterns launchen, wenn kein Wettbewerber dies kann und Start-ups nicht die Marktmacht haben? Weil in dieser Darstellung des Status quo das Wort »aktuell« fehlt: *Aktuell* kann dies keiner im Markt und *aktuell* haben Start-ups nicht die Macht. Wenn sich Kaiser *jetzt* zurücklehnt und in der bequemen Position ausruht, kann es *später* sehr gefährlich werden. Fragen Sie bei der *Bahn* mal nach der Aufhebung des Schienenmonopols nach den neuen Treibern für den Wandel. Oder bei *Kodak*, wie es mit der Digitalisierung läuft. Herr Kaiser weiß, dass er den Konzern jetzt fit für die Zukunft machen und sich digital besser aufstellen muss. Folgende Themen sieht er aktuell bei der Kaiser SE:

- Interne Prozesse müssen seit Jahren überarbeitet werden, kosten durch Mehrarbeit messbar viele Ressourcen. Ein neues ERP-System ist zwar aufwendig durch die umfangreiche Einführung, aber nach der Digitalisierung der Prozesse ist das Unternehmen für Arbeit 4.0 und IoT gut gerüstet und kann hier als eines der ersten großen im Markt Fahrt aufnehmen und stabil bleiben.
- Die Produktion und die Techniker brauchen effizientere Arbeitsbedingungen und digitale Unterstützung, um das altersbedingte Ausscheiden der vielen erfahrenen Mitarbeiter in der Fertigung und im Service zu kompensieren. Das noch vorhandene Wissen muss jetzt gesichert werden, sonst muss er es in fünf Jahren durch teure Experten einkaufen.
- Der Fachkräftemangel drückt stark auf die Wachstumsmöglichkeiten. Herr Kaiser weiß aus vielen Gesprächen und Marktrecherchen, dass die Kaiser SE als sehr traditionelles Unternehmen wahrgenommen wird – weil sie es ist.

Folgendes hat Herr Kaiser bis jetzt getan, um die Dringlichkeit und die möglichen Chancen durch die Veränderung im Unternehmen zu kommunizieren:

1. Er hat Gespräche mit den wichtigsten Führungskräften im Managementzirkel geführt und seinen persönlichen Blog in der Rubrik »Der Vorstand informiert« im Intranet von Zeit zu Zeit upgedatet.

2. Er hat den Flyer für seine Ideeninitiative »KAISER 2020+« verteilt, um von den Mitarbeitern Vorschläge für Verbesserungen zu bekommen, die über die Hierarchie nach oben eskaliert wurden. Es gab kaum Überraschungen und nicht viele wirklich kreative Vorschläge für Verbesserungen.
3. Der HR-Bereich hat ein Benefit-System für Mitarbeiter, die ihre Ziele oder KPI übererfüllen, eingeführt. Die Unternehmenszahlen haben sich jedoch kaum zum Positiven geändert, dafür sind große Boni geflossen, was die Stimmung bei Einzelnen kurz verbessert hat.

Alle bisherigen Maßnahmen haben kaum Erfolge gezeigt, geschweige denn, ein Gefühl für Dringlichkeit oder notwendigen Wandel aufkommen lassen. Herr Kaiser und seine engsten Führungskräfte lassen sich vor der Planung im Topmanagement in einem Intensivseminar zum Change Manager weiterbilden. Nach dem Qualifizierungsprogramm haben sie viele Ideen, wie der Wandel effektiv gestaltet und gesteuert wird. Und ihnen ist viel bewusster geworden, warum die bisherigen Veränderungsversuche fast alle gescheitert sind.

Mit den Erfahrungen und Ideen aus dem Change-Management-Seminar werden im Topmanagement folgende Maßnahmen bewusst gestartet:

- Die Ausgaben für F&E werden gezielt in digitale Produkte und Geschäftsmodelle, Benutzerfreundlichkeit der Steuerung und IoT zum Monitoring gesteckt, da hier große Chancen liegen.
- In zweiwöchentlichen kurzen Videobotschaften (max. 5 bis 10 Minuten Länge) erhöht Christian Kaiser (CEO) die Dringlichkeit und berichtet über den Status quo im Unternehmen, über Erfolge und Scheitern bei großen Aufträgen und was die Firma Kaiser von anderen (branchenfremden) Unternehmen lernen muss.
- Über die Monitore in den Eingangsbereichen flimmern die aktuellen Zahlen des Unternehmens, in der Fertigung werden aktuelle Qualitäts-KPI gezeigt. Immer in Verbindung mit einem Benchmark und der Zielerreichung.
- Das Vorschlagswesen wird so vereinfacht, dass jeder Mitarbeiter sich einbringen kann und muss – dabei gilt die Devise, dass niemand aufgrund einer umgesetzten Idee seinen Arbeitsplatz bei Kaiser verliert.
- Das mittlere Management muss pro Woche eine Stunde im Kundendienst am Telefon sitzen, um die Probleme und den Ärger über die Firma direkt und ungefiltert vom Kunden zu hören.
- »Kill your Company«-Workshops werden mit Mitarbeitern aus jeder Ebene durchgeführt, um kritische Punkte auf jeder Ebene zu finden. (So ein Workshop hat das Ziel, aus der Sicht eines Informanten für die Konkurrenz genau die Punkte zu finden, die kritische Schwachstellen sind und schnell geschlossen werden müssen.)

5.2 Führungskoalition ausbauen

Marcus Reinke

Kotter nennt es »Führungskoalition«, wir sprechen in diesem Buch vom Leitungsteam. Es geht im Kern also um dasselbe: ein hierarchieübergreifendes Team, das die Kompetenzen und die Macht besitzt, um die digitale Veränderung zu initiieren, schnell zu starten, gekonnt zu begleiten und effektiv zu steuern.

Führungskoalition bei der Kaiser SE

Christian und Verona Kaiser wissen als Vorstand, dass sie allein mit der Veränderung zusätzlich zum Tagesgeschäft überfordert wären. Mehrere harte Learnings hat die Kaiser SE bereits hinter sich: Die letzten »Change-Teams« waren kolossal gescheitert und hatten aufgegeben. Und auch bei diesen Teams ging es um große Veränderungen, die leider in zu vielen Einzelprojekten erstickt und durch mangelnde Akzeptanz schließlich eingestampft wurden. Also hat Herr Kaiser als Vorstand im nächsten Versuch vor zwei Jahren einfach selbst ein Team ins Leben gerufen und wollte seine Ideen als »Chefsache« ins Unternehmen drücken. Wieder kein Erfolg. Später hat er von Mitarbeitern gehört, dass er nur ihre Führungskräfte auf Bereichsleiterebene im Team hatte, die ihm als CEO wohlgesinnt waren und deshalb alles super fanden. Leider sahen das die Mitarbeiter komplett anders. Nach seiner Change-Ausbildung ist ihm klar, warum diese Ansätze scheitern *mussten*.

Eine zentrale Steuerung der vielen großen und kleinen digitalen Veränderungen ist notwendig, um das »Ruder im Sturm der Digitalisierung« fest in der Hand zu halten. Da die Kaiser SE international ist, müssen die unterschiedlichen Kulturen an den Standorten berücksichtigt werden, um hier keine leicht vermeidbaren Fehler zu machen.

Herr und Frau Kaiser beschließen, ein Team von engagierten und befähigten Mitarbeitern in das Kernleitungsteam im Firmensitz in Hannover zu bitten. Um Freiwillige zu finden, starten sie gemeinsam in einer emotionalen Videobotschaft einen Aufruf für kurze Bewerbungen. Der Kern der Botschaft ist (aufbauend auf der Dringlichkeit) die Bitte um Mitwirkung und aktive Gestaltung der noch nicht näher bestimmten Veränderungen: »Das Ziel ist uns grob klar – wir brauchen euch für den Durchblick und um gemeinsam zu bestimmen, wie wir unser Ziel für die Kaiser SE erreichen. Das wird harte Arbeit, die sich aber mehr als lohnen wird – fangen wir an!«

Sie sprechen die Mitglieder, die sie aus ihrem Umfeld kennen und die eine Bereicherung für das Team wären, persönlich auf die Mitwirkung an. Sie wissen beide, dass nicht jeder »Juhu!« schreit, wenn es um diese Aufgabe geht, und bieten bewusst keine Boni oder Beförderungen an. Sie wollen (und brauchen) jetzt intrinsisch motivierte Mitarbeiter aus allen Ebenen, denen das Wohl der Kaiser SE am Herzen liegt. Mitarbeiter oder Führungskräfte, die auf kurzfristigen Erfolg und »Facetime« mit dem CEO aus sind, werden sich so nicht unbedingt melden. Die Beteiligung des Betriebsrates ist beiden sehr wichtig, also wird auch hier das persönliche Gespräch gesucht und um aktive Mitgestaltung gebeten.

Nach ein paar Runden steht ein Kernleitungsteam, das fachlich und hierarchisch breit aufgestellt ist und vor Ideen sprudelt. Um sich nicht zu verrennen, werden bekannte und gerne offen sprechende »Persönlichkeiten« mit viel Erfahrung eingeladen. Diese sollen als kritischer Gegenpol zu der »Auf geht's!«-Bewegung im Team fungieren und bewusst kritische Fragen stellen.

Die internationale Beteiligung am Leitungsteam wird im zweiten Schritt mit denselben Botschaften transparent angegangen. Die Maschine kommt in Bewegung und im Unternehmen ist ein Surren für die Digitalisierung zu spüren.

5.3 Vision und Strategie entwickeln

Marcus Reinke

Ohne Vision keine Veränderung, ohne Chancen keine Verbesserung. Wie wichtig diese beiden Punkte für eine nachhaltige Veränderung des Status quo sind, haben wir sehr oft betont. Und weil die passende Vision so wichtig ist, ist es auch so schwer, sie zu entwickeln:

Vision und Strategie bei der Kaiser SE
»Was ist unsere Vision?« Wenn Herr Kaiser diese Frage in Interviews für wichtige Positionen stellt, kommt die Antwort von den Bewerbern sehr schnell und stimmt. Meistens jedenfalls. Er hat sich in den letzten Wochen den »Spaß« gemacht und hat Mitarbeiter und Führungskräfte auf dem Gelände, in der Kantine oder nach Präsentationen unter vier Augen gefragt, was die Vision der Kaiser SE sei. Nur ein Bruchteil konnte sie nennen. Viel schlimmer noch: Die Antworten auf die Frage, was heute geschafft wurde, um die Vision zu erreichen, waren schwammig, nichtssagend und aneinander gereihte, aufgeblähte Worthülsen. Wie die Vision selbst, dachte er sich dann immer. Dabei sieht sie als Schriftzug an der Wand im Foyer echt gut aus.

Das Kernleitungsteam (20 Mitglieder) macht sich in einem Offsite-Event an die Arbeit, die Vision für die Veränderung zu entwickeln. Dieses Event gilt gleichzeitig als Kick-off für das Leitungsteam, da die Mitglieder vorher noch nicht so eng zusammengearbeitet haben. Die Idee des Vorstands, diesen Drei-Tages-Workshop mit Teambuilding und gemeinsamen Abendveranstaltungen aufzulockern und durch eine Strategieberatung gestalten und moderieren zu lassen, kommt gut an. So ist der Vorstand nicht in der

Rolle des »Bestimmers« oder Leitenden für das Event und kann sich voll auf die Arbeit mit dem Team konzentrieren. Die Kleidung ist bewusst leger und durch die wirkungsvolle Moderation der beiden Business Coaches ist schnell ein »Wir-Gefühl« erzeugt. Trotzdem siezen sich alle, da ein für den Workshop aufgezwungenes »Du« nicht zur traditionellen Kultur passt und gerade die erfahrenen Mitarbeiter die professionelle Distanz zum Vorstand respektvoll schätzen.

Um das erweiterte und internationale Leitungsteam bei der Entwicklung zu involvieren, werden die Mitglieder in den anderen Ländern mithilfe von Videobotschaften über die Ergebnisse informiert (Live-Schaltung funktioniert aufgrund der Zeitverschiebung nicht immer). In den anderen Ländern wird parallel an den Zwischenergebnissen mitgearbeitet und wertvolles Feedback gespiegelt.

Am Ende des dreitägigen Workshops steht eine erste klare Vision, die von allen Mitgliedern des Leitungsteams unterschrieben wurde. In einer der Sessions wurde mit Lego® Serious Play® dargestellt, was die Vision für das Team bedeutet. Diese Skulptur wird mitgenommen und bekommt einen Platz im Foyer des Hauptquartiers in Hannover. Wie es zu der Skulptur kam und was das Leitungsteam im Workshop erreicht hat, wurde in kurzen, selbst gefilmten Videosequenzen festgehalten. Diese werden als Zusammenfassung und zur Transparenz im Unternehmen verteilt, um von Beginn an mit offenen Karten zu spielen.

Die erste Vision wird über die Führungskräfte im Unternehmen verteilt und es wird um aktives Feedback gebeten. Hierzu haben die Bereichsleiter als wichtige Multiplikatoren die Möglichkeit geschaffen, dass jeder Mitarbeiter persönliches Feedback geben darf und soll. Gerne kritisch, damit nichts vergessen wird – aber immer konstruktiv und mit Ideen, wie es besser wäre. Gemeinsam eine Vision zu finden ist das klar kommunizierte Ziel des Leitungsteams.

5.4 Vision des Wandels kommunizieren

Marcus Reinke

Die Vision und anfängliche Strategie wurden erstellt und das Leitungsteam sagt mit gutem Gefühl: Das ist es! Jetzt muss diese Vision effektiv kommuniziert und an alle verteilt werden, damit die ersten Maßnahmen mit einem klaren Ziel starten können. Jeder im Unternehmen muss wissen, was los ist und wo das Ziel, wo der Sinn für die jetzt kommende anstrengende Phase ist. Der »Informationsprozess« als einer der sieben Basisprozesse ist über den gesamten Zeitraum in der Veränderung präsent – mal mehr, mal weniger (vgl. Kapitel 3.3.4).

Vision des Wandels kommunizieren bei der Kaiser SE

Wenn Herr Kaiser und seine Kollegen im Change-Management-Seminar etwas sehr hart lernen mussten, dann das: Kommunikation ist der stetige Treiber der Veränderung. Klar hatte er in den vorherigen Veränderungsversuchen auch kommuniziert – aber total falsch:

- Die persönliche Kommunikation erfolgte nur an die höchsten Führungskräfte.
- Die Vision war nicht emotional und voll von Worthülsen und Fachwörtern.
- Ein Nutzen war nur für das Topmanagement erkennbar.
- Seine unregelmäßig gefüllte »Der Vorstand informiert«-Rubik im Intranet liest weniger als 1 % der Mitarbeiter (hat er mal messen lassen).
- Die Führungskräfte auf den Ebenen Team und Gruppe wussten nicht mal, dass es eine Vision und eine Veränderung auf anderen Ebenen gibt – es ist zu ihnen nicht durchgedrungen und in der Produktion sind andere Dinge wichtig.

Das Leitungsteam weiß aus dem moderierten Workshop, dass es alle Mittel bei der Verteilung/Kommunikation seiner Vision nutzen muss, um das Verständnis und die Akzeptanz im Unternehmen für die Veränderung zu fördern. Die fachlich gut ausgebildeten Mitarbeiter der Abteilung Unternehmenskommunikation werden durch externe Experten im Marketing und Storytelling temporär unterstützt. So kommt speziell für dieses Thema ein Expertenteam zustande, das in kurzer Zeit einen umfangreichen Kommunikationsplan mit knackigen Kernbotschaften passend zur Vision erstellt.

Genutzt werden bei der Kaiser SE die bei der Belegschaft akzeptierten Kanäle, damit sich das Leitungsteam sicher sein kann, dass die Botschaften gesehen werden. Schon vor dem großen Kick-off im Hauptquartier werden Flyer und Poster mit den Kernbotschaften verteilt, die die Mitarbeiter neugierig machen. Erste Fragen können durch die direkten Führungskräfte beantwortet werden, da diese frühzeitig informiert wurden.

Im Kick-off wird sich der Vorstand immer wieder auf diese abteilungsindividuellen Botschaften beziehen, um wirklich alle im Unternehmen zu erreichen. Die Vision wird in einer emotionalen Change-Story verpackt und mit entsprechender Bildsprache für visuelles Storytelling passend zur Kaiser-Kultur hinterlegt. Diese Story wird aufgezeichnet, um allen Mitarbeitern die Möglichkeit des Erlebens einzuräumen und um in den sozialen Medien öffentlich sichtbar den Wandeln einzuleiten. Die Energie aus diesem lauten Startschuss wird in den ersten Maßnahmen genutzt, die in der Change-Story für die kommenden Monate bereits genannt wurden.

Jeder Besprechungsraum wird sichtbar mit der Vision und den wesentlichen Kernaussagen ausgestattet. Dies soll die Durchführenden dazu animieren, die Inhalte von Meetings immer auf die Vision zu reflektieren und so die stetige Wiederholung sicherzustellen. Es soll wirklich bei jedem in der Kaiser SE ankommen, dass die Zeit der Veränderung jetzt gekommen ist. Hierzu werden ab jetzt auch die E-Mails mit einem entsprechenden Footer in der Signatur versehen, das Intranet erhält einen immer sichtbaren Bereich für die Updates, die Vision und der Status der Veränderung erhält einen festen Platz in der zweiwöchentlichen Vorstandsvideobotschaft und die Bereichs- und Abteilungsleiter werden für ihren Bereich wöchentlich feste »Lean Coffee«-Besprechungen anbieten, um das Ohr nah an den Bedürfnissen der Mitarbeiter zu haben. Alles wird im Kick-off angesprochen und zeitnah umgesetzt.

Der Startschuss für das große Veränderungsvorhaben ist gefallen – das haben alle gehört. Jetzt liegt es an den Führungskräften und Change Agents, diese Energie aufrechtzuhalten und zu nutzen.

5.5 Mitarbeiter auf breiter Basis befähigen

Marcus Reinke

Befähigung ist mehr als nur fachliche Lücken zur Bedienung der neuen Lösungen zu schließen. Es kommt auch darauf an, die Struktur im Unternehmen so umzubauen, dass das »neue und richtige Verhalten« belohnt wird. Ein großer Wandel in den meisten Unternehmen, da hier die vorhandene Struktur auf die neue Vision trifft und die Mitarbeiter durch die Veränderungen oft verunsichert sind. Diese müssen auf breiter Basis begleitet werden, um auch die psychosozialen Prozesse in dieser wilden Zeit angemessen zu bearbeiten. Wichtige Trainings sind gut, gehen aber für eine effektive Begleitung nicht weit genug. Ziel des breiten »Empowerments« ist es, die richtigen Maßnahmen zur richtigen Zeit in der richtigen Struktur durchzuführen. Deshalb sind der Lernprozess und der psychosoziale Prozess sehr umfangreiche und wichtige Basisprozesse im Change-Management, da diese langfristig die Kultur bestimmen.

Mitarbeiter in der Kaiser SE auf breiter Basis befähigen
Die Rückmeldungen aus den Bereichen zu den notwendigen Trainings wurden durch die letzten Change-Initiativen oft überhört. »Kann man sich ja selbst beibringen« oder »So ist das in der Digitalisierung eben – kümmern Sie sich« sind traurige Beispiele, die in der letzten anonymen Mitarbeiterbefragung ans Licht kamen. Aus der Sicht der Führungskräfte waren das Mimosen, die eh schon weniger leisten und sich gerne zieren. Deshalb auch die harten Reaktionen und das Ablehnen von Seminaren. Kostet ja auch Arbeitszeit und die ist sehr knapp.

Dies will und muss Christian Kaiser ändern. Damit solche grundlegenden Versäumnisse nicht noch mal passieren und Ideen schnell durchgewinkt werden können, engagiert er sich im Leitungsteam und kann Dinge wirksam bewegen.

Wie im wuchtigen Kick-off der Veränderung angekündigt, werden umfangreiche Weiterbildungsprogramme aufgesetzt, die auf die Erreichung der Vision einzahlen. Bei der Kaiser SE zählt der Grundsatz, dass »von vorne geführt wird« – also fangen die Führungskräfte an. So ist sichergestellt, dass die Mitarbeiter sich bei Fragen an ihre Führungskraft wenden und so die Befürchtungen/Ängste direkt abgebaut werden können. Um noch mehr Nähe zu den Mitarbeitern sicherzustellen, nehmen vereinzelt Vertreter aus dem Management an Weiterbildungen teil – auch wenn diese nicht wirklich zu ihren Kernkompetenzen zählen. So soll beidseitiges Vertrauen und Verständnis aufgebaut werden.

Die Führungskräfte als wichtige Treiber im Wandel haben alle eine verpflichtende mehrtägige Weiterbildung für die Veränderung bei der Kaiser SE bekommen. Sie wurden gezielt vor den Mitarbeitern in den Bereichen Change-Management, Kommunikation im Wandel und agile Prinzipien geschult. So soll das Leadership gestärkt werden und den Veränderungs-/Lernprozess aktiv unterstützen. Zum Ausbau und zur Stärkung des »Mindset«, also der inneren Haltung zum Wandel und den persönlichen Veränderungen, wird anfangs ein Pool an Business Coaches für Fach- und Führungskräfte installiert. Dieser Pool soll sukzessive durch intern weitergebildete Business Coaches ergänzt und schließlich ersetzt werden.

Um einen modernen und wirkungsvollen Mix an Weiterbildungsmaßnahmen aufzustellen, wurde bereits in der Planung des Lernprozesses mit externen »Learning & Development«-Beratern in der Personalentwicklung gearbeitet. Ein ganzheitliches und flexibles Konzept für die Kaiser SE wurde auf Basis der Veränderungsarchitektur erstellt und deckt alle notwendigen fachlichen und persönlichen Kompetenzen für den erfolgreichen Wandel ab.

In der Führung wurden die genutzten Feedbacksysteme an die neuen Herausforderungen angepasst und es wurde ein engmaschiges Reporting-System nach einem Pilotversuch in drei Bereichen (Vertrieb, Produktion und Außendienst) eingeführt. Dem Leitungsteam war klar, dass die vorhandenen formellen Mitarbeitergespräche im Abstand von sechs Monaten hier nicht das aktuelle Stimmungsbild aus den Bereichen widerspiegeln. Ab jetzt gibt es wöchentliche knappe Umfragen (max. 5 Fragen), die in der Verwaltung über eine Software (*kununu engage*) und in der Produktion / im Service durch die Führungskräfte durchgeführt werden. Die inhaltlich an die aktuellen Maßnahmen angepassten Fragen und die Möglichkeit der anonymen Beantwortung sorgen für schnelles und ehrliches Feedback. Dies wird zeitnah reflektiert und über die Change Agents und das Leitungsteam in die Steuerung eingeflochten.

5.6 Schnelle Erfolge erzielen

Marcus Reinke

Erfolg: Dieser Treiber des Wandels ist für die Motivation und die Stimmung während der Transformation enorm wichtig, wenn er durch das Unternehmen »selbst erreicht« wird. Erfolg sorgt für Glaubwürdigkeit und gibt Energie für die Zukunft. Die Ergebnisse müssen für jeden sichtbar, eindeutig ein Erfolg und klar auf den Veränderungsprozess zurückzuführen sein, um als Quick Win im Wandel zu funktionieren. Erfolg kann auch lähmen oder nachhaltige Veränderungen verhindern: Wenn sich zu früh und zu lange auf dem Erfolg ausgeruht wird, bröckelt der Sinn für die Dringlichkeit schnell. Es ist also eine Gratwanderung: Wann ist der Erfolg passend, wann wird er zu stark gefeiert oder wann werden sonstige falsche Signale gesendet?

Die Kaiser SE erzielt schnelle Erfolge
Auch in Hannover bei der Kaiser SE galt lange: »Nicht gemeckert = toll gemacht.« Lob ist Luxus. Und warum sollten wir unsere erreichten Ziele im Team feiern? Dafür werden doch alle bezahlt, das wird vorausgesetzt. Viele Mitarbeiter, vor allem jüngere Führungskräfte, sehen hier großen Änderungsbedarf am Verhalten der höheren Ebenen und wollen anders geführt werden. Selbst auf seiner Ebene stellt Christian Kaiser fest, dass zur Mitte des Jahres keiner mehr über Ziele redet. Erst gegen Oktober werden alle dynamischer, weil das Geschäftsjahr im Dezember endet und erst dann die Erfolge sichtbar werden und es vielleicht sogar einen Bonus gibt. Das war die »alte Kultur«, die besonders für eine effektive Veränderung umgebaut werden muss.

Die große Veränderungsarchitektur an der Wand im Change-Room des Kernleitungsteams ist voll mit gelben Sternen, die eine Nummer haben. Jeder Stern steht für einen Erfolg und ist im Detail auf der digitalen Success Wall hinterlegt. Genauso wurden von den Mitarbeitern bei vielen Erfolgen kurze Videos für das Intranet der Kaiser SE gedreht: das Team und die Leader bei der Verkündung der Zielerreichung nach der Anstrengung. Oft waren die ein bis zwei Hierarchieebenen höheren Führungskräfte dabei und haben persönlich ihre Wertschätzung ausgedrückt. Audioaufnahmen der Mitarbeiter, die diesen Erfolg hart erkämpft haben, sind auch zu finden – ehrlich und ungeschnitten, um den Schmerz bei der Arbeit genauso zu fühlen wie den Stolz auf die erreichten Ziele. Alles wird immer bezogen auf die Veränderung und die Vision, die im ganzen Unternehmen sichtbar ist und durch jeden Mitarbeiter erklärt werden kann (die ständigen Wiederholungen und Reflexionen zeigen Wirkung).

Bei besonderen Meilensteinen ist der Vorstand bei der Feier zugegen und hat oft eine Überraschung für das Team dabei. Mal gibt es neue Möbel für die Sozialräume in der Produktion, mal neue Smartphones zur freien Nutzung im Vertrieb oder andere Goodies für das Team. Aber immer gibt es eine persönliche Botschaft des Vorstandes, oft aufgrund der Entfernung nach Südamerika oder China nur per Videobotschaft (Livestream aus Hannover). Dies war Christian Kaiser sehr wichtig: Die Mitarbeiter sollen sehen und fühlen, dass ihre Leistung durch ihn als CEO wahrgenommen und wertgeschätzt wird, dass jeder einen wichtigen Beitrag zur gemeinsamen Zielerreichung für die Kaiser SE leistet.

Das schnelle Feedback durch die Reviews sorgt im hybriden Projektmanagement dafür, dass die Bereiche und Abteilungen zeitnah erkennen, wo der Schuh drückt und Erfolge möglicherweise in Gefahr sind. Durch die weiterqualifizierten Führungskräfte ist echtes Leadership auf allen Ebenen spürbar. Besonders in der transparenten und wertschätzenden Kommunikation beim Thema Zielerreichung zahlt sich das Investment in die Soft Skills der Führungskräfte aus. Den Mitarbeitern hilft das Netzwerk aus Change Agents, Coaches und Vorgesetzten mit guten Leadership-Fähigkeiten dabei, das »Tal der Tränen« in der emotionalen Achterbahn mit den schnellen Erfolgen auch schnell wieder zu verlassen. Die neuen Kenntnisse und Fähigkeiten sorgen für Erfolge im Team, die Stimmung ist im Vergleich zu den ersten Wochen nach dem Kick-off spürbar besser geworden. Dies ist eindrucksvoll in den wöchentlichen Blitz-Feedbacks gespiegelt und wird offen kommuniziert.

5.7 Erfolge konsolidieren, weitere Veränderungen einleiten

Marcus Reinke

Quick Wins werden erzielt und zeigen sich in erreichten großen Meilensteinen oder der Übererreichung von KPI durch die Maßnahmen der digitalen Veränderungsstrategie. Diese großen Erfolge müssen gesichert werden, das neue Verhalten muss in die Kultur übergehen und die Änderungen an Prozessen müssen niedergeschrieben werden. Die Gefahr ist groß, dass zu viel Erfolg das Gefühl für die Dringlichkeit schrumpfen lässt. »Nichts ist so beständig wie der Wandel«, bemerkte schon Heraklit. So sind die bisherigen Erfolge eine immer weiter wachsende Basis für die Veränderungsfähigkeit des Unternehmens. Auf diesen Erfolgen muss aufgebaut werden, um den Schwung zu nutzen und weitere Veränderungen auf den Weg zu bringen. Seien Sie sicher – es wird viele neue Veränderungen und plötzliche Hindernisse auf Ihrer Reise geben (Stichwort VUKA oder Corona), mit denen Sie irgendwie werden umgehen müssen. Und das können Sie, wenn Sie es bis hierhin geschafft haben.

Wie die Kaiser SE Erfolge konsolidiert und weitere Veränderungen startet
Viele der Change-Initiativen, Maßnahmen, Weiterbildungen und Prozessänderungen sind große und wichtige Erfolge für die Kaiser SE. Die Erfolge, die sich langfristig auswirken und nicht nur ein kleines Rädchen im großen Change-Motor sind, müssen als Basis gesichert werden. Herr Kaiser weiß, dass ohne diese Sicherung die Gefahr groß

ist, doch wieder in gewohnte Verhaltensweisen zurückzufallen. Die genutzten Maschinen, die Software, die Führungskultur – alles ist in der Veränderung. Um von Zeit zu Zeit einen herausragenden Leuchtturm als Fixpunkt zu setzen, gibt er diesen Erfolgen und abgeschlossenen Initiativen bewusst mehr Raum in seinen Videobotschaften. Er stellt die Wichtigkeit immer in Beziehung zu dem, was noch kommt. Wörter wie »fertig«, »endlich«, »Pause« kommen bewusst nicht vor, um die ständige Dringlichkeit aufrechtzuerhalten.

Christian Kaiser weiß auch um die herausragende Bedeutung der Führungskräfte direkt an der Basis – der Meister, Team- und Gruppenleiter. In regelmäßigen Abständen treffen sich alle Führungskräfte aus einer Region zur gemeinsamen Retrospektive und besprechen die vergangenen acht Wochen nur aus Sicht der Führungskräfte: Passt das Tempo, wie geht es den Mitarbeitern wirklich, was hat sie unterstützt, was behindert, und welche Hindernisse werden für die Zukunft gesehen? Gemeinsam die Zusammenarbeit in der Veränderung zu überprüfen und für die Zukunft an Lösungen zu arbeiten, das ist das Ziel der »Leadership-Retrospektive«. Sie schafft auf diesen Ebenen ein wichtiges Gemeinschaftsgefühl, was den Führungskräften untereinander in der dynamischen Zeit hilft.

Es wird darauf geachtet, dass Beförderungen intern ausgeschrieben und besetzt werden, gerne nach abgestimmter Weiterbildung des Mitarbeiters. Wer sich in dieser rauen See der Veränderung bei der Kaiser SE bewiesen hat und dies weiter mit noch mehr Verantwortung tun will, hat eine Chance verdient. Dies ist sehr hilfreich bei der Verankerung einer positiven Veränderungskultur im Unternehmen.

In den vielen Feedback- und Entwicklungsgesprächen, durch echtes Leadership in der Führung und die Nutzung von OKR für das Zielmanagement kommt schnell ans Licht, wer widerwillig mitschwimmt oder wer das Ruder gerne in der Hand hat. Diese »Macher«, wie Herr Kaiser sie auch in seinen Botschaften bewusst nennt, sind die Zukunft des Unternehmens. Die Aus- und Weiterbildung von Führungskräften zum *Leader* wurde als wichtiger Erfolgsfaktor in der Veränderung klar erkannt und stark genutzt. Und bei der aktuellen demografischen Lage (Fachkräftemangel) sind gute Führungskräfte tatsächlich noch schwerer zu finden als gute Mitarbeiter.

Durch die deutlich engere Zusammenarbeit mit Kunden im Bereich der F&E und des Kundenfeedbacks kommen viele Ideen und Vorschläge auf den Tisch. Dies bedeutet oft: neue Produkte, neue Technologien, neue Art der Zusammenarbeit, neue Herausforderungen. Allerdings verstehen es die gut ausgebildeten Führungskräfte (jetzt mehr Leader als Manager), die Power der Teams so zu nutzen, dass Feedback vom Kunden als willkommene Herausforderung gerne angenommen wird. Die Teams fordern sich hinter der Hand heraus, wer bessere Produkte liefert oder die Servicequalität mehr steigern kann.

Gleiches gilt für die mittlerweile ins Leben gerufene »Kaiser Lernwelt«. Diese unternehmensweite Lernplattform ist für jeden Mitarbeiter frei zugänglich und bietet vor allem Digital-Basics- oder Soft-Skill-Kurse an, die im täglichen Arbeitsleben einen hohen Wert haben (nicht nur für Führungskräfte). Durch den Einsatz von transparenten Ranglisten und Wissensquizzen im ganzen Unternehmen ist es gelungen, die ständige bewusste Weiterbildung in die Kultur zu überführen und nicht als notwendiges Übel zu sehen. Ja – auch die Leistungen der Führungskräfte oder ganzer Abteilungen sind hier mit Klarnamen sichtbar. Diese Transparenz kann schmerzen, deshalb war sie nicht immer da. Hier war das Topmanagement Vorreiter, um den Betriebsrat von der Wirksamkeit zu überzeugen. Dieser hat nur zugestimmt, als vereinbart wurde, dass die Leistungen auf der »Kaiser Lernwelt« keine Relevanz für die Mitarbeiterbeurteilungen haben und nicht zu einer offiziellen Zielerreichung herangezogen werden dürfen. Die Führungskräfte sind nach und nach gefolgt und schließlich haben auch die meisten Mitarbeiter ihre Klarnamen genutzt. Auch hier kommen von vielen Mitarbeitern Vorschläge für neue Learning Journeys, die durch die ständig zunehmende Technologie im Unternehmen auch notwendig sind.

5.8 Neue Ansätze in der Kultur verankern

Marcus Reinke

Vor wenigen Jahren (2010 bis 2015) herrschte noch die feste Überzeugung, dass ein Kulturwandel mindestens zehn Jahre dauert. Aber der Zeitraum eines »Kulturwandels« ist geschrumpft, und zwar aus folgenden Gründen:

- Die Art der Arbeit, der Zusammenarbeit und der Führung verändert sich schneller.
- Mitarbeiter wechseln viel häufiger den Arbeitgeber.
- Die Geschwindigkeit der Digitalisierung greift auch auf die Geschwindigkeit des Kulturwandels über, die Menschen sind Änderungen »gewohnt«.
- Die Bereitschaft, sich auf Neues einzulassen und Dinge auszuprobieren (und vielleicht zu scheitern), ist enorm gestiegen.
- Die Reaktion der Unternehmen auf Corona (Homeoffice und virtuelle Meetings funktionieren ja doch ganz gut …) hat vielen Skeptikern gezeigt, dass neue Technologien eine große Berechtigung haben, viel (Reise-)Zeit einsparen und sich die Betroffenen nach kurzer Zeit auch hieran gewöhnen.
- Start-ups schießen wie Pilze aus dem Boden und entwickeln ihre eigene Kultur rasend schnell, was sich durch die Mitarbeiterwechsel auch auf andere Unternehmen überträgt.
- Wer sich nicht anpasst, wird untergehen – das verstehen viele zurzeit.

Wie stellen Sie die Weichen für einen Kulturwandel, der auf der Zeitachse ganz früh beginnt, jedoch erst weit hinten in der Veränderung tatsächlich zur Kultur wird?

Neue Ansätze in der Kultur der Kaiser SE verankern
Die nachhaltige Kulturveränderung zum »lernenden Unternehmen« wurde maßgeblich durch die Einführung des »Growth Mindset @Kaiser« vollzogen. Dies ist auf allen Ebenen wichtig, nicht nur bei der Führung – gleichwohl hat die Führungsebene bei der Kultur und der Haltung eine große Hebelwirkung. Auf dieser Ebene werden die Weichen gestellt, wie mit Herausforderungen und Risiken umgegangen wird, wie schnell sich das Team, die Abteilung oder der Bereich an neue Leitplanken gewöhnt und wie gut es den Mitarbeitern damit geht. Aus diesem Grund wurde ein Jahr nach dem Start der großen Veränderung das Momentum genutzt und das »Growth Mindset @Kaiser« global ausgerollt. Wieder mit Change-Story durch den CEO, vielen Botschaften in der Kommunikation – und alles eingeflochten in die dynamische Veränderungsarchitektur.

5.9 Das Growth Mindset

Marcus Reinke

Das Growth Mindset (Dweck, 2006), auch »dynamisches Mindset« genannt, ist der bewusstere Umgang mit Herausforderungen und die Entwicklung einer resilienten Haltung, um noch aktiver aus Scheitern zu lernen und so noch adaptiver zu handeln. Die folgende Tabelle stellt die Unterschiede zwischen dem dynamischen und statischen Mindset heraus und macht die Kraft dieser inneren Einstellung deutlich:

Growth Mindset (dynamisch)	Fixed Mindset (statisch)
• Ich kann etwas *noch* nicht – wie kann ich es lernen? • Wenn ich frustriert bin, halte ich durch! • Ich möchte mich selbst herausfordern! • Ich möchte neue Dinge lernen und gehe Risiken ein! • Wenn ich scheitere, lerne ich! • Ich kenne meine Schwächen und arbeite daran! • Ist das wirklich meine beste Arbeit? Wie kann ich mich verbessern? • Für Erfolge strenge ich mich gerne an! • Wenn andere Erfolg haben, inspiriert mich das! • Mein Einsatz und meine Einstellung bestimmen alles!	• Ich kann das nicht! • Ich bleibe bei dem, was ich kenne. Entweder bin ich gut darin oder schlecht. • Wenn ich frustriert bin, gebe ich auf! • Es ist okay so, wie es ist. Kritisiere mich nicht! • Ich mag keine Herausforderungen! • Das Projekt ist zu schwer, damit zu starten ist Zeitverschwendung. • Wenn ich versage, bin ich nicht gut! • Anstrengung bedeutet, ich bin untalentiert. • Diese Arbeit ist langweilig und niemand tut sie gerne. • Wenn du erfolgreich bist, fühle ich mich angegriffen! • Für die anderen ist es einfach – sie haben halt das Talent dafür. • Meine Talente bestimmen alles!

Es wird schnell deutlich, dass beim Growth Mindset alles mit der *bewussten* persönlichen und erfolgsorientierten Einstellung zu Herausforderungen, Scheitern, Lernen und verdientem Erfolg zusammenhängt. Ausreden für Minderleistung oder Scheitern, wie mangelndes Talent oder eintönige Arbeit, gibt es genauso wenig wie Missgunst über den Erfolg anderer. Man wächst mit anderen, nicht trotz anderer.

Nachdem der Vorstand und sukzessive alle Führungskräfte hierzu einen Workshop mit anschließendem mehrwöchigem Transfercoaching besucht haben, hat sich diese Einstellung durch die enge Zusammenarbeit auf die Mitarbeiter übertragen. Die gegenseitige Unterstützung nahm zu, Herausforderungen bei der Kaiser SE sah man gelassener (aber nicht unterschätzend) und die Teams funktionierten. Das Motto »Ich kann es *noch* nicht, aber bald« steht stellvertretend für den unternehmensweiten Umgang mit Herausforderungen und ständiger Verbesserung.

Gesichert wurde der durchgreifende Erfolg mithilfe der entsprechenden Struktur und des verstärkten transformativen Führungsstils. An die Arbeit mit Business Coaches hat sich die Belegschaft gewöhnt und hier die üblichen Ressentiments gegenüber »Coaching« aufgrund der Wirksamkeit schnell abgebaut. Die seit Monaten wöchentlich in den Teams durchgeführten »Fuck-up-Abende« waren ein wichtiger (und oft auch lustiger) Baustein in der Ergänzung der monatlichen Retrospektiven. Die Mitarbeiter wurden mutiger und die Führungskräfte begrüßten dieses Verhalten, anstatt es wegzudrücken wie früher. Ein Grundvertrauen untereinander entstand.

Literaturverzeichnis

Angermeier, G. (2017): Review. Projektmagazin, online verfügbar unter https://www.projektmagazin.de/glossarterm/review (Zugriff am 2.3.2020).

Appelo, J. (2011): Management 3.0. Boston: Pearson Education.

Ayberk, E.-M.; Kratzer, L.; Linke L.-P. (2017): Weil Führung sich ändern muss. Wiesbaden: Springer Gabler Verlag.

Baltes, G.; Freyth, A. (2017): Veränderungsintelligenz – Agiler, innovativer, unternehmerischer den Wandel unserer Zeit meistern. Wiesbaden: Springer.

Bandura, A. (1977): Self-Efficacy: Toward a Unifying Theory of Behavioral Change. Psychological Review, 84 (2), 191–215.

Bartsch, M. et al. (2019): Spionage, Sabotage und Datendiebstahl – Wirtschaftsschutz in der Industrie. Berlin: Bitkom e. V. Bundesverband Informationswirtschaft, online verfügbar unter https://www.bitkom.org/sites/default/files/file/import/181008-Bitkom-Studie-Wirtschaftsschutz-2018-NEU.pdf (Zugriff am 28.2.2020).

Bauer-Jelinek, C. (2007): Die geheimen Spielregeln der Macht. Und die Illusionen der Gutmenschen. Salzburg: Ecowin.

Baum-Kaudela, S.; Holzer, J.; Kocher P.-Y. (2017): Innovation Leadership, Wiesbaden: Springer Gabler Verlag.

Belbin, M. (2010): Management Teams – Why they succeed or fail. New York: Routeledge Taylor & Francis Group.

Brand, W. (2019): Visuelles Denken. Berlin: Laurence King Verlag GmbH.

Buhse, W. (2014): Digital Leadership bei der Robert Bosch GmbH. Wissensmanagement – Das Magazin für Führungskräfte, 6/2014.

Bundeskriminalamt (2018): Cybercrime | Bundeslagebild 2018. Bundeskriminalamt, Wiesbaden 2018, online verfügbar unter https://www.bka.de/DE/AktuelleInformationen/StatistikenLagebilder/Lagebilder/Cybercrime/cybercrime_node.html (Zugriff am 28.2.2020).

Burns, J. M. (1978): Leadership. New York: Harper & Row

Capgemini Consulting (2017): Culture First! Von den Vorreitern des digitalen Wandels lernen. Change Management Studie 2017, online verfügbar unter https://www.capgemini.com/consulting-de/wp-content/uploads/sites/32/2017/10/change-management-studie-2017.pdf (Zugriff am 28.2.2020).

Cevey, B. (2017): Das Ende der Anweisung. Offenbach: Gabal Verlag.

ChangeRider: Gisbert Rühl über neue digitale Prozesse bei Klöckner, die Corona-Krise und den notwendigen Wandel, online verfügbar unter https://www.youtube.com/watch?v=n19wNFbSS0E&t=3s (Zugriff am 7.8.2020).

Demling, A. (2020): Sicherheitspannen und Datenschutzvorwürfe: Wie Zoom reagiert, online verfügbar unter https://www.handelsblatt.com/technik/it-internet/videokonferenzdienst-sicherheitspannen-und-datenschutzvorwuerfe-wie-zoomreagiert/25749792.html?ticket=ST-199050-iN4cyFbI32SCqyBorXbg-ap1 (Zugriff am 31.5.2020).

Depiereux, P. (2019): etventure-Studie »Digitale Transformation 2019«. Ernst & Young GmbH Wirtschaftsprüfungsgesellschaft.

Deutsche Bahn (2018): Deutsche Bahn setzt Virtual und Augmented Reality für Schulungszwecke ein, online verfügbar unter https://bahnblogstelle.net/2018/09/11/deutsche-bahn-setzt-virtual-und-augmented-reality-fuer-schulungszwecke-ein-mit-video/ (Zugriff am 12.7.2020)

Doppler, K.; Lauterburg, C. (2019): Change Management. Frankfurt a. M.: Campus.

Dweck, C. S. (2006): Mindset – The New Psychology of Success. New York: Ballantine Books.

Farrelly, F.; Brandsma, Jeffrey M. (2005): Provokative Therapie. Berlin: Springer.

Fisher, R.; Ury, W.; Patton, B. (2018): Das Harvard-Konzept: Die unschlagbare Methode für beste Verhandlungsergebnisse – erweitert und neu übersetzt. München: Deutsche Verlags-Anstalt.

Frey, D.; Braun, S.; Wesche, J. S.; Kerschreiter, R.; Frey, A. (2011): Nichts ist praktischer als eine gute Theorie – Nichts ist theoriegewinnender als eine gut funktionierende Praxis: Zum Theorie-Praxis-Austausch in der Psychologie. In: Kanning, U. P.; von Rosenstiel, L.; Schuler, H. (Hrsg.): Jenseits des Elfenbeinturms: Psychologie als nützliche Wissenschaft. Göttingen: Vandenhoeck & Ruprecht, S. 50–76.

Glasl, F.; Kalcher, T.; Piber, H. (2008): Professionelle Prozessberatung: Das Trigon-Modell der sieben OE-Basisprozesse. Stuttgart: Freies Geistesleben.

Grawe, K. (2000): Psychologische Therapie. Göttingen: Hogrefe.

Handelsblatt (2019): Ökonomen: Keine Massenarbeitslosigkeit durch Stellenabbau in der Autoindustrie, online verfügbar unter https://www.handelsblatt.com/politik/konjunktur/nachrichten/ifo-und-ifw-geben-entwarnung-oekonomen-keine-massenarbeitslosigkeit-durch-stellenabbau-in-der-autoindustrie/25278170.html?ticket=ST-716083-yNMbTYQ9eKyf0uvFgd9m-ap3 (Zugriff am 28.2.2020).

Harvey Nash & KPMG (2017): 2017 Harvey Nash/KPMG CIO Studie, online verfügbar unter https://www.hnkpmgciosurvey.com/ (Zugriff am 28.2.2020).

Hersey, P.; Blanchard, K. (1977): Management of organizational behavior. Englewood Cliffs: Prentice Hall.

Heß, L. (2019): VOPA+ – eine Utopie effektiver Führung?, online verfügbar unter https://insights.tt-s.com/de/vopa-eine-utopie-effektiver-fuehrung (Zugriff am 13.7.2020).

Hießl, W. (2018): ERP-Einführung: 6 Dinge, die Sie bei der Auswahl der Key-User beachten sollten, online verfügbar unter https://www.applus-erp.de/erp-wissen/blog/erp-einfuehrung-6-dinge-beachten-bei-der-auswahl-der-key-user/ (Zugriff am 2.3.2020).

Hock, D. (2001): Die chaordische Organisation. Stuttgart: Klett-Cotta.

Höfner, E. N. (2019): Glauben Sie ja nicht, wer Sie sind! Grundlagen und Fallbeispiele des Provokativen Stils. Heidelberg: Carl-Auer.

Holmes, T. H. (1967): Rahe, R. H.: The social readjustment rating scale. Journal of psychosomatic research, 11, 213–218.

Ihde, K.; Lengler, S. (2015): Methodensammlung für Business-Coaches und Wirtschaftsmediatoren: Tools und Techniken aus der Praxis. Freiburg: Haufe.

Kahnemann, D. (2016): Schnelles Denken, langsames Denken. München: Penguin.

Kewes, T. (2020): Homeoffice: Wir schaffen das – aber nicht bis August, online verfügbar unter https://www.handelsblatt.com/unternehmen/management/online-tagebuch-teil-6-homeoffice-wir-schaffen-das-aber-nicht-bis-august/25666462.html (Zugriff am 23.3.2020).

Klein, M. (2018): Einführung der eAkte in der Kreisverwaltung. Leitfaden für Anfänger und Fortgeschrittene, online verfügbar unter https://www.egovernment-computing.de/leitfaden-fuer-anfaenger-und-fortgeschrittene-a-765885/ (Zugriff am 12.1.2020).

Koch, A. (2018): Change mich am Arsch. München: ECON Verlag.

Kotter, J. P. (1996): Leading Change. Boston: Harvard Business School Press.

Kraus, G.; Becker-Kolle, C.; Fischer, T. (2010a): Handbuch Change Management. Steuerung von Veränderungsprozessen in Organisationen. Einflussfaktoren und Beteiligte, Konzepte, Instrumente und Methoden. 3. Aufl., Berlin: Cornelsen.

Kraus, G.; Becker-Kolle, C.; Fischer, T. (2010b): Change Management. Gründe, Ablauf und Steuerung. Berlin: Cornelsen.

Kraus & Partner (o. J.): Sounding Boards / Sounding-Board Feedback – Definition, online verfügbar unter https://www.kraus-und-partner.de/wissen-und-co/wiki/sounding-board-boards-feedback-change-projekte-prozesse (Zugriff am 2.3.2020).

Kroker, M. (2018): Die lange Liste schwieriger und gefloppter SAP-Projekte. Wirtschaftswoche, online verfügbar unter https://www.wiwo.de/unternehmen/it/haribo-lidl-deutsche-post-und-co-die-lange-liste-schwieriger-und-gefloppter-sap-projekte/23771296.html (Zugriff am 22.2.2020).

Kübler-Ross, E. (2012): Über den Tod und das Leben danach. 40. Aufl., Güllesheim: Verlag Die Silberschnur GmbH.

Kühmayer, F. (2019): Leadership **Report** 2019. Zukunftsinstitut, online verfügbar unter https://www.zukunftsinstitut.de/artikel/leadership-report-2019/ (Zugriff am 6.8.2020).

Langer, E. J.; Roth, J. (1975): Heads I win, tails it's chance: The illusion of control as a function of the sequence of outcomes in a purely chance task. Journal of Personality and Social Psychology, 34, 191–198.

Leifels, A. (2019): Mittelstand rechnet mit steigenden Digitalisierungskosten. KfW Research Volkswirtschaft Kompakt, Nr. 188.

Lewin, K. (1963): Feldtheorie in den Sozialwissenschaften. Bern: Hans Huber.

Luhmann, N. (2001): Soziale Systeme. Berlin: Suhrkamp.

Lundberg, A.; Westermann, G. (2020): Vom Trainer zum Transformer. Harvard Business Manager, Ausgabe Mai 2020.

Management 3.0 (o. J.): Delegation Poker & Delegation Board, online verfügbar unter https://management30.com/practice/delegation-poker/

Maslow, A. H. (1981): Motivation und Persönlichkeit. 12. Aufl., Reinbek: Rowohlt.

Meyer, M.; Wenzel, J.; Schenkel, A. (2018): Krankheitsbedingte Fehlzeiten in der deutschen Wirtschaft im Jahr 2017. In: Badura et al. (Hrsg.), Fehlzeiten-Report 2018. Berlin – Heidelberg: Springer, S. 331–387.

Müller, M.; Erlach, C. (2020): Narrative Organisationen, Berlin: Springer Gabler.

Nadia (2018): Wie Change Management scheitert – und wie es gelingt, online verfügbar unter https://engage.kununu.com/de/blog/change-management-in-unternehmen/ (Zugriff am 13.1.2020).

OECD (2019): Die Zukunft der Arbeit. OECD-Beschäftigungsausblick 2019, online verfügbar unter http://www.oecd.org/employment/Employment-Outlook-2019-Highlight-DE.pdf (Zugriff am 28.2.2020).

Püttner, C. (2019): Projekte scheitern am Change-Management, online verfügbar unter https://www.cio.de/a/projekte-scheitern-am-change-management,3593218 (Zugriff am 13.2.2020).

Rebillot, P. (1993): Die Heldenreise, ein Abenteuer der kreativen Selbsterfahrung. Kempten: Kösel Verlag.

Riemann, F. (2013): Grundformen der Angst. 41. Aufl., München: Ernst Reinhardt Verlag.

Schmidt, E. (2019): Klickscham statt Flugscham? Internet produziert so viel CO_2 wie Flugverkehr, online verfügbar unter https://www.zdf.de/nachrichten/heute/klickscham-wie-viel-co2-e-mails-und-streaming-verusachen-100.html (Zugriff am 13.6.2020).

Schneider, K.; Kapalschinski, C. (2019): N26 gewinnt eine Million Kunden in drei Monaten, online verfügbar unter https://www.handelsblatt.com/finanzen/banken-versicherungen/smartphone-bank-n26-gewinnt-eine-million-kunden-in-drei-monaten/24453250.html (Zugriff am 23.3.2020).

Sinek, S. (2009): Start with why. London: Penguin Books.

Sokolow, A. (2020): Microsoft Teams wächst auf 44 Millionen Anwender, online verfügbar unter https://www.crn.de/telekommunikation/microsoft-teams-waechst-auf-44-millionen-anwender.122053.html (Zugriff am 23.3.2020).

Statista (o. J.): Weltweiter Umsatz von Uber im Zeitraum der Jahre 2013 bis 2019, online verfügbar unter https://de.statista.com/statistik/daten/studie/652360/umfrage/umsatz-von-uber-weltweit/ (Zugriff am 17.7.2020).

Storch, M. (2015): Selbstmanagement – ressourcenorientiert. Bern: Huber Verlag.

Sutherland, J.; Schwaber, K. (2017): The Scrum-Guide™ (2017). https://www.scrumguides.org/ (Zugriff am 23.2.2020).

Terpitz, K. (2019): Warum Digitalisierung im Mittelstand so oft scheitert, online verfügbar unter https://www.handelsblatt.com/unternehmen/mittelstand/flickenteppich-an-projekten-warum-digitalisierung-im-mittelstand-so-oft-scheitert/24160354.html (Zugriff am 3.6.2020).

The Shift Project (2019): Lean ICT. Towards digital sobriety, online verfügbar unter https://theshiftproject.org/wp-content/uploads/2019/03/Lean-ICT-Report_The-Shift-Project_2019.pdf (Zugriff am 28.2.2020).

Thomann, C.; Schulz von Thun, F. (1988): Klärungshilfe 1: Handbuch für Therapeuten, Gesprächshelfer und Moderatoren in schwierigen Gesprächen. Hamburg: Rowohlt Taschenbuch Verlag.

Vroom, V. H.; Yetton, P. W (1973): Leadership and decision making. Pittsburgh: University of Pittsburgh Press.

Wagner, D. J. (2017): Digital Leadership. Wiesbaden: Springer Gabler Verlag.

Wagner, E. (2016): Key User – die wichtigsten Botschafter für Ihr IT-Projekt. Projektmagazin, 2016, online verfügbar unter https://www.projektmagazin.de/artikel/key-user-die-wichtigsten-botschafter-fuer-ihr-it-projekt-teil-2_1110768 (Zugriff am 2.3.2020).

Walter, E.; Gioglio, J. (2014): The Power of Visual Storytelling. New York: McGraw-Hill Education (E-Book).

White, R. W. (1959): Motivation reconsidered. The concept of competence. Psychological Review, 66, 297–333.

Zika, G. et al. (2019): IAB-Forschungsbericht 5|2019: BMAS-Prognose »Digitalisierte Arbeitswelt«. Nürnberg: Institut für Arbeitsmarkt- und Berufsforschung (IAB) der Bundesagentur für Arbeit (BA), online verfügbar unter http://doku.iab.de/forschungsbericht/2019/fb0519.pdf (Zugriff am 28.2.2020).

Stichwortverzeichnis